全国高职高专测绘类核心课程规划教材

地理信息系统原理与应用

主　编　马　驰

副主编　杨　蕾　唐　均

参　编　李　猷　冯雪力　王跃宾　杨　丹

WUHAN UNIVERSITY PRESS

武汉大学出版社

图书在版编目(CIP)数据

地理信息系统原理与应用/马驰主编;杨蕾,唐均副主编.—武汉:武汉大学出版社,2012.8(2023.12 重印)
全国高职高专测绘类核心课程规划教材
ISBN 978-7-307-10048-0

Ⅰ.地… Ⅱ.①马… ②杨… ③唐… Ⅲ.地理信息系统—高等职业教育—教材 Ⅳ.P208

中国版本图书馆 CIP 数据核字(2012)第 175054 号

责任编辑:胡 艳　　责任校对:王 建　　版式设计:马 佳

出版发行:**武汉大学出版社** (430072 武昌 珞珈山)
(电子邮箱:cbs22@whu.edu.cn 网址:www.wdp.com.cn)
印刷:湖北恒泰印务有限公司
开本:787×1092 1/16 印张:15.5 字数:373 千字 插页:1
版次:2012 年 8 月第 1 版 2023 年 12 月第 8 次印刷
ISBN 978-7-307-10048-0/P · 204 定价:39.00 元

序

21 世纪将测绘带入信息化测绘发展的新阶段。信息化测绘技术体系是在对地观测技术、计算机信息化技术和现代通信技术等现代技术支撑下的有关地理空间数据的采集、处理、管理、更新、共享和应用的技术集成。测绘科学正在向着近年来国内外兴起的新兴学科——地球空间信息学跨越和融合；测绘技术的革命性变化，使测绘组织的管理机构、生产部门及岗位设置和职责发生变化；测绘工作者提供地理空间位置及其附属信息的服务，测绘产品的表现形式伴随相关技术的发展，在保持传统的特性同时，直观可视等方面也得到了巨大的进步；从向专业部门的服务逐渐扩大到面对社会公众的普遍服务，从而使社会测绘服务的需求得到激发并有了更加良好的满足。随着测绘科技的发展，社会需求、测绘管理及生产组织及过程的深刻变化，测绘工作者，特别是对高端技能应用性职业人才，在知识和能力体系构建的要求方面也发生着相应的深刻发展和变化。

社会和科技的进步和发展，形成了对高端技能人才的大量需求，在这样的社会需求背景下，高等职业教育得到了蓬勃发展，在高等教育体系中占据了半壁江山。高等职业教育作为高等教育的必然组成部分，以系统化职业能力及其发展为目标，在高端技能应用性职业人才培养的探索上迈出了刚劲有力的步伐，取得了可喜的佳绩，为全国高等教育的大众化做出了应有的贡献。

高职高专测绘类专业作为全国高职教育的一部分，在广大教师的共同努力下，以培养高端技能应用性人才为方向，不断推进改革和建设，在探究培养满足现时要求并能不断自我发展的测绘职业人才道路上，迈出了坚实的步伐；办学规模和专业点的分布也得到了长足的发展。人才培养过程中，在结合测绘工程实际，加强测绘工程训练，突出过程，强化系统化测绘职业能力构建等方面取得了成果。伴随专业人才培养和教学的建设和改革，作为教学基础资源，教材的建设也得到了良好的推动，编写出了系列成套教材，并从有到精，注意不断将测绘科技和高职人才培养的新成果进教材，以推动进课堂，在人才培养中发挥作用。为了进一步推动高职高专测绘类专业的教学资源建设，武汉大学出版社积极支持测绘类专业教学建设和改革，组织了富有测绘教学经验的骨干教师，结合目前教育部高职高专测绘类专业教学指导委员会研制的“高职测绘类专业规范”对人才培养的要求及课程设置，编写了本套《全国高职高专测绘类核心课程规划教材》。

教材编写结合高职高专测绘类专业的人才培养目标，体现培养人才的类型和层次定位；在编写组织设计中，注意体现核心课程教材组合的整体性和系统性，贯穿以系统化知识为基础，构建较好满足现实要求的系统化职业能力及发展为目标；体现测绘学科和测绘技术的新发展、测绘管理与生产组织及相关岗位的新要求；体现职业性，突出系统工作过程，注意测绘项目工程和生产中与相关学科技术之间的交叉与融合；体现最新的教学思想和高职人才培养的特色，在传统的教材基础上勇于创新，按照课程改革建设的教学要求，探索按照"项目教学"及实训的教学组织，突出过程和能力培养，具有一定的创新意识。教材适合高职高专测绘类专业教学使用，也可提供给相关专业技术人员学习参考，必将在培养高端技能应用性测绘职业人才等方面发挥积极作用。

教育部高等学校高职高专测绘类专业教学指导委员会主任委员

赵文亮

二〇一一年八月十四日

前　言

地理信息系统(GIS)是集计算机科学、地理科学、测绘学、环境科学、遥感学、空间科学、信息管理科学等为一体的新兴边缘学科，它具有对空间数据进行采集、存储、管理、运算、分析、显示等多种功能。近年来，GIS正向集成化、产业化和社会化迈进，它不但与RS(遥感)、GPS(全球定位系统)相结合，构成3S集成技术，而且与CAD、多媒体、互联网、办公自动化、虚拟现实等多种技术结合，形成了综合的信息系统。GIS在行业中的应用逐渐得到深入，并被广泛应用于国民经济的各个领域，如资源环境管理、生态环境监测、城市规划设计、测绘工程等，这些领域迫切需要掌握地理信息系统知识的技术人才。在此背景下，全国许多高校都在原有的测绘、遥感、地图学等学科的基础上开设了地理信息系统专业或课程，以满足社会的需要。

编写这本教材时，我们力求体现高职高专教育的特点，力求满足高职高专教育的培养目标——培养技术应用型人才。因此，全书力求内容精简，加强实践，突出应用。为满足对GIS软件实践教学的需要，本书特加入了对MapGIS和ArcGIS软件应用的介绍。

本书由沈阳农业大学高等职业技术学院马驰主编，并制定大纲及整体结构。各章节的编写分工如下：第1章由沈阳农业大学高等职业技术学院马驰编写；第2章由内蒙古建筑职业技术学院冯雪力编写；第3章和第11章由沈阳农业大学高等职业技术学院杨丹编写；第4章由内蒙古建筑职业技术学院王跃宾编写；第5章和第6章由陕西交通职业技术学院杨蕾编写；第7章和第9章由甘肃工业职业技术学院唐均编写；第8章和第10章由湖北国土资源职业学院李猷编写。全书由马驰负责统稿、定稿。

本书由辽宁工程技术大学宋伟东教授审阅，并提出了很多宝贵意见和建议，在此深表感谢！

本书在编写过程中，参考了大量的教材、论文等文献资料，引用了同类书刊中的部分内容和实例，在此向有关作者表示衷心感谢！

由于编者的水平、经验及时间所限，书中定有不妥之处，敬请广大读者批评指正。

编　者

2012年5月

目　录

第 1 章　地理信息系统概论

☞ 学习目标

通过学习本章，理解地理信息系统的相关概念；掌握地理信息系统的软、硬件构成及其研究的内容，地理信息系统的功能与应用；了解地理信息系统发展历史及发展动态。

地理信息系统（Geographic Information System，GIS）是一种采集、存储、管理、分析、显示以及应用地理信息的计算机系统，是分析和处理海量地理信息数据的通用技术，它在近几十年内飞速发展，广泛应用于资源管理、区域规划、国土监测以及辅助决策等领域，并逐步发展成为一个完整的技术系统和理论体系。

进入 21 世纪以来，人类社会已经全面进入信息化时代，作为一种信息处理的通用技术，地理信息系统日益受到各行各业的广泛关注，它与遥感技术（RS）、全球定位技术（GPS）三者的有机结合，生成整体、实时、动态的对地观测、分析和应用的技术系统，引起世界各国的普遍重视。

1.1　地理信息系统的基本概念

1.1.1　信息与数据

1. 信息

1）信息的概念

信息是近代科学的一个术语，已经广泛应用于社会的各领域。信息有各种不同的定义，狭义信息论认为，信息是“两次不确定性之差”，是人们获得信息前后对事物认识的差别。广义信息论认为，信息是主体与客体之间相互联系的一种形式，是主体与客体之间的一切有用的消息，是表征事物特征的一种普遍形式。本书采用的定义为：信息是用数字、文字、符号、语言、图像等介质来表示事件、事物、现象等的内容、数量或者特征，以便向人们提供关于现实世界新的事实和知识，作为生产、管理、经营、分析及决策的依据。

2）信息的特点

（1）客观性。任何信息都是客观存在的，是与客观事物紧密相联的，这是信息的正确性与精度的保证。

（2）实用性。信息对决策具有重要的作用，信息系统将海量的空间数据进行收集、组织与管理，并经过处理与分析，生成对决策具有重要意义的有用信息。

（3）传输性。信息可以在系统内或用户之间以一定的格式传送或交换，既包括系统把有用信息传送至终端设备，或以一定形式、格式提供给用户，又包括信息在系统内部同各子系统之间的传输和交换。信息在传输过程中，其原始意义并不改变。

(4)共享性。信息可以在多个用户间传输，被多个用户共享，而信息本身并无损失。

上述特点使信息成为当代社会发展的一项重要资源，并逐渐渗透到各个学科领域。

2. 数据

数据是为了定性、定量地描述某一目标而使用的数字、文字、符号、图形、图像以及它们能够转换成的数据等形式。数据是信息的载体，是负载信息的物理符号。数据本身并无意义，它们只是记录下来的某种可以识别的物理符号，只有给它们赋予特定的含义，它们才能代表某些实体或现象，这时数据才能变为信息。信息可以离开信息系统而独立存在，而数据的格式却往往与计算机系统有关，并随负载它的物理设备的差异而不同。

信息与数据是不可分离的。数据是信息的表现形式，是以某种形式记录下来的可以识别的符号；而信息则是数据所蕴含的事物的含义，是数据的内容。数据只有通过对信息的处理、解释才有意义。

1.1.2 地理信息与地理数据

1. 地理信息

地理信息是与空间地理分布有关的信息，是地表物体和环境所固有的数量、质量、分布特征、联系和规律的数字、文字、图形和图像等的总称。地理信息属于三维空间信息。

地理信息除了具备信息的一般特性外，还具备以下独特特性：

(1)区域性。地理信息属于空间信息，其位置特征由数据进行标识，这是地理信息区别于其他类型信息的最显著标志。区域性是指地理信息的定位特征，且这种定位特征是通过公共的地理基础来体现的。例如，利用特定的经纬网或公里网坐标来识别空间位置，并指定特定的区域。

(2)多维性。在二维空间的基础上，实现多个属性、多个专题的三维结构，即在一个坐标位置上具有多个专题和属性信息。例如，在一个地面点上，可取得高程、温度、湿度等多种信息。

(3)动态性。这是指地理信息的动态变化特征，即时序特征，从而可使地理信息以时间尺度划分成不同时间段信息。地理信息的时序特征非常明显，例如，可以将地理信息按照时间尺度划分成超短期的(如地震、台风等)、短期的(如江河洪水等)、中期的(如土地利用、作物估产等)、长期的(如水土流失、土地荒漠化等)、超长期的(如地壳变化等)。这就要求及时采集、更新地理信息，并根据多时相的数据与信息来总结时间分布规律，从而能够对未来作出预测和预报。

2. 地理数据

地理数据是地理信息的具体表现形式，是各种地理特征和现象间关系的符号化表示，主要包括空间位置、属性特征以及时态特征。其中，空间特征数据也称为几何数据，描述空间实体所处的位置、大小、形状等，既可以是根据大地参照系定义的位置，如大地坐标、平面直角坐标等，也可以是实体间的相对位置关系，如空间上的距离、邻接、重叠、包含等关系；属性特征数据又称为非空间数据，是对地物特征的定性或定量的描述；时态特征是指地理数据采集或地理现象发生的时刻或时段，时态数据对环境的模拟分析非常重要，越来越受到地理信息学界的重视。从地理实体到地理数据、从地理数据到地理信息的发展，反映了人类认识的一个巨大飞跃。

1.1.3　信息系统与地理信息系统

1. 信息系统

系统是具有特定功能的、相互有机联系的多要素所构成的一个整体。例如，一个计算机系统就是由人、机器、程序等按照一定的关系联系起来进行工作的集合体。所谓信息系统，是指具有对数据进行采集、存储、管理、分析和再现等功能，并且可以回答用户一系列问题的系统。信息系统大部分都是由计算机系统支持的，并由计算机的软件、硬件、数据、用户等要素组成。

在当今的计算机时代，绝大部分信息系统都是部分或全部由计算机系统支持的，如财务管理信息系统、人事档案信息系统、企业管理信息系统、空间信息系统等。其中，空间信息系统是一种非常重要且与其他类型信息系统有着明显区别的信息系统，因为它所采集、存储、管理的信息是空间信息。

2. 地理信息系统

随着信息产业的形成、发展并日益受到人们的重视，计算机技术和系统分析方法的广泛应用为现代科学技术的发展提供了广阔的前景。进入信息时代的地学，对地学信息的采集、管理、存储、分析等工作都提出了更高的要求。因此，地理信息系统作为一门介于计算机科学、信息科学、测绘学、空间科学、管理科学等学科之间的新兴边缘学科应运而生，并迅速形成一门融上述各学科为一体的综合性高新技术。

地理信息系统(GIS)，很多学者对其都下过定义，本书采用的定义为：地理信息系统是在计算机软、硬件技术的支持下，对整个或部分地球表层的地理分布数据进行采集、存储、管理、分析以及再现，以提供对规划、管理、决策和研究所需信息的空间信息系统。它在外观上表现为计算机软、硬件系统，其内涵为由计算机及其程序和各种地学信息数据组织而成的空间信息模型。通过计算机及其程序的运行和各类数据的变换，可以对各类信息数据的变化进行仿真；通过这些模型，可以从视觉、计量、逻辑上对现实空间进行模拟，用户可以在地理信息系统的支持下提取现实空间模型的不同侧面、不同层次的空间、时间特征信息，快速模拟自然过程的演变结果，并取得预测或实验的结果，选择优化方案。

根据地理信息的定义，可以得到地理信息系统的基本概念：

(1)地理信息系统首先是一种计算机系统。它由若干个相互关联的子系统构成，如地理数据采集子系统、地理数据管理子系统、地理数据处理和分析子系统、地理数据可视化表达与输出子系统等。这些子系统的构成影响着地理信息系统硬件的配置、功能、效率、数据处理的方式和产品输出的类型。

(2)地理信息系统的操作对象是空间数据。空间数据常以点、线、面等方式进行编码，并以空间坐标的方式进行存储，或者以一系列栅格单元来表达连续的地理实体对象。空间数据最根本的特点是每个地理实体都按照统一的地理坐标进行记录，实现对其定位、定性、定量及拓扑关系的描述。地理信息系统以空间数据作为处理、操作的对象，这是它区别于其他类型信息系统的主要标志，也是地理信息系统技术难点所在。

(3)地理信息系统的技术优势在于它有效的数据集成方法、独特的空间分析能力、快速的空间搜索和查询功能、强大的图形绘制和数据的可视化表达手段，以及地理过程的模拟、预测和决策支持功能等。通过对空间数据的综合、模拟、分析，可以获得常规方法难以获得的信息，实现对管理或辅助决策的支持，这是地理信息系统的研究核心，也是地理信息系统的主要贡献。

(4)地理信息系统与测绘学和地理学关系密切。测绘学实现了对空间数据的采集、处理、管理、更新、利用，为地理信息系统提供各种比例尺及精度的定位数据，促使地理信息系统向更高层次发展。地理学研究了各个自然要素的生物、物理、化学等的性质与过程，探求人类活动与资源环境间相互协调的规律，为地理信息系统提供了有关空间分析的基本观点和方法，成为地理信息系统的基础理论依托之一。

1.1.4 地理信息系统的分类

地理信息系统根据其研究范围的大小，可分为全球性信息系统和区域性信息系统；根据其研究内容，可分为专题信息系统和综合信息系统；根据其使用的数据模型，可分为矢量系统、栅格系统和矢栅混合系统等。

1.2 地理信息系统的构成

一个实用的地理信息系统，要完成对空间数据的采集、管理、处理、分析以及再现等功能，其基本组成一般包括五个主要部分：系统硬件、软件系统、空间数据、用户和应用模型，系统构成如图 1.1 所示。

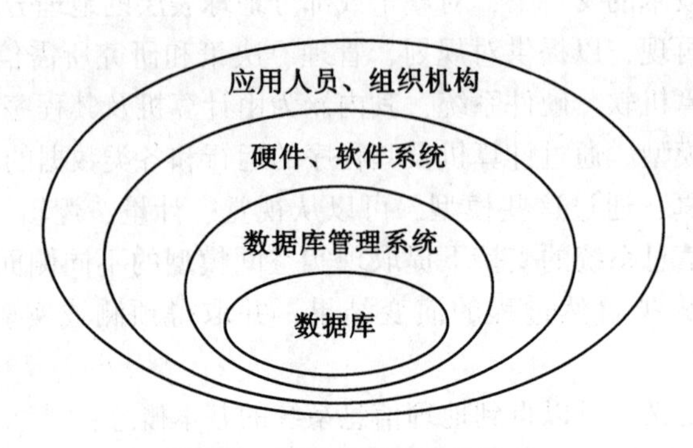

图 1.1 地理信息系统的构成

1.2.1 硬件系统

硬件系统是系统中实际物理设备的总称，主要包括计算机主机、输入设备、存储设备、输出设备及网络设备等，如图 1.2 所示。系统的硬件是 GIS 的外壳，是系统功能实现的物质基础，系统的功能、精度、速度、规模、使用方法，甚至软件，都与硬件有极大的关系，受硬件指标的支持与制约。

(1)计算机主机：是硬件系统的核心部分，主要包括主机、服务器、桌面工作站等，实现对数据的处理、管理、计算、分析等工作。

(2)输入设备：包括键盘、数字化仪、图像扫描仪等。

(3)存储设备：包括硬盘、磁带机、光盘、磁盘阵列等。

(4)输出设备：包括显示器、绘图仪、打印机等。

(5)网络设备：包括网络的布线系统、路由器、交换机等。

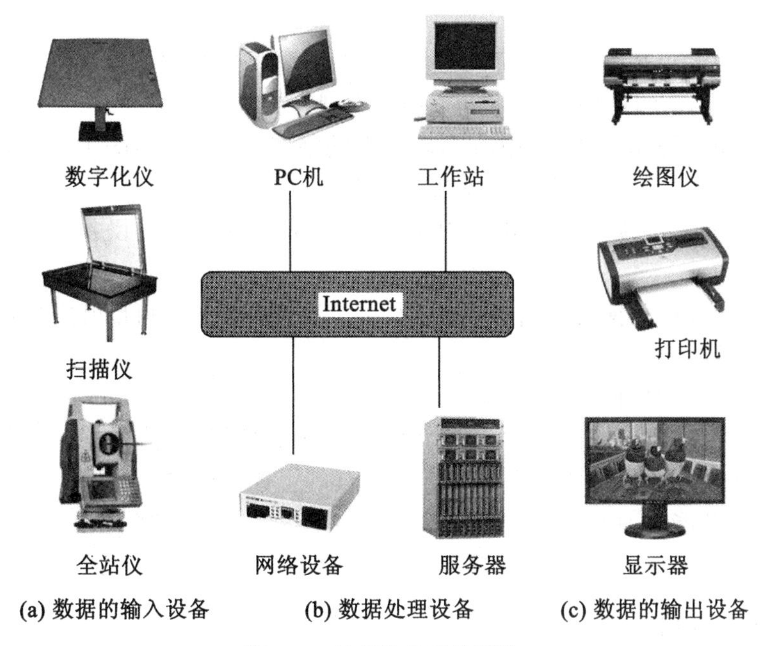

图1.2　地理信息系统硬件

1.2.2　软件系统

地理信息系统的软件是整个系统的核心部分，用于执行地理信息系统功能的各种操作，包括数据的输入、处理、管理、分析等。一个完整的地理信息系统需要多种软件协同工作，主要包括以下三种软件：

1. 操作系统软件

这主要指计算机操作系统，提供各种应用程序运行的环境以及用户操作环境。当今使用的操作系统主要有 Microsoft Windows 系列、UNIX 系列等。系统软件关系到 GIS 软件和开发语言使用的有效性，是 GIS 软、硬件环境的重要组成部分。

2. GIS 功能软件

GIS 软件通常可以分为 GIS 基础软件平台和 GIS 应用软件两类。

GIS 基础软件平台是指具有丰富 GIS 的专业功能的通用 GIS 软件，可以作为其他应用型 GIS 软件系统建设的软件平台。具有代表性的 GIS 基础软件平台，国外的如 ESRI 公司开发的 ArcGIS、MapInfo 公司开发的 MapInfo、Intergraph 公司开发的 GeoMedia 等；国内的如超图公司开发的 SuperMap、中地公司开发的 MapGIS 和吉奥公司开发的 GeoStar 等。

GIS 应用软件是利用 GIS 基础软件平台提供的功能开发出来的针对某一应用领域的地理信息系统软件，如交通地理信息系统、土地地理信息系统、林业地理信息系统等。

GIS 的基础软件平台一般要包含以下功能模块：

(1)数据输入与编辑。地理信息系统可以通过各种输入设备完成图数转化过程，以及对图形、属性数据提供修改和更新等编辑操作。

(2)空间数据的管理。系统具有对分布式、多用户的空间数据库进行有效的存储、检索、查询、更新以及维护等功能。

(3)空间数据的处理与分析。可以转化标准的矢量格式数据与栅格格式数据，完成地图投影的转换，支持各种空间分析和建立应用模型等功能。

(4)空间数据的输出。系统提供了各种地图的制作，统计报表的生成，地图符号及汉字字体的生成，地图的显示、打印、输出等功能。

(5)用户界面。系统提供的用户界面可以使用户对系统的操作变得舒适、简单、自由。

(6)系统的二次开发能力。利用系统提供的二次开发语言，可以开发出各种复杂的应用型 GIS 软件系统。

3. *GIS 基础支撑软件*

基础支撑软件主要包括各种系统库软件和数据库软件等。系统库软件提供给用户可编程的程序设计语言及数学函数库等功能，如 C++等；数据库系统提供对空间、属性等数据的存储和管理功能，如 Oracle、Microsoft SQL Server 等，它们都是 GIS 软件系统的重要组成部分。

1.2.3 空间数据

空间数据是地理信息的载体，是地理信息系统的操作对象，是地理信息系统的重要组成部分。空间数据描述着地理实体的空间特征、属性特征以及时间特征，其中，空间特征是指地理实体的空间位置及相互关系；属性特征表示地理实体的名称、数量、质量、类型等；时间特征是指实体随时间而发生的变化。根据地理实体在空间的表示形式，可将其抽象为点、线、面三种类型，将它们表达成空间的数据结构，可以采用矢量和栅格两种形式，分别称为矢量数据结构和栅格数据结构。

1.2.4 应用人员

应用人员是 GIS 的一个重要构成因素。在地理信息系统中，仅有系统的软硬件、数据等，还不能构成完整的地理信息系统，因为 GIS 还需要应用人员对系统进行组织、管理、维护、数据更新、系统扩充完善以及应用程序开发，并利用 GIS 的分析模型提供的多种信息为生产和决策服务。对于合格的系统设计、运行和使用，地理信息系统专业人员是地理信息系统应用成功的关键，而强有力的组织则是系统顺利运行的保障。一个周密规划的地理信息系统项目应包括负责系统设计和执行的项目经理、信息管理的技术人员、系统用户化的应用工程师以及最终运行系统的用户。缺乏合格地理信息系统专业人员，是当今地理信息系统技术应用中最为突出的问题之一。

1.2.5 应用模型

GIS应用模型是为了某一特定的实际工作而建立的运用地理信息系统的解决方案，其构成与选择同样是对系统应用成败至关重要的因素。虽然地理信息系统为解决各种现实问题提供了有效的基本工具，但对于某些特定的应用日的，则必须通过构建相应的专业应用模型才能达到，例如，土地利用适宜性模型、洪水预测模型、人口扩散模型、水土流失模型、环境的监测预测模型等。

应用模型是人们对客观世界的规律性认识，再经过从概念世界到信息世界的映射，反映了人类对客观世界的利用、改造的能动作用，是GIS技术产生社会经济效益的关键所在，也是GIS生命力的重要保证，因此在GIS技术中占有十分重要的作用。

1.3 地理信息系统研究的内容及相关学科

1.3.1 地理信息系统研究的内容

地理信息系统是在地理学研究和生产实践中产生、在应用中不断完善，并逐渐发展了地理信息系统的理论；而理论的研究又进一步指导、开发新一代的高效地理信息系统，并不断拓宽其应用领域，加深其应用深度；地理信息系统的应用，又对理论研究和技术方法提出了更高的要求。因此，上述三方面的研究内容相互联系、相互促进。地理信息系统的研究内容主要表现在以下三个方面：

1. 地理信息系统基础理论的研究

这主要包括对地理信息系统的基本概念、定义和内涵的研究；对地理信息系统的信息论的研究；建立地理信息系统的理论体系；研究地理信息系统的构成、功能、特点以及任务；总结地理信息系统的发展历史，讨论地理信息系统发展方向等理论问题。

2. 地理信息系统技术系统设计

这主要包括地理信息系统硬件设计；空间数据结构以及表示；输入与输出系统；空间数据库管理系统；用户界面的设计；地理信息系统工具软件的研制；网络地理信息系统的开发等。

3. 地理信息系统应用方法的研究

这主要包括应用系统设计和实现方法；数据采集和校验；空间分析函数与专题分析模型；地理信息系统与遥感技术、全球定位系统技术的结合方法等。

1.3.2 地理信息系统的相关学科

地理信息系统是一门介于空间科学、信息科学、管理科学之间的新兴交叉学科，是传统科学与现代技术相结合的产物，是现代科学技术发展和社会需求的产物。进入21世纪以来，人口、资源、环境、灾害等问题是影响人类生存与发展的四大基本问题，而解决这些问题，必须联合自然科学、工程技术、社会科学等多种学科、多种技术。于是，许多不同的学科，包括地理学、测绘学、地图制图学、摄影测量与遥感学、计算机科学、数学、统计学以及一切与处理和分析空间数据有关的学科，都在寻求一种能采集、处理、存储、检索、分析、变换和显示输出从自然界和人类社会获取的各种数据、信息的强有力工具，其归宿就是地理信息系统(图 1.3)。

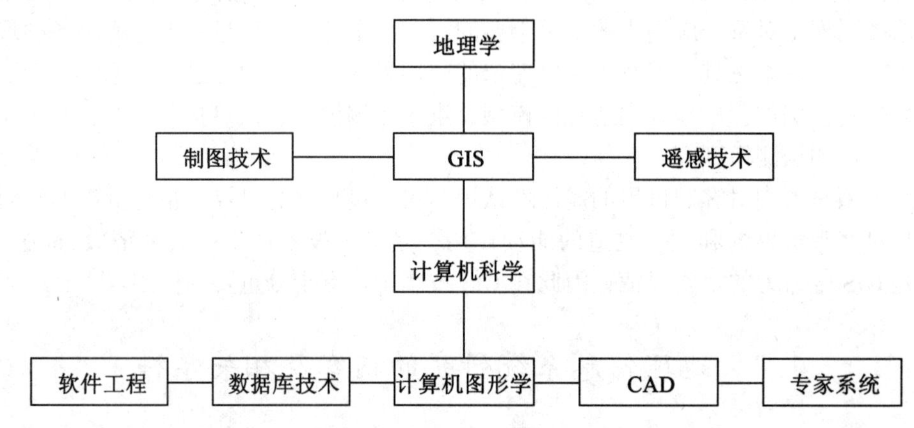

图 1.3 地理信息系统相关学科

1. 地理信息系统与地理学

地理学是一门研究人类赖以生存的生活空间的科学，其目的是为了更好地开发和保护地表资源，协调人类与自然的关系。在地理学的研究中，空间分析的观点、方法具有悠久历史，并成为地理信息系统的基础理论依托；而地理信息系统则是现代地理学与计算机等多种技术相结合的产物，它采用计算机建模和模拟技术实现地理环境与过程的虚拟，以便对地理现象进行直观科学的分析，并提供决策依据。因此，可以说，地理信息系统的产生、发展以一种新的思想和新的技术手段解决了地理学的问题，使地理学研究的数学传统得到了充分的发挥。

2. 地理信息系统与地图学及电子地图

地图是记录地理信息的一种图形语言形式。从历史发展来看，地理信息系统脱胎于制图系统，并成为地图信息的一种新的载体形式。地理信息系统具有采集、存储、管理、分析、输出空间信息的功能，其计算机制图功能为地图的数字表达、操作以及显示提供了一系列方法，为地理信息系统的图形输出、设计提供了技术支持；同时，地图仍是目前地理信息系统的重要数据源之一。

电子地图是利用计算机技术，以数字方式进行存储和查阅的地图。绘制电子地图的制图系统与地理信息系统的关系主要表现在以下两个方面：其一，计算机辅助制图系统是地理信息系统功能的一部分，一个地理信息系统具有机助制图系统的所有组成与功能，并且地理信息系统还有数据处理的功能；其二，地理信息系统是计算机辅助制图系统之上的超结构，从地理信息系统的发展过程来看，地理信息系统的产生、发展都与制图系统存在着密切的关系，它们都具有基于空间数据库的空间信息的表达、处理和显示能力。

3. 地理信息系统与计算机科学

计算机科学的发展对地理信息系统的发展有着深刻的影响。20 世纪 60 年代初期，在计算机图形学的基础上出现了计算机化的数字地图，地理信息系统与计算机的数据库(DBMS)技术、计算机辅助设计(CAD)、计算机辅助制图(CAM)以及计算机图形学等有着密切联系，但它们都无法取代地理信息系统的作用。

计算机图形理论是现代地理信息系统的技术理论之一，计算机图形学提供了图形处理、显示的软、硬件以及技术方法。数据库管理系统(DBMS)是操作、查询、管理非空间的属性数据的软件系统，具备基本的统计分析功能，是现代地理信息系统不可缺少的组成部分，但一般的 DBMS 缺乏对空间数据分析、处理的能力。计算机辅助设计(CAD)是通过计算机辅助设计人员进行设计，以提高设计的自动化程度，节省人力和时间。计算机辅助制图(CAM)是利用计算机技术进行几何图形的编辑和绘制的计算机系统。GIS 与 CAD、CAM 的区别主要集中在：第一，CAD 不能建立地理坐标系和完整的地理坐标变换；第二，GIS 的数据量比 CAD、CAM 大得多，结构更复杂，数据间的联系更紧密；第三，CAD、CAM 不具备具有地理意义的空间查询与分析功能。

4. 地理信息系统与遥感

遥感是一种不通过直接接触目标而获得其信息的一种新型探测技术，它通常是获取和处理地球表面的信息，并反映在像片或数字影像上。一方面，遥感作为一种获取和更新空间数据的强有力手段，能及时地提供准确、综合和大范围内进行动态监测的各种资源与环境数据，因此，遥感信息已经成为地理信息系统的十分重要数据源。另一方面，GIS 中的数据也可以作为遥感影像分析的一种辅助数据。两者在集成过程中，GIS 主要用于数据的处理、操作和分析；而遥感则作为一种数据获取、维护和更新 GIS 中数据的手段。此外，GIS 可用于基于知识的遥感影像分析。

5. 地理信息系统与管理信息系统

传统意义上的管理信息系统是以管理为目的、在计算机硬件和软件的支持下，具有存储、处理、管理和分析数据能力的信息系统，如人才管理信息系统、财务管理信息系统、服务业管理信息系统等。这类信息系统与地理信息系统的主要区别在于它们处理的数据没有空间特征。

另一类管理信息系统是以具有空间分析功能的地理信息系统为支持、以管理为目标的信息系统，它利用地理信息系统的各种功能实现对具有空间特征的要素进行处理分析，以达到区域管理的目的，如城市供水管理信息系统、城市交通管理信息系统等。

1.4　地理信息系统的功能与应用

地理信息系统是计算机技术与空间数据相结合的产物，包含了处理地理信息数据的各种功能，其中，最基本的功能有数据的采集、管理、处理、分析、输出等。地理信息系统依托这些基本功能，通过利用空间分析技术、模型分析技术、网络技术、数据库及数据集成技术、二次开发技术等，演绎出丰富多彩的应用功能，以满足社会的广泛需求。

1.4.1　基本功能

1. 数据的采集与编辑

该功能主要用于获取和编辑数据，保证地理信息系统数据库中的数据在内容与空间上的完整性、数值逻辑的一致性与正确性。一般而言，地理信息系统中数据库的建设占整个系统建设投资的 70% 或更多，因此，数据共享与数据的自动化输入成为地理信息系统研究的重要内容。目前，地理信息系统采集数据的方法很多，如手扶跟踪数字化仪输入、自动扫描输入、遥感图像输入等。

2. 数据的存储与管理

数据的存储是将数据以某种格式记录在计算机内部或外部的存储介质上，而数据库是数据存储与管理的主要技术。地理信息系统数据库具有数据量大、数据库中空间数据与属性数据并存、空间数据之间需要生成拓扑关系等特点，因此，地理信息系统数据库的管理功能除了与属性数据有关的常规数据库管理系统（DBMS）的功能外，还要采用一些特殊的技术与方法解决对空间数据的管理。

3. 数据的处理与变换

由于地理信息系统设计的数据类型多种多样，同一种类型的数据质量也可能有很大差异，为了保证GIS应用数据的规范与统一，输入到系统的数据需要处理与变换，主要包括数据变换和数据重构等内容。数据变换是将数据由一种数学状态转换到另一种数学状态，如几何校正、误差改正、投影变换、比例尺缩放等；数据重构是将数据从一种几何形态转换到另一种几何状态，如数据裁剪、数据拼接、数据压缩等。

4. 空间的查询与分析

空间查询与分析功能是GIS的核心，是GIS最重要和最具魅力的功能，也是GIS区别于其他信息系统的本质特征，主要包括数据运算、数据查询与检索、数据综合分析。其中，数据查询与检索是从数据文件、数据库等存储介质中查找和选取所需数据的过程。空间数据的综合分析是通过对空间数据的几何属性、几何关系的分析，揭示地理特征和过程的内在规律及机理，从而能够解决地理空间的实际问题。常见的空间分析包括空间查询与量算、缓冲区分析、叠加分析、路径分析、空间插值、统计分类分析等。

5. 产品的显示与输出

地理信息系统为用户提供了多种数据表现的工具，其形式既可以是计算机的屏幕显示，也可以是各种图形、图像、文字、报表等。其中，地图图形输出是地理信息系统产品的主要表现形式，包括各种地形图、专题图、立体图等。一个好的地理信息系统应该提供一种良好的、交互式的制图环境，以供地理信息系统的使用者设计和制作出高质量的地图。输出的介质可以是纸、光盘、磁盘、显示终端等。

6. 二次开发与编程

地理信息系统为了能够广泛应用于各个领域、满足不同用户的应用需要，必须具有二次开发的编程环境。用户可以在编程环境中调用GIS的命令和函数，或者系统可将某些功能做成组件，供用户的开发语言调用。这样，用户就可方便地编制自己的地理信息系统应用程序，生成可视化的用户界面，完成地理信息系统的各项应用开发功能。

1.4.2 应用功能

1. 资源管理

资源的清查、管理与分析是地理信息系统最基本的职能，也是目前地理信息系统应用最广泛的领域。其任务是将各种来源的数据和信息汇集在一起，通过系统的统计与分析功能，按照多种边界和属性条件，获得区域多种条件组合形式的资源统计，并进行原始数据的快速再现，为资源的合理利用和规划决策提供依据，如对森林和矿产资源的管理、土地资源的规划利用、野生动植物的保护等。

2. 区域规划

国内外的实践证明，将地理信息系统应用于区域规划中，工作质量和效率明显优于传统手工操作方法。究其原因，GIS 主要有以下优势：

(1)强大的数据处理功能。区域规划建立在对区域自然地理环境、人文社会经济发展状况等诸多要素全面了解的基础之上，相关数据的获取和有效管理是区域规划研究的前提和必要保障。在进行区域规划研究时，面对形式多样(地图、影像、图表、文字等)、不同比例尺、不同性质的数据，通过处理和转换，GIS 可以有效地对其获取(输入)、存储、更新，把空间信息和属性信息关联起来，对数据进行有效的管理，并以用户所需的形式提供，满足区域规划研究的需要。

(2)数据分析与辅助决策功能。区域规划实质上是对各种(历史的、现状的、预测的)空间数据进行分析并进行决策的过程。在区域规划过程中，GIS 可根据实际需要对拥有的数据进行分析、运算，将分析的结果用于辅助决策。国内外的实践证明，在区域规划中，利用 GIS 把区域内的社会、经济等各种数据与空间分布联系起来，可以使复杂的空间分析很快完成，避免了手工操作的费时、费力、精度低及难以修正等缺点，为空间研究和规划制定提供依据。

(3)规划成果的可视化表达。可视化输出是地理信息系统最成熟、最普及的功能。GIS 不但可以方便地绘制各种比例尺的常规规划用图，还可以利用其三维虚拟现实技术，并与多媒体技术结合，静态或动态地模拟区域的现状和发展远景。

3. 国土监测

结合多时相的遥感数据，地理信息系统可以有效地应用于土地利用动态监测、森林火灾预测、洪水灾情监测及淹没损失估算、环境监测与质量评估等。例如，黄河三角洲地区的防洪减灾研究表明，在 ARC/INFO 地理信息系统的支持下，通过建立大比例尺数字地形模型和获取有关的空间和属性数据，利用地理信息系统的空间分析功能，可以计算出不同泄洪区域内被淹没的土地利用类型及面积，比较不同泄洪区内房屋和财产损失等，确定泄洪区内人员的撤离、财产转移、救灾物资供应的最佳路线。

4. 环境保护

利用 GIS 技术建立环境监测、分析及预报信息系统，为实现环境监测与管理的科学化、自动化提供最基本的条件；在进行区域环境监测过程中，利用 GIS 技术，可以对实时采集的数据进行存储、处理、显示、分析，实现为环境决策提供辅助手段的目的；在进行区域环境质量评价过程中，可将地理信息与大气、土壤、水、噪声等环境要素的监测数据结合在一起，利用 GIS 软件的空间分析功能，对整个区域的环境质量现状进行客观、全面的评价，以反映区域受污染的程度以及空间分布情况。

5. 辅助决策

地理信息系统利用拥有的数据库，通过一系列决策模型的构建和分析，为宏观决策提供依据。例如，系统支持下的土地承载力的研究可以解决土地资源与人口容量的规划；我国在三峡地区的研究中，通过利用地理信息系统和机助制图的方法，建立环境监测系统，为三峡宏观决策提供了建库前后环境变化的数量、速度和演变趋势等可靠的数据。

1.5 地理信息系统的产生与发展

1.5.1 地理信息系统的发展简史

地理信息系统的创立和发展是与计算机技术的发展以及空间信息的表示、处理、分析和应用技术的不断发展分不开的。20 世纪 50 年代末和 60 年代初，计算机技术获得了广泛应用以后，计算机很快被应用于空间数据的存储与处理，成为地图信息存储和处理的装置。由于大量空间数据的存储、分析和显示技术方法的改进，以及计算机技术在自然资源和环境数据处理中应用的迅速发展，致使计算机辅助制图和空间数据分析在数据的自动采集、数据分析和显示技术这几个相互联系的领域内得到极大地发展。在此基础上，Roger Tomlinson 在 1963 年开始创建世界上第一个地理信息系统，即加拿大地理信息系统(CGIS)。考察地理信息系统的发展，可将其分为以下几个阶段：

1. 20 世纪 60 年代的开拓发展阶段

20 世纪 60 年代初，计算机技术开始应用于地图的量算、分析和制作。计算机辅助制图具有快速，灵活，易于更新，质量可靠，便于存储、测量、分析、合并等优点而迅速发展起来。20 世纪中后期，许多与地理信息系统有关的组织和机构纷纷建立并开展工作，如 1966 年美国成立城市和区域信息系统协会(URISA)，1969 年又建立州信息系统全国协会(NASIS)；国际地理信息系统联合会(IGU)于 1968 年设立了地理数据收集和处理委员会(CGDSP)，等等，这些组织和机构的建立，为传播地理信息系统知识和发展地理信息系统技术起到了重要的作用。

诞生之初的地理信息系统主要是关于城市和土地利用，如加拿大的地理信息系统(CGIS)就是为了处理加拿大土地调查获得的大量数据而建立的。该系统由加拿大政府于 1963 年开始研制实施，到 1971 年投入正式运行，被认为是国际上最早建立的、较为完善的大型地理信息系统。

这一时期，地理信息系统的发展局限于计算机技术的发展水平，计算机存储能力小、存储速度慢。地理信息系统软件的研究主要针对具体的 GIS 软件应用进行的，到 20 世纪 60 年代末期，针对 GIS 一些具体功能的软件技术有了较大进展，如栅格-矢量转换技术、自动拓扑编码、多边形拓扑错误的检测等。

2. 20 世纪 70 年代的巩固阶段

进入 20 世纪 70 年代以后，计算机硬件和软件技术的飞速发展，尤其是大容量存取设备——硬盘的使用，为空间数据的录入、存储、检索和输出提供了强有力的手段。特别是用户屏幕及图形、图像卡的发展，增强了人机对话和高质量图形的显示功能，促使 GIS 朝着应用方向迅速发展。

这一时期，一些发达国家先后建立了许多不同规模、不同类型的各具特色的地理信息系统，如美国森林调查局发展了全国林业统一使用的资源信息显示系统；美国地质调查所发展了多个地理信息系统，用于获取和处理地质、地理、地形和水资源信息，如典型的 GIRAS；日本国土地理院从 1974 年开始建立数字国土信息系统，存储、处理和检索测量数据、航空像片信息、行政区划、土地利用、地形地质等信息，为国家和地区土地规划服务；瑞典在中央、区域和市三级上建立了许多信息系统，比较典型的如区域统计数据库、道路数据库、土地测量信息系统、斯德哥尔摩地理信息系统、城市规划信息系统等。一些从事地理信息系统产品的商业公司也开始活跃起来，地理信息系统软件开始形成市场，如ESRI公司开始开发著名的ArcInfo软件，并在20世纪80年代初将其推向市场。

这一时期，国际上先后召开了一系列地理信息系统的学术讨论会，如国际地理联合会(IGU)于1970年在加拿大首次召开了第一次国际地理信息系统会议；1978年，国际测量联盟(FIG)规定第三委员会的主要任务是研究地理信息系统，同年在德国的达姆塔特工业大学召开了第一次地理信息系统讨论会，等等。许多大学开始注意培养地理信息系统方面的人才，创建了地理信息系统实验室。

3. 20世纪80年代的突破阶段

20世纪80年代是地理信息系统普遍发展和推广应用的阶段。微型计算机和远程通信传输设备的问世与普及，促使地理信息系统逐渐走向成熟。计算机价格的大幅度下降、功能强大的微型计算机的普及以及图形的输入、存储、输出设备的快速发展，都大大推动了地理信息系统技术的发展，研制出了大量的微机GIS软件系统，如ArcInfo、Genamap及Microstation等。地理信息系统的应用也从解决资源管理与基础设施的规划转向更加复杂的区域开发，如土地的利用、城市的发展、景观生态规划等，地理信息系统逐渐成为政府、企业决策不可缺少的依据。许多国家相继制定了本国的地理信息系统发展规划，启动了若干科研项目，建立了一些政府性、学术性机构，如我国于1985年建立了资源与环境信息系统国家重点实验室，美国于1987年成立了国家地理信息与分析中心(NCGIA)，英国于1987年成立了地理信息协会。

总之，这一时期地理信息系统的发展呈现如下特点：

(1)在20世纪70年代技术开发的基础上，地理信息系统技术全面推向应用。

(2)开展地理信息系统工作的国家和地区更为广泛，国际合作日益加强，开始探讨建立国际性的地理信息系统，地理信息系统由发达国家走向发展中国家，如中国、印度等。

(3)地理信息系统技术进入多种学科领域，从比较简单的、单一功能的、分散的系统发展到多功能的、共享的综合性信息系统，并向智能化发展。

(4)微机地理信息系统蓬勃发展，并得到广泛应用。在地理信息系统理论的指导下研制的GIS工具具有高效率和更强的独立性和通用性，更少依赖于计算机的硬件环境，为地理信息系统的建立和应用开辟了新的途径。

我国在地理信息系统方面的研究自20世纪80年代初开始，取得了突破性的进展。1980年中国科学院遥感应用研究所成立了全国第一个地理信息系统研究室。在几年起步的发展阶段中，我国地理信息系统在理论探索、硬件配置、软件研制、规范制定、系统建立、系统的实验与应用等方面都取得了进步，积累了经验，并为全国范围内开展地理信息系统的研制和应用奠定了基础。

4. 20世纪90年代的社会化阶段

进入20世纪90年代，随着地理信息系统产业的建立和数字化信息产品在全世界的普及，地理信息系统逐渐深入到各行各业乃至千家万户，成为一种通用的技术工具而被广泛应用。一方面，许多机构逐渐了解地理信息系统的功能，将地理信息系统作为必备的工作系统，从而改变了传统的工作模式，提高了工作效率。另一方面，社会对地理信息系统的认识普遍提高，用户的需求迅速增加，导致地理信息系统应用领域的扩大和应用水平的提高。

这一时期，我国的地理信息系统事业也步入快速发展阶段，从初步发展时期的实验、局部应用走向实用化和生产化，为国民经济等重大问题提供了分析和决策的依据。地理信息系统的研究和应用逐步形成行业，具备了走向产业化的条件。

5. 21 世纪的社会化与产业化阶段

进入21 世纪，地理信息系统的理论与应用技术已经成熟。随着“数字地球”概念的提出，GIS 有了一个飞跃的发展，以3S 集成技术为核心的地理信息系统的应用技术得到了广泛应用。大型地理信息系统软件的功能不断得到完善和增强，并朝着网络化、分布式、真三维和时空信息系统方向发展。

1.5.2 GIS 的发展动态

近年来，随着计算机技术、信息技术和网络技术的快速发展，多媒体技术、空间技术、虚拟现实、数据库技术、图像处理技术、光纤通信技术的突破性进展，使地理信息系统技术迅速发展，主要方向包括以下几个方面：

1. 3S 集成技术

3S 技术即 GIS(地理信息系统)、GPS(全球定位系统)、RS(遥感)，其中，GPS 和 RS 可以快速获取空间信息，而 GIS 可以对空间数据进行存储、管理与分析，三者在功能上互补，三者集成后，可以充分发挥各自的优势。因此，将 GIS 与 GPS、RS 集成，构成实时、动态的地理信息系统，是地理信息系统发展的一个趋势。

2. 与网络的融合

与网络融合建立网络地理信息系统(Web GIS)，是地理信息系统发展的一个重要方向。利用 Internet，用户可以在网络上发布空间数据，浏览、查询所需的地理信息，并对各种地理新信息进行分析，这已成为 GIS 应用的一个重要途径。

3. 与虚拟现实技术的融合

虚拟现实技术(Virtual Reality，VR)是利用电脑模拟产生一个三维空间的虚拟世界，提供使用者关于视觉、听觉、触觉等感官的模拟，让使用者如同身临其境一般，可以实时、动态地观察三维空间事物的一种技术。与虚拟显示技术相结合的 GIS，具有独特的处理空间数据的手段，大大提高了对数据处理和分析的能力。

4. GIS 与多媒体技术的融合

GIS 与多媒体的融合是指图形、文字、音频、视频等多媒体元素融入 GIS，并以直观的方式感知和表现出来，使 GIS 的表现形式更丰富、更灵活、更友好，为 GIS 的应用开拓了新的领域和广阔的前景。

5. 开放式 GIS

开放式 GIS 是指在计算机和通信环境下，根据行业标准和接口所建立起来的地理信息系统。一般说来，接口是一组语义相关的成员函数，并且同函数的实体相分离。在这个系统中，不同厂商的地理信息系统软件以及异构分布数据库能相互通过接口交换数据，并将它们结合在一个集成式的操作环境中。因此，在开放式地理信息系统环境中，能实现不同地理空间数据之间、数据处理功能之间的相互操作以及不同系统或不同部门之间资源的共享，极大地满足用户的需求。

6. 三维 GIS

传统的 GIS 应用以二维为主，随着应用的不断深入，第三维的信息——高程信息显得越来越重要，成为许多应用领域对 GIS 的基本要求。在利用地理信息系统进行空间分析的过程往往是复杂、动态和抽象的，在数据量巨大、关系复杂的空间信息面前，二维 GIS 的空间分析功能常具有一定的局限性，如淹没分析、日照分析、空间扩散分析、通视性分析等高级空间分析功能，二维 GIS 是无法实现的。三维 GIS 强大的多维度空间分析功能，不仅是 GIS 空间分析功能的一次跨越，而且在更大程度上也充分体现了 GIS 的特点和优越性。

习题和思考题

1. 什么是地理信息系统(GIS)？它与一般的计算机应用系统有哪些异同点？
2. 地理信息系统有哪些组成部分？
3. 根据你的了解，地理信息系统有哪些相关学科及相关技术？
4. 地理信息系统可以应用于哪些领域？根据你的了解，论述地理信息系统应用与发展前景。

第2章 空间信息基础

☞ 学习目标

空间信息基础是地理信息系统得以广泛应用的数学基础，是地理信息系统软件区别于其他一般绘图软件的一个重要特征。学习本章，需要理解地理空间与空间数据的相关概念与特点；掌握地球空间参考坐标系统，地图投影的相关知识及地图分幅与编号的方法与内容。

2.1 概 述

2.1.1 地理空间的概念

在地理信息系统中，空间的概念常用“地理空间”表达。地理空间的范围上至大气电离层，下至地幔莫霍面，是生命过程活跃的场所，也是宇宙过程对地球影响最大的区域。

地理空间一般包括地理空间定位框架及其所关联的地理实体。

地理空间定位框架即大地测量控制，由平面控制网和高程控制网组成。大地测量控制提供了建立地理数据坐标位置的通用参考系，利用该参考系，可以将特定的平面及高程坐标系与地理要素相连接，这样就使得相连接后的地理要素具有平面及高程坐标系的参考。

2.1.2 空间数据

空间数据是地理信息系统的核心，可以称它是地理信息系统的“血液”，因为地理信息系统操作的对象是空间数据。因此，设计和使用地理信息系统的第一步工作就是根据系统的功能，获取所需要的空间数据。

1. GIS 的数据来源

GIS 的数据来源和数据类型繁多，主要有以下几种来源：

(1)地图数据。来源于各种类型的普通地图和专题地图，是 GIS 的主要数据源。因为地图包含着丰富的内容，不仅含有地理要素的类别和属性，而且含有地理要素间的空间关系。

(2)影像数据。主要来源于航天遥感和航空遥感。影像数据是 GIS 的重要数据源。遥感数据是一种大面积的、动态的、近实时的数据源，是 GIS 数据更新的重要手段。

(3)实测数据。野外试验、实地测量等获取的数据可以通过转换，直接进入 GIS 的地理数据库，以便于进行实时的分析和进一步的应用。GPS 所获得的数据也是 GIS 的重要数据源。

(4)属性数据。来源于各类调查报告、文献资料、行业规范、法律条文、统计资料等。

(5)元数据。元数据是关于数据的数据，是数据的说明，如数据来源、数据权属、数据产生的时间、数据精度等。

2. 空间数据的特征

空间数据具有以下三个基本特征：

(1)空间特征。用以描述事物或现象的地理位置，又称为几何特征、定位特征。

(2)属性特征。用以描述事物或现象的特性，即用来说明“是什么”，如事物或现象的类别、等级、数量、名称等。

(3)时间特征。用以描述事物或现象随时间的变化，如耕地的逐年变化。

3. 空间数据的分类

根据空间数据的特征，可以把空间数据归纳为以下三类：

(1)属性数据。描述空间数据的属性特征的数据，也称为非几何数据，即说明“是什么”，如类型、等级、名称、状态等。

(2)几何数据。描述空间数据的空间特征的数据，也称为位置数据、定位数据，即说明“在哪里”，如用 X、Y 坐标来表示。

(3)关系数据。描述空间数据之间的空间关系的数据，如空间数据的相邻、包含等，主要是指拓扑关系。拓扑关系是一种对空间关系进行定义的数学方法。

2.2 地球空间参考

目前，社会上有各种类型的 GIS 系统，这些 GIS 系统为各部门的决策提供了重要的作用。虽然不同类型 GIS 的应用目的不同，但是每个 GIS 自身的数据必须是在统一的地球空间参考下的数据，也就是说，这些数据要有统一的坐标系和高程系，在坐标系中表示地理要素在投影面上的位置，在高程系中表示地理要素高于或低于大地水准面的铅垂距离。

2.2.1 地球的形状

地球是近似球体，其表面高低不平、极其复杂。假想将静止的平均海水面延伸到大陆内部，可以形成一个连续不断的与地球比较接近的形体，把该形体视为地球的形体，其表面就称为大地水准面。

但是，由于地球内部物质分布不均匀和地面高低不平，使各处的重力方向发生局部变异，处处与重力方向垂直的大地水准面显然不可能是一个十分规则的表面。

为了便于测量成果的计算，选用一个与大地体相近的、可以用数学方法表达的旋转椭球体来代替地球。旋转椭球体是由一个椭圆绕其短轴旋转而成的。

凡是与局部地区的大地水准面符合得最好的旋转椭球体，都称为参考椭球。经过长期的观测、分析和计算，很多学者和机构算出了参考椭球体的长短半径的数值。我国的 1954 年北京坐标系采用的是苏联的克拉索夫斯基椭球元素，1980 年西安坐标系则采用 1975 年 IUCC 第十六届大会推荐的数值。

2.2.2 坐标系

坐标系就是确定地面点或空间目标位置所采用的参考系。常用的坐标系包括地理坐标系和平面坐标系等。在大范围内，用球面坐标系的坐标表示地面点投影到椭球体表面上的位置；在小范围内，用平面直角坐标系中的坐标表示地面点投影到水平面上的位置。

1. 地理坐标系

地理坐标也称为大地坐标。在大区域内或从整个地球范围内来考虑点的位置，常采用经度 λ 和纬度 ϕ 表示。经纬度的测定方法主要有两种方法，即天文测量和大地测量。

如图 2.1 所示，过 P 点的子午面与本初子午面所构成的二面角 λ，叫做 P 点的大地经度，由本初子午线起算，向东为正，称为东经(0° ~ 180°)，向西为负，称为西经(0° ~ 180°)。

P 点的法线与赤道面的夹角 ϕ，叫做 P 点的大地纬度。由赤道面起算，向北为正，称为北纬(0° ~ 90°)，向南为负，称为南纬(0° ~ 90°)。

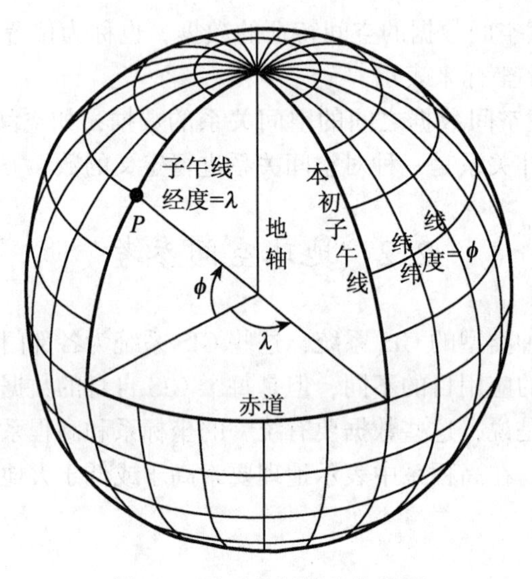

图 2.1 地球的经线和纬线图

地面上每一点都有一对地理坐标，知道了某一点的地理坐标，就可以确定该点在大地水准面上的投影位置。

2. 平面坐标系

将椭球面上的点通过投影的方法投影到平面上时，通常使用平面坐标系。平面坐标系分为平面极坐标系和平面直角坐标系。

平面极坐标系采用极坐标法，即用某点至极点的距离和方向来表示该点的位置，从而表示地面点的坐标。

平面直角坐标采用直角坐标来确定地面点的平面位置。

我国地形图常采用高斯-克吕格投影坐标系，每个投影带的中央子午线为纵轴(称 X 轴)，赤道为横轴(称 Y 轴)，两轴的交点为坐标原点，构成的每个投影带的平面直角坐标系统称为高斯-克吕格坐标系统。

2.2.3　高程系

地面点到大地水准面的铅垂距离，称为该点的绝对高程，简称高程。而高程基准面是根据多年观测的平均海水面来确定的，也就是说，高程是指地面点至平均海水面的垂直高度。

目前我国采用 1985 国家高程基准，它是采用青岛验潮站 1953 年至 1977 年验潮资料计算确定的，并能算得青岛水准原点高度为 72.260m。

2.3　地图投影

地图投影对于数据输入和数据可视化都具有重要意义，由于投影参数的不准确定义所带来的地图记录误差，可以导致基于该图的地理分析失去意义。

2.3.1　地图投影的概念和实质

不规则的地球表面可以用地球椭球面来替代。由于地球椭球面是不可展曲面，而地图是一个平面，因而将地球椭球面上的点映射到平面上的方法，称为地图投影。

对于较小区域范围，可以视地表为平面，可以认为投影没有变形；但对于大区域范围，甚至是半球、全球，这种方法就不太适合了，这时可以考虑另外的投影方法，例如，假设地球按比例尺缩小成一个透明的地球仪那样的球体，在其球心、球面或球外安放一个发光点，将地球仪上经纬线(连同控制点及地形、地物图形)投影到球外的一个平面上，即成地图。

在数学中，投影(Project)的含义是指建立两个点集之间一一对应的映射关系。同样，在地图学中，地图投影就是指建立地球表面上的点与投影平面上点之间的一一对应关系。地图投影的基本问题就是利用一定的数学法则把地球表面上的经纬线网表示到平面上。

地理信息系统必须考虑地图投影，地图投影的使用保证了空间信息在地域上的联系和完整性，在各类地理信息系统的建立过程中，选择适当的地图投影是地理信息系统首先要考虑的问题。由于地球椭球体表面是曲面，而地图通常是要绘制在平面图纸上，因此，制图时，首先要把曲面展为平面，然而球面是个不可展的曲面，即把它直接展为平面时，不可能不发生破裂或褶皱。若用这种具有破裂或褶皱的平面绘制地图，显然是不实际的，所以必须采用特殊的方法将曲面展开，使其成为没有破裂或褶皱的平面，即地图投影。

2.3.2　地图投影变形

由于要将地球椭球面展开成平面，且不能有断裂，那么图形必须将在某些地方被压缩。因而，投影变形是不可避免的。

投影变形通常包括三种，即长度变形、面积变形、角度变形。

(1)长度变形。即投影后地图上的经纬线长度与椭球体上经纬线的长度并不完全相同，地图上的经纬线长度也并不都是按照同一比例缩小的，这表明地图上具有长度变形。

在同一投影上，长度变形不仅随地点而改变，在同一点上还因方向不同而不同。任何一种投影都存在长度变形。没有长度变形就意味着地球表面可以无变形地描写在投影平面上，这是不可能的。

(2)面积变形。即由于地图上经纬线网格面积不是按照同一比例缩小的，这表明地图上具有面积变形。面积变形的原因与长度变形直接相关。

在椭球体上，经纬线网格的面积具有下列特点：第一，在同一纬度带内，经差相同的网格面积相等；第二，在同一经度带内，纬度越高，网格面积越小。

面积变形的情况因投影而异。在同一投影上，面积变形因地点的不同而不同。

(3)角度变形。是指投影面上任意两方向线所夹之角与原球面上相应的角度之差。角度变形有正有负，是一个变量，它随着点位和方向的变化而变化。

地图投影的变形随地点的改变而改变，因此在一幅地图上，很难笼统地说它有什么变形、变形有多大。

2.3.3 地图投影分类

地图投影的种类很多，为了学习和研究的方便，应对其进行分类。由于分类的标志不同，分类方法就不同。

1. 按变形性质分类

按变形性质地图投影可以分为三类：等角投影、等积投影和任意投影。

(1)等角投影。投影前后角度保持不变，但长度变形和面积变形是无法避免的。在等角投影地图上，图上方位与实地方位保持一致，便于量测方向。所以，地形图、航空图、航海图等要求方位和形状不变的地图都用此投影作为数学基础，等角投影的面积变形大。

(2)等积投影。定义为某一微分面积投影前后保持相等，这种投影能保持面积大小不变，但角度变形大，因而，投影后的轮廓形状有较大改变。需要保持正确的面积对比关系的一些专题图，如政区图、经济图等，常用此投影作为数学基础。

(3)任意投影。在任意投影上，长度、面积和角度都有变形，它既不等角又不等积。但是在任意投影中，有一种比较常见的等距投影，定义为沿某一特定方向的距离，在投影前后保持不变，即沿着该特定方向长度比为1。在这种投影图上，并不是不存在长度变形，它只是在特定方向上没有长度变形。等距投影的面积变形小于等角投影，角度变形小于等积投影。

任意投影多用于要求面积变形不大、角度变形也不大的地图，如一般参考用图和教学地图。经过投影后地图上所产生的长度变形、面积变形和角度变形，是相互联系相互影响的。它们之间的关系是：在等积投影上不能保持等角特性，在等角投影上不能保持等积特性；在任意投影上不能保持等角和等积的特性；等积投影的形状变形比较大，等角投影的面积变形比较大。

2. 按投影面与球面的相关位置分类

在地图投影中的一个基本思想是，将不可展的球面先投影到一种可展的曲面上，如锥面、圆柱面、平面，然后再将该曲面展开成为平面，得到所需要的投影。因此，相应的有圆锥投影、圆柱投影和方位投影之分。此外，按投影面与地球轴向的相对位置关系又可区分为正轴投影、斜轴投影、横轴投影，如图2.2所示。

(1)方位投影。以平面作为投影面，使平面与球面相切或相割，将球面上的经纬线投

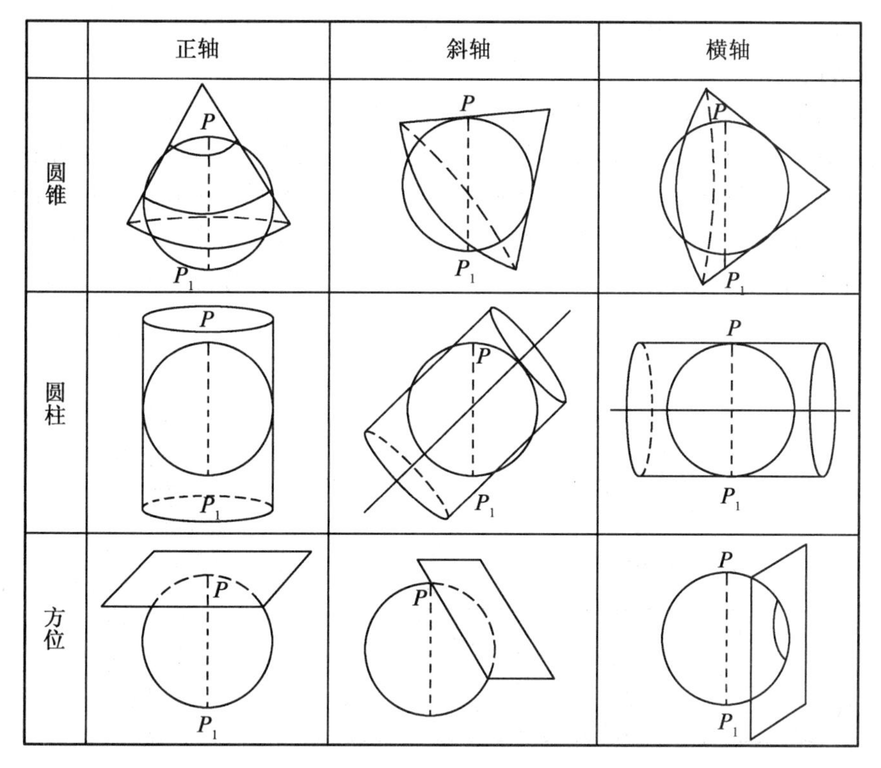

图 2. 2　各种地图投影

影到平面上而成。

(2) 圆柱投影。以圆柱面作为投影面，使圆柱面与球面相切或相割，将球面上的经纬线投影到圆柱面上，然后将圆柱面展为平面而成。

(3) 圆锥投影。以圆锥面作为投影面，使圆锥面与球面相切或相割，将球面上的经纬线投影到圆锥面上，然后将圆锥面展为平面而成。

2. 3. 4　高斯-克吕格投影

GIS 所存储记录、管理分析、显示应用的内容是地理信息，而地理信息的描述必须要有指定的地理参照系，且地理位置应以地理坐标或平面坐标的方式表示出来。

地图是 GIS 的重要数据源，是表示地理信息的最佳媒介，也就是说，在地理信息系统中，地理信息基本上都是以地图的方式显示给用户的，用户也是在地图上进行空间信息的查询的，GIS 空间分析的结果也是以地图的形式显示出来的，GIS 输出的成果中大部分也是地图，等等。

由于 GIS 大多是以地图的方式来显示地理信息的，而地图是平面的，地理信息则是在地球椭球面上的，因此，地图投影在 GIS 中是不可缺少的。

在 GIS 中，地理数据的显示往往可以根据用户的需要，指定各种投影。但当所显示的地图与国家基本地图系列的比例尺一致时，往往采用国家基本系列地图所用的投影。

我国 1∶50 万、1∶25 万、1∶10 万、1∶5 万、1∶2. 5 万、1∶1 万、1∶5000 地形图

均采用高斯-克吕格投影。由于这个投影是由德国数学家、物理学家、天文学家高斯于 19 世纪 20 年代拟定，后经德国大地测量学家克吕格于 1912 年对投影公式加以补充，故称为高斯-克吕格投影。

我国的各种大比例尺地形图多采用高斯-克吕格投影，它是等角横切圆柱投影。其投影过程是，将一个空心圆柱与地球椭球的某一中央子午线相切，在保持等角的条件下，将球面上的图形投影到圆柱面上，然后将圆柱沿着通过南、北的母线切开，并展成平面。在平面上，中央子午线与赤道成为相互垂直的直线，其他子午线和纬线成为曲线。取中央子午线为坐标纵轴 X，赤道为坐标横轴 Y，两轴的交点 O 为坐标原点，如图 2.3 所示。

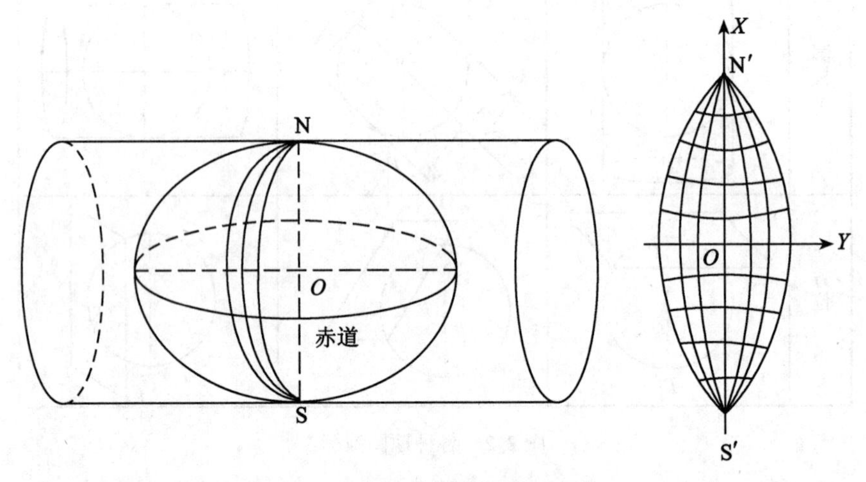

图 2.3　高斯-克吕格投影示意图

高斯-克吕格投影的中央经线和赤道为互相垂直的直线，其他经线均为凹向并对称于中央经线的曲线，其他纬线均为以赤道为对称轴的向两极弯曲的曲线，经纬线成直角相交。在这个投影上，角度没有变形。中央经线长度比等于 1，没有长度变形，其余经线长度比均大于 1，长度变形为正，距中央经线越远，变形越大，最大变形在边缘经线与赤道的交点上；面积变形也是距中央经线越远，变形越大。为了保证地图的精度，采用分带投影方法，即将投影范围的东西界加以限制，使其变形不超过一定的限度，这样把许多带结合起来，可成为整个区域的投影。高斯-克吕格投影的变形特征是：在同一条经线上，长度变形随纬度的降低而增大，在赤道处为最大；在同一条纬线上，长度变形随经差的增加而增大，且增大速度较快。

我国规定，1∶1 万、1∶2.5 万、1∶5 万、1∶10 万、1∶25 万、1∶50 万比例尺地形图均采用高斯-克吕格投影。1∶2.5 万至 1∶50 万比例尺地形图采用经差 6 度分带，1∶1 万比例尺地形图采用经差 3 度分带。

6 度带是从 0 度子午线起，自西向东每隔经差 6 度为一投影带，全球分为 60 带，各带的带号用自然序数 1，2，…，60 表示，即以东经 0°至 6°为第 1 带，其中央经线为 3°E，东经 6°至 12°为第 2 带，其中央经线为 9°E，其余类推，如图 2.4 所示。

3 度带是从东经 1 度 30 分的经线开始，每隔 3 度为一带，全球划分为 120 个投影带。

图 2.4 表示出 6 度带与 3 度带的中央经线与带号的关系。

在高斯-克吕格投影上，规定以中央经线为 X 轴，赤道为 Y 轴，两轴的交点为坐标原点。

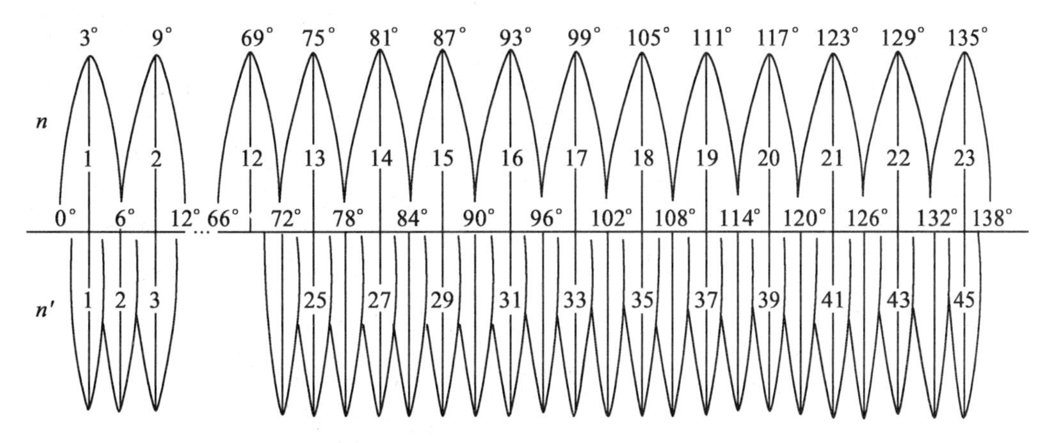

图 2.4　高斯-克吕格投影的分带

X 坐标值在赤道以北为正，以南为负；Y 坐标值在中央经线以东为正，以西为负。我国在北半球，X 坐标皆为正值。Y 坐标在中央经线以西为负值，运用起来很不方便。为了避免 Y 坐标出现负值，将各带的坐标纵轴西移 500km，即将所有 Y 值都加 500km。

由于采用了分带方法，各带的投影完全相同，某一坐标值 (x, y) 在每一投影带中均有一个，在全球则有 60 个同样的坐标值，不能确切表示该点的位置。因此，在 Y 值前，需冠以带号，这样的坐标称为通用坐标。

2.4　地图的分幅与编号

我国基本比例尺地形图有 1∶1 万、1∶2.5 万、1∶5 万、1∶10 万、1∶25 万、1∶50 万、1∶100 万七种。

对于一个国家或世界范围来讲，测制精确的各种比例尺地形图时，分幅与编号尤为必要，通常由国家主管部门制定统一的图幅分幅和编号系统。

目前，我国基本比例尺地形图的分幅方案是在 1∶100 万地形图的基础上，按照相同的经度差和纬度差确定更大比例尺地形图的分幅编号，即首先划分出 1∶100 万地形图，然后在 1∶100 万图幅的基础上划分 1∶50 万、1∶25 万及 1∶10 万等图幅。

2.4.1　1∶100 万地图的分幅编号

该种地图的编号为全球统一分幅编号，具体做法是：将整个地球从经度 180°起，自西向东按经差 6°分成 60 个纵列，自西向东依次用数字 1，2，…，60 编列数。从赤道起向北、向南至纬度 88°，分别按纬差 4°分成 22 横行，依次用大写的拉丁字母 A，B，…，V 表示，如图 2.5 所示。其编号为：列号在前，行号在后，并用“-”连接列、行号。例如，北京某地的经度为116°26′08″、纬度为39°55′20″，其在1∶100万地图中的编号为J-50。

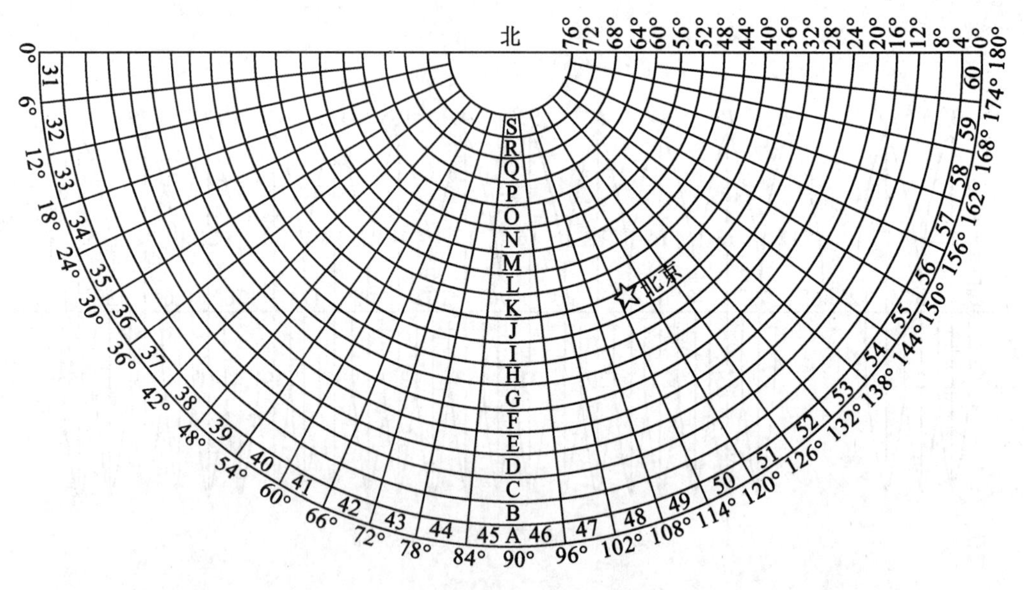

图2.5　1∶100万地图的分幅和编号(北半球)

2.4.2　1∶50万、1∶20万、1∶10万地图的分幅编号

在1∶100万国际标准图幅的基础上，按一定的经差和纬差进行划分，并分别在1∶100万地图分幅编号的后面加上各自的代号。

1∶50万地图按经差3°、纬差2°进行划分，即一幅1∶100万地图包括四幅1∶50万地图，其编号为A、B、C、D，如J-50-A。

1∶20万地图是按经差1°、纬差40′进行划分，即一幅1∶100万地图包括36幅1∶20万地图，分别用带括号的数字(1)，(2)，…，(36)表示，如J-50-(28)。

1∶10万地图是按经差30′、纬差20′进行划分，即一幅1∶100万地图包括144幅1∶10万地图，分别用数字1，2，…，144表示，如J-50-32。

2.4.3　1∶5万、1∶2.5万、1∶1万地图的分幅编号

这三种比例尺的地图是在1∶10万地图的基础上，按一定的经差和纬差划分，分别在1∶10万地图分幅编号的后面加上自己的代号。

将一幅1∶10万地图，按经差、纬差等分成4幅，每幅为1∶5万的地图，分别以A、B、C、D表示。显然，1∶5万地图的经差为15′、纬差为10′，如J-50-32-A。

再将一幅1∶5万地图按经差7′30″、纬差5′，分成4幅1∶2.5万地图，分别用1、2、3、4表示，如J-50-32-A-1。

将一幅1∶10万地图，按经差3′45″、纬差2′30″分成64幅1∶1万地图，用(1)，(2)，…，(64)表示，如J-50-5-(15)。

习题和思考题

1. 什么是地理空间与空间数据？
2. 空间参考系统对于地理信息系统有何意义？
3. 什么是地图投影？地图投影怎样分类？
4. 我国对基本比例尺地图是怎样分幅和编号的？

第3章　地理信息系统的数据结构

☞ 学习目标

地理信息系统的空间数据结构主要有栅格数据结构和矢量数据结构。通过对本章的学习，掌握栅格数据结构和矢量数据结构各自的特点、两种数据结构的编码方式、相互转化的方法以及矢量数据建立拓扑关系的过程。

3.1　矢量数据结构

3.1.1　矢量数据结构的实体构成

地理信息系统中常见的图形数据结构为矢量结构，即通过记录坐标的方式尽可能精确地表示点、线、多边形等地理实体，坐标空间设为连续，允许任意位置、长度和面积的精确定义。事实上，其精度仅受数字化设备的精度和数值记录字长的限制，在一般情况下，比栅格结构精度高得多。

1. 点实体

点实体包括由单独一对(x, y)坐标定位的一切地理或制图实体。在矢量数据结构中，除点实体的(x, y)坐标外，还应存储其他一些与点实体有关的数据来描述点实体的类型、制图符号和显示要求等。点是空间上不可再分的地理实体，可以是具体的，也可以是抽象的，如地物点、文本位置点或线段网络的节点等；如果点是一个与其他信息无关的符号，则记录时应包括符号类型、大小、方向等有关信息；如果点是文本实体，记录的数据应包括字符大小、字体、排列方式、比例、方向以及与其他非图形属性的联系方式等信息。对其他类型的点实体也应做相应的处理。图3.1说明了点实体的矢量数据结构的一种组织方式。

2. 线实体

线实体可以定义为直线元素组成的各种线性要素。直线元素由两对以上的(x, y)坐标定义，即多个点组成的坐标链$(x_1, y_1)(x_2, y_2)\cdots(x_n, y_n)$。最简单的线实体只存储它的起止点坐标、属性、显示符等有关数据。例如，线实体输出时可能用实线或虚线描绘，这类信息属符号信息，说明线实体的输出方式。虽然线实体并不是以虚线存储，但仍可用虚线输出。

弧、链也是n个坐标对的集合，这些坐标可以描述任何连续而又复杂的曲线。组成曲线的线元素间距越短，所用(x, y)坐标数量越多，也就越逼近于一条复杂曲线。既要节省存储空间，又要较为精确地描绘曲线，唯一的办法是增加数据处理工作量，即在线实体

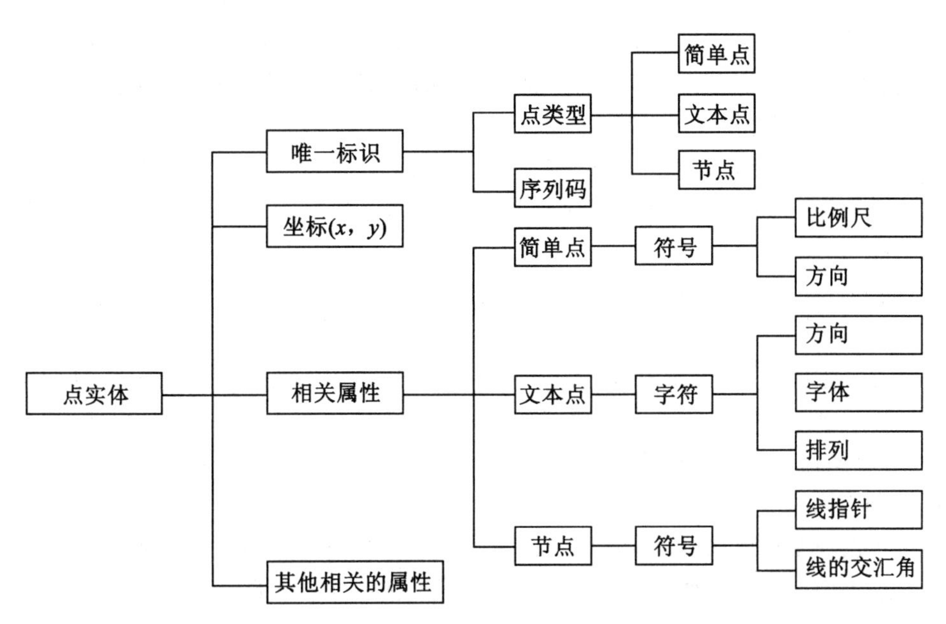

图3.1　点实体的矢量数据结构

的记录中加入一个指示字，当启动显示程序时，这个指示字告诉程序，需要数学内插函数(例如样条函数)加密数据点，且与原来的点匹配，于是能在输出设备上得到较精确的曲线。不过，数据内插却使工作增加了。弧和链的存储记录中也要加入线的符号类型等信息。

简单的线或链携带彼此互相连接的空间信息，而这种连接信息又是线网分析中必不可少的信息。因此要在数据结构中建立指针系统，让计算机在复杂的线网结构中逐线跟踪。指针的建立要以节点为基础，如建立水网中每条支流之间连接关系时，必须使用这种指针系统。指针系统包括节点指向线的指针。

线实体主要用来表示线状地物(公路、水系、山脊线)、符号线和多边形边界，有时也称为弧、链、串等，其矢量编码如图3.2所示，其中，唯一标识码是系统排列序号；线标识码可以标识线的类型；起始点和终止点可以用点号或直接用坐标表示；显示信息是显示线的文本或符号等；与线相关联的非几何属性可以直接存储在线文件中，也可单独存储，由标识码连接查找。

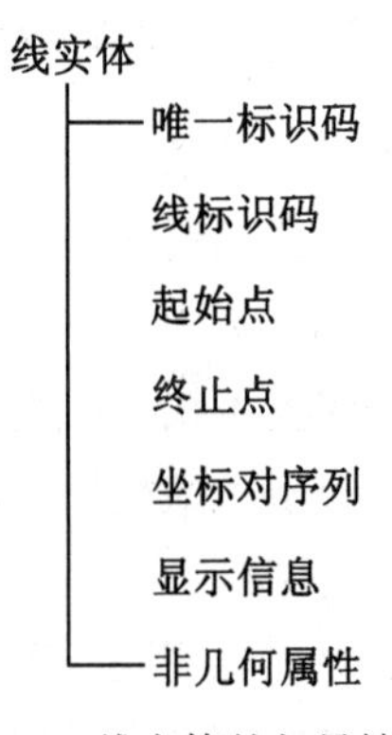

图3.2　线实体的矢量结构

3. 面实体

面是曲线段组成的多边形，即多个点组成的坐标封闭链$(x_1, y_1)(x_2, y_2)\cdots(x_n, y_n)(x_1, y_1)$。多边形(有时称为区域)数据是描述地理空间信息的最重要的一类数据。在区域实体中，具有名称属性和分类属性的，多用多边形表示，如行政区、土地类型、植被分布等；具有标量属性的，有时也用等值线描述，如地形、降雨量等。

多边形矢量编码不但要表示位置和属性，而且要能表达区域的拓扑特征，如形状、邻域和层次结构等，以便使这些基本的空间单元可以作为专题图的资料进行显示和操作。由于要表达的信息十分丰富，基于多边形的运算多而复杂，因此多边形矢量编码比点和线实体的矢量编码要复杂得多，也更为重要。

在讨论多边形数据结构编码的时候，首先对多边形网提出如下的要求：

(1)组成地图的每个多边形应有唯一的形状、周长和面积，它们不像栅格结构那样具有简单而标准的基本单元。

(2)地理分析要求的数据结构应能够记录每个多边形的邻域关系，其方法与水系网中记录连接关系一样。

(3)专题地图上的多边形并不都是同一等级的多边形，而可能是多边形内嵌套小的多边形。例如，湖泊的水涯线在土地利用图上可算是个岛状多边形，而湖中的岛屿为“岛中之岛”。这种所谓“岛”或“洞”的结构是多边形关系中较难处理的问题。

4. 三维矢量

矢量数据模型将现象看做原形实体的集合，且组成空间实体。在二维模型中，原型实体是点、线和面；而在三维模型中，原型还包括表面和体。观察的尺度或者概括的程度决定了使用的原型的种类。在一个小比例尺表现中，如城镇这一现象，可以由个别的点所组成，而路和河流由线来表示。当表现的比例尺增大时，必然要考虑到现象的尺度。在一个中等比例尺中，一个城镇可以由特定的原型(如线)来表示，用以记录其边界。在较大的比例尺中，城镇将被表现为特定原型的复杂集合体，包括建筑物的边界、道路、公园以及所包含的其他自然与管理现象。

依据应用的类型，对采用矢量数据描述三维模型有一些特殊的要求。地形模型应用要求简单的、单一值的表面，或者它们与地形表面的地形特征相结合。在景观结构中，有必要将地形表面与特征的三维表现结合起来，如位于其上的建筑物、植被、山脉等。

如果体对象被存储于基于矢量的 GIS 中，它们通常由闭合的一个或者多个表面来定义；而表面可以由三维线包围的多边形面所定义。线及其构成的点的集合，定义了这样的表面为一个多边形网状结构，而网的每个表面被视为平面的或者是曲面的，这样，就需要指定一个数学函数来定义表面的位置，如 B 样条函数等。

3.1.2 矢量数据结构编码的方法

矢量数据结构的编码形式，按照其功能和方法可分为坐标序列法、树状索引编码法、双重独立式编码法。

1. 坐标序列法

任何点、线、面实体都可以用某一坐标体系中的坐标点(x, y)来表示。这里的 x, y 可以对应于大地坐标经度和纬度，也可以对应于平面坐标系坐标 x 和 y，对于点，是一对坐标；对于线，是一个坐标串；对于多边形，则是一条或多条线组成的封闭曲线坐标串。坐标必须首尾相同。图 3.3 为点、线、面实体的坐标序列表示法。如果是多个相邻多边形，其坐标序列表示如图 3.4 所示，其编码方式见表 3.1。

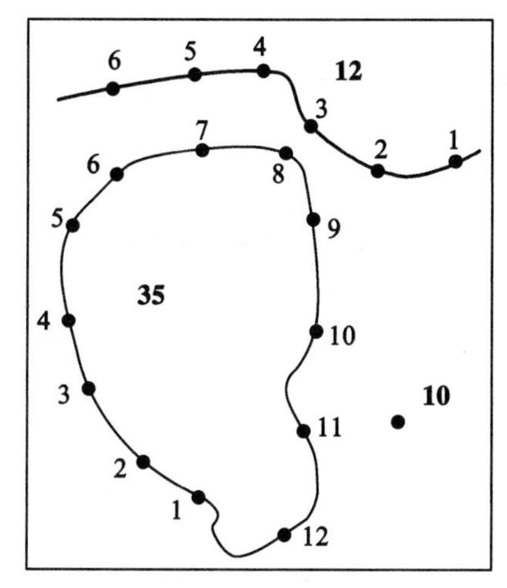

要素	特征码	位置坐标
点	10	x,y
线	12	$x_1,y_1;x_2,y_2;x_3,y_3;x_4,y_4;x_5,y_5;x_6,y_6$
面	35	$x_1,y_1;x_2,y_2;x_3,y_3;x_4,y_4$ $x_5,y_5;x_6,y_6;x_7,y_7;x_8,y_8$ $x_9,y_9;x_{10},y_{10};x_{11},y_{11};x_{12},y_{12}$

图 3.3　点、线、面实体坐标序列法表示

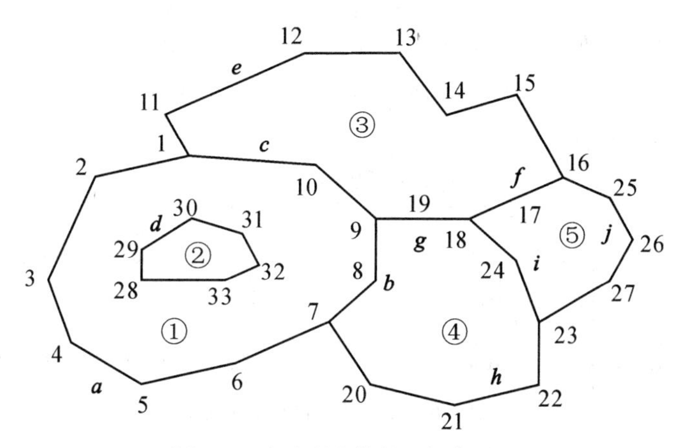

图 3.4　多边形实体的坐标序列

表 3.1　**多边形实体的坐标序列法表示**

特征码	位 置 坐 标
1	$x_1,y_1;x_2,y_2;x_3,y_3;x_4,y_4;x_5,y_5;x_6,y_6;x_7,y_7;x_8,y_8;x_9,y_9;x_{10},y_{10}$
2	$x_{28},y_{28};x_{29},y_{29};x_{30},y_{30};x_{31},y_{31};x_{32},y_{32};x_{33},y_{33}$
3	$x_9,y_9;x_{10},y_{10};x_1,y_1;x_{11},y_{11};x_{12},y_{12};x_{13},y_{13};x_{14},y_{14};x_{15},y_{15};x_{16},y_{16};x_{17},y_{17};x_{18},y_{18};x_{19},y_{19}$
4	$x_7,y_7;x_8,y_8;x_9,y_9;x_{19},y_{19};x_{18},y_{18};x_{24},y_{24};x_{23},y_{23};x_{22},y_{22};x_{21},y_{21};x_{20},y_{20}$
5	$x_{16},y_{16};x_{17},y_{17};x_{18},y_{18};x_{24},y_{24};x_{23},y_{23};x_{27},y_{27};x_{26},y_{26};x_{25},y_{25}$

坐标序列文件结构简单，易于实现以多边形为单位的运算和显示。这种方法的缺点是：

(1)邻接多边形的公共边被数字化和存储两次，由此产生了冗余和边界不重合的匹配误差。

(2)每个多边形自成体系，而缺少有关邻域关系的信息。

(3)不能解决复杂多边形嵌套问题，内岛只作为单个的图形建造，没有与外包围多边形的联系。

2. 树状索引编码法

该法采用树状索引，以减少数据冗余，并间接表示领域信息，该方法是对所有边界点进行数字化，将坐标对以顺序方式存储，点索引与边界号相联系，以索引与各多边形相联系，形成树状结构。图 3.5 和图 3.6 分别为图 3.4 中图形的线与多边形、点与线之间的索引关系示意图。点、线和多边形文件结构见表 3.2、表 3.3、表 3.4。

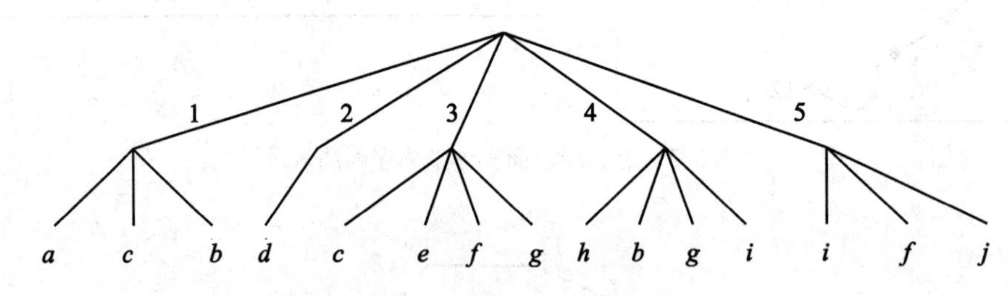

图 3.5 线与多边形之间的树状索引

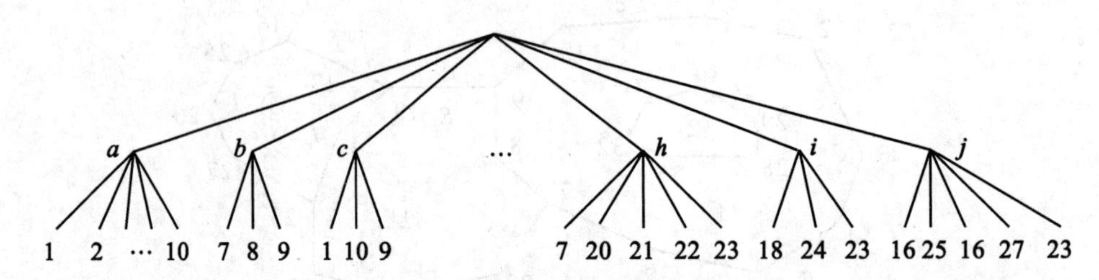

图 3.6 点与线之间的树状索引

表 3.2 **点文件**

点号	坐标
1	x_1, y_1
2	x_2, y_2
3	x_3, y_3
⋮	⋮
33	x_{33}, y_{33}

表 3.3 **线文件**

线号	起点	终点	点号
a	1	7	1 2 3 … 7
b	7	9	7 8 9
c	1	9	1 10 9
⋮	⋮	⋮	⋮
j	16	23	16 25 26 27 23

表 3.4 **多边形文件**

多边形号	边界线号
1	*a c b d*
2	*d*
3	*c e f g*
4	*h b g i*
5	*i f j*

3. 双重独立式编码法

双重独立式编码法是以隐式关系最小的存储空间存储复杂的数据，是地理信息系统中广泛应用的一种矢量数据编码法。

双重独立式这种数据结构最早是由美国人口统计局研制出来进行人口普查分析和制图的，简称为 DIME(Dual Independent Map Encoding)系统或双重独立式的地图编码法，它以城市街道为编码的主体，其特点是采用了拓扑编码结构。

1)DIME 编码的特点

(1)以线段为主的记录方式。这里的线段是用起始节点、终止节点、相邻的左右多边形生成拓扑关系。在这种记录方式中，可以根据需要加入选择要素。线段本身的空间坐标位置数据，常置于另一层数据结构中。

(2)具有拓扑功能的编码方法。把研究对象看成由点、线和面组成的简单几何图形。通过基于图论的拓扑编辑，不仅实现上述三要素的自动编辑，还可以不断查出数据组织中的错误。

由于 DIME 编码系统的上述特点，尤其是它的拓扑编码方法和拓扑编辑功能，使它在地理信息系统中应用广泛。在它的基础上发展的综合拓扑地理编码参考系统 TIGER 及 ARC/INFO 矢量编码方法等，尽管在记录方式上各不相同，然而其基本概念是相同的。

2)DIME 编码结构

DIME 编码数据结构是对图上网状或面状要素的任何一条线段，用其两端的节点及相邻面域来予以定义。例如，对图 3.7 中的多边形数据，用双重独立数据结构表示如表 3.5 所示。

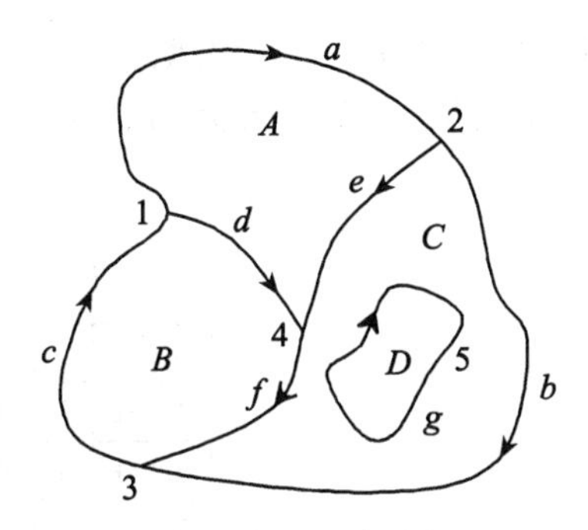

图 3.7　多边形原始数据

表 3.5　双重独立式(DIME)编码

弧段号	起点	终点	左多边形	右多边形
a	1	2	Φ	A
b	2	3	Φ	C
c	3	1	Φ	B
d	1	4	A	B
e	2	4	C	A
f	4	3	C	B
g	5	5	C	D

表中的第一行表示线段 a 的方向是从节点 1 到节点 2，其左侧面域为 Φ，右侧面域为 A。在双重独立式数据结构中，节点与节点或者面域与面域之间为邻接关系，节点与线段或者面域与线段之间为关联关系。这种邻接和关联的关系称为拓扑关系。利用这种拓扑关系来组织数据，可以有效地进行数据存储和存储时的正确性检查，同时便于对数据进行自动编辑、更新和检索。

3.2 栅格数据结构

栅格结构是最简单、最直接的空间数据结构，是将地球表面划分为大小均匀紧密相邻的网格阵列，每个网格作为一个像元或像素由行、列定义，并包含一个代码表示该像素的属性类型或量值，或仅仅包括指向其属性记录的指针。因此，栅格结构是以规则的阵列来表示空间地物或现象分布的数据组织，组织中的每个数据表示地物或现象的非几何属性特征。

3.2.1 栅格数据结构

1. 栅格数据结构的概念

栅格数据结构是地理信息系统中空间数据的表示方法之一，它是以规则的阵列来表示空间地物或现象分布的一种数据组织方法，它用离散的量化栅格值表示空间实体。栅格数据在表示某一地区的实体时，点状地物用一个栅格单元表示，线状地物则用沿线走向的一组相邻栅格单元表示，每个栅格单元最多有两个相邻单元在线上，面域用记有区域属性的相邻栅格单元的集合表示，每个栅格单元可有多于两个的相邻单元同属一个区域(图 3.8)。任何以面状分布的对象(土地利用、土壤类型、环境污染等)，都可以用栅格数据逼近。遥感影像就属于典型的栅格结构，每个像元的数字表示影像的灰度等级。

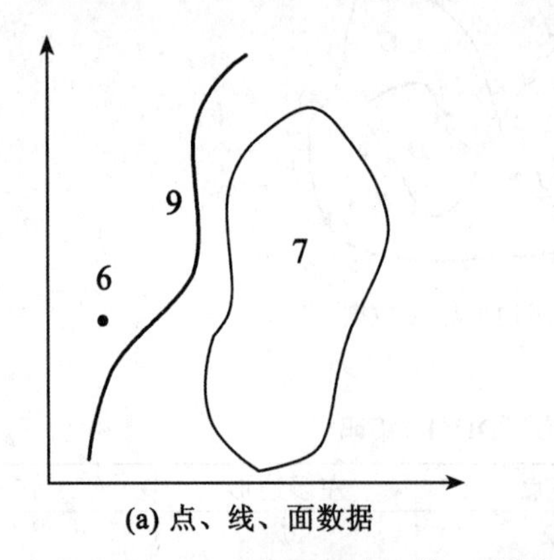

(a) 点、线、面数据

0	0	0	0	9	0	0	0
0	0	0	9	0	0	0	0
0	0	0	9	0	7	7	0
0	0	0	9	0	7	7	0
0	6	9	0	7	7	7	7
0	9	0	0	7	7	7	0
0	9	0	0	7	7	7	0
0	0	0	0	0	0	0	0

(b) 栅格表示

图 3.8 点、线、面数据的栅格结构表示

用栅格元素逼近的描述方法往往不够精确。例如，在描述一区域林地时，林地界线可能通过某栅格单元的中间，这时，栅格单元值仅反映了它的部分值。显然，描述实体的栅格单元的尺寸越小，系统精度越高，但相应的数据量就越大，数据量的增加不仅增加了存

储器的容量，而且也影响系统分析和处理数据的速度。因此，需合理确定栅格单元尺寸，使建立的栅格数据有效地反映实体的不规则轮廓。例如，可根据多边形精度要求确定栅格尺寸，这时每个栅格元素所表示的比例尺为栅格大小/地表单元大小。

2. 栅格数据结构的特点

栅格结构的显著特点是属性明显、定位隐含，即数据直接记录属性本身或属性的指针，而所在位置则根据行列号转换为相应的坐标给出。由于栅格结构是按一定的规则排列的，所表示的实体的位置很容易隐含在网格文件的存储结构中，在后面讲述栅格结构编码时可以看到，每个存储单元的行列位置可以方便地根据其在文件中的记录位置得到，且行列坐标可以很容易地转为其他坐标系下的坐标。

在网格文件中，每个代码本身明确地代表了实体的属性或属性的编码，如果为属性的编码，则该编码可作为指向实体属性表的指针。图 3.8 中表示了一个代码为 6 的点实体，一条代码为 9 的线实体，一个代码为 7 的面实体。由于栅格行列、阵列容易为计算机存储、操作和显示，因此这种结构容易实现，算法简单，且易于扩充、修改，也很直观，特别是易于同遥感影像结合处理，给地理空间数据处理带来了极大的方便，受到普遍欢迎，许多系统都部分和全部采取了栅格结构。

栅格结构的另一个优点是特别适合于 Fortran、Basic 等高级语言的处理，这也是栅格结构易于被多数地理信息系统设计者所接受的原因之一。

栅格结构表示的地表是不连续的，是量化和近似离散的数据。在栅格结构中，地表被分成相互邻接、规则排列的矩形方块(特殊的情况下也可以是三角形或菱形、六边形等，如图 3.9 所示)，每个地块与一个栅格单元相对应。

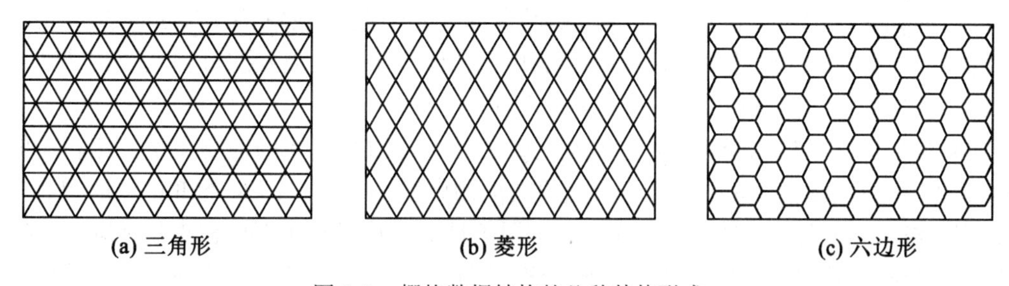

图 3.9　栅格数据结构的几种其他形式

栅格数据的比例尺就是栅格大小与地表相应单元大小之比。在许多栅格数据处理时，常假设栅格所表示的量化表面是连续的，以便使用某些连续函数。由于栅格数据结构对地表的量化，在计算面积、长度、距离、形状等空间指标时，若栅格尺寸较大，则会造成较大的误差，同时，由于在一个栅格的地表范围内可能存在多于一种的地物，而表示在相应的栅格结构中常常只能是一个代码。这类似于遥感影像的混合像元问题，如 Landsat MSS 卫星影像单个像元对应地表 $79\times79\text{m}^2$ 的矩形区域，影像上记录的光谱数据是每个像元所对应的地表区域内所有地物类型的光谱辐射的总和效果，即为混合像元。因而，这种误差不仅有形态上的畸变，还可能包括属性方面的偏差。

3. 决定栅格单元代码的方法

在获取、转换或重新采样栅格数据(如处理混合像元)时，需尽可能保持原图或原始数据精度，通常可以采用以下两种方法：

方法一：在决定栅格代码时尽量保持地表的真实性，保证最大的信息容量。图 3.10 所示的一块矩形地表区域内部含有 *A*、*B*、*C* 三种地物类型，*O* 点为中心点，将这个矩形区域近似地表示为栅格结构中的一个栅格单元时，可根据需要采取如下方案之一决定该栅格单元的代码：

(1)中心点法。用处于栅格中心处的地物类型或现象特性决定栅格代码。在图 3.10 所示的矩形区域中，中心点 *O* 落在代码为 *C* 的地物范围内，按中心点法的规则，该矩形区域相应的栅格单元代码应为 *C*。中心点法常用于具有连续分布特性的地理要素，如降雨量分布，人口密度图等。

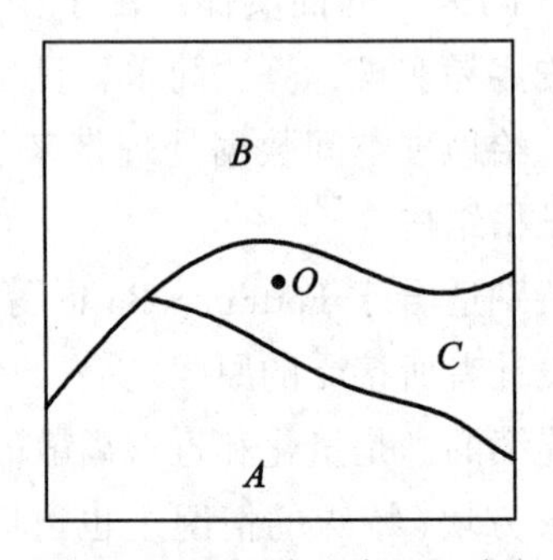

图 3.10 栅格单元代码的确定

(2)面积占优法。以占矩形区域面积最大的地物类型或现象特性决定栅格单元的代码。在图 3.10 所示的区域中，显然 *B* 类地物所占面积最大，故相应栅格代码定为 *B*。面积占优法常用于分类较细、地物类别斑块较小的情况。

(3)重要性法。根据栅格内不同地物的重要性，选取最重要的地物类型决定相应的栅格单元代码。假设图 3.10 中 *A* 类为最重要的地物类型，即 *A* 类比 *B* 类和 *C* 类地物更为重要，则栅格单元的代码应为 *A*。重要性法常用于具有特殊意义而面积较小的地理要素，特别是点、线状地理要素，如城镇、交通枢纽、交通线、河流水系等，在栅格中，代码应尽量表示这些重要地物。

(4)百分比法。根据矩形区域内各地理要素所占面积的百分比数确定栅格单元的代码参与，如可记面积最大的两类 *BA*，也可根据 *B* 类和 *A* 类所占面积百分比数在代码中加入数字。

方法二：缩小单个栅格单元的面积。增加栅格单元的总数，行列数也相应地增加，这样，每个栅格单元可代表更为精细的地面矩形单元，混合单元减少。混合类别和混合的面积都大大减小，可以大大提高量算的精度，接近真实的形态，表现更细小的地物类型。然而，增加栅格个数、提高数据精度的同时也带来了一个严重的问题，那就是数据量的大幅度增加，数据冗余严重。为了解决这个难题，已发展了一系列栅格数据压缩编码方法，如游程长度编码、块码和四叉树码等。

3.2.2　栅格数据结构的编码

综上所述，由于栅格数据量比较大，需要考虑数据的压缩和编码。数据压缩的任务是要找到一种有效的方法，使它在一定程度上降低数据量，缩短解码时间。数据量和解码时间是一对矛盾，通常数据量小的编码方案，解码时间就长；反之，解码时间短的编码方案，数据压缩率往往低。总的来说，编码方案的选择既要考虑使数据量尽可能小，又要使解码方便，根据主要的要求考虑所用编码方案，便于处理分析时进行操作运算。

1. 栅格矩阵

栅格矩阵是最简单、直观的栅格数据编码法，它从左上角开始逐行逐列地存储数据化代码，其顺序一般是逐行从左到右记录。这种编码方法反映了栅格数据的逻辑模型，通常称这种编码的图像文件为栅格文件。考虑到阵列的规则性，多采用隐式存储，即不存储行列号，从上到下、从左到右顺序存储栅格属性值，以节省存储单元，存储的结果称为栅格矩阵(图 3.8)。

用栅格矩阵存储栅格数据时，在阵列中存在大量相同数据，如存储线状地物时，同时存储大量背景栅格；存储面状地物时，每个多边形内存储大量相同属性的栅格。这意味着栅格数据的存储量可以大大压缩。基于这一点，已出现了不同类型的压缩编码方法。

2. 链码

链码是一种图像边缘编码方法，适用于对曲线和边界进行编码。它基于 8 邻域的思想，利用 8 个方向码来编码线划图，使任何一条曲线或边界都可以用某一原点开始的矢量链来表示。理论上讲，假设一曲线或边界中间有一点(i, j)，则其相邻的栅格点必然在图 3.11 所示的 8 个邻域方向上，这 8 个基本方向上的单位矢量可用 0 ~ 7 来定义。

对于连续线上的一个已知点，只要搜索 8 个方向，总可找到它的后续栅格点，并可用图 3.11 所定的方向代码来表示；反之，已知所定点的方向代码，亦可知道其前趋点的坐标位置。

因此，链码就是用一个起点和一系列在基本方向上的单位矢量来描述出线状地物或者区域边界。图 3.12 为一等值线图，其中，*A* 线高程为 100m，*B* 线高程为 200m，其链码编码见表 3.6。

表 3.6　**等值线的链码编码表**

标号	高程	起始行、列	链　码
A	100m	3,0	0,7,7,0,0,0,0,2,0,1,2,2,2,2,4,3,3,4,4,4,5,5,6,5,6,6
B	200m	4,2	7,7,0,0,1,2,2,2,3,3,5,5,5,6

这种编码的优点是，具有很强的数据压缩率，并便于计算长度、面积，便于表示图形凹凸部分，易于存储图形数据。缺点是，难以实现叠置运算，不便于合并插入操作，在对区域按边界存储时，相邻区域的相邻线段会重复存储，使数据冗余。

3. 游程(行程)编码

游程编码是以行为单位，将栅格数据矩阵中属性相同的连续栅格视为一游程，根据每

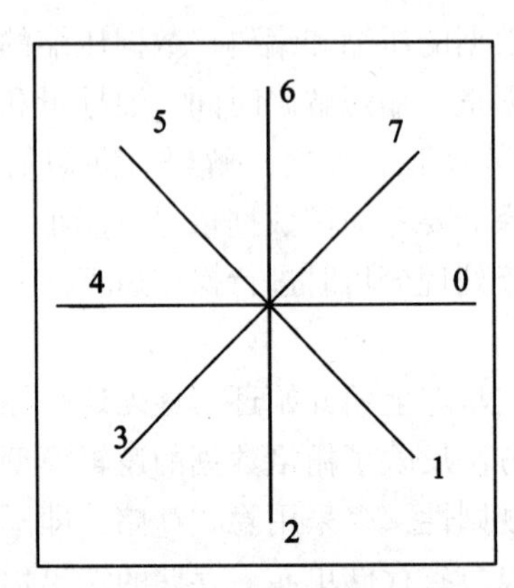

图 3.11 链码记录基本方向

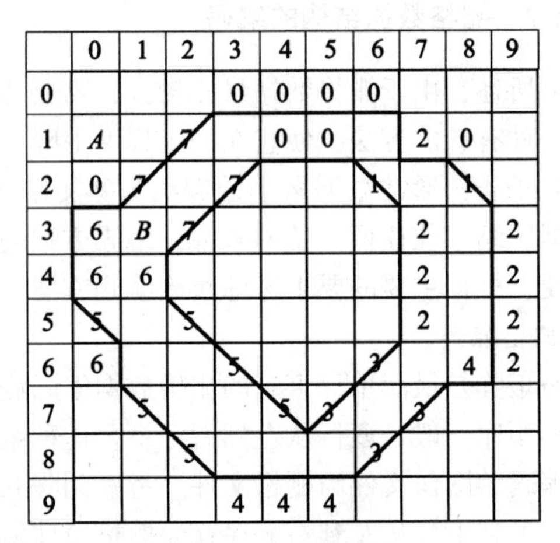

图 3.12 等值线图

个游程数据结构(编码方式)的不同，又分为游程终点编码和游程长度编码。

不管是游程长度编码还是游程终点编码，其实质是把栅格矩阵中行元素 x_1，x_2，…，x_n映射成整数对元素序列。因此，一维游程编码方式为(g_k，l_k)。在游程长度编码中，g_k表示栅格元素的属性值，l_k表示游程的连续长度；在游程终止编码中，g_k表示栅格元素属性，l_k表示游程终止点列号，其中，$k=1，2，3，\cdots，m(m\leqslant n)$。

例如，已知由 8×8 个栅格单元组成的栅格数据，如图 3.13 所示，其中，属性值分别为0，4，7，8，对其进行游程终止编码及游程长度编码，所得编码表分别见表 3.7 和表 3.8。表 3.7 所示的第一行中，(0，1)表示属性值为 0 的栅格终止于第一列，(4，3)表示属性值为 4 的栅格终止于第 3 列，(7，8)表示属性值为 7 的栅格终止于第 8 列。因此，从游程终止值可容易算出每个属性值所占栅格数。这里属性值为 7 的栅格数为 8-3=5，依此类推。

0	4	4	7	7	7	7	7
4	4	4	7	7	7	7	7
4	4	4	4	8	8	7	7
0	0	4	8	8	8	7	7
0	0	8	8	8	8	8	8
0	0	0	8	8	8	8	8
0	0	0	0	8	8	8	8
0	0	0	0	8	8	8	8

图 3.13 8×8 栅格数据及分块

表 3.8 所示的第一行中，(0，1)表示属性值为 0 的栅格为一个点，(4，2)表示属性值为 4 的栅格点数为 2，(7，5)表示属性值为 7 的栅格点数为 5，第一行中总栅格点数为 1+2+5=8。

表3.7 **游程终止编码表**

(0, 1), (4, 3), (7, 8)
(4, 3), (7, 8)
(4, 4), (8, 6), (7, 8)
(0, 2), (4, 3), (8, 6), (7, 8)
(0, 2), (8, 8)
(0, 3), (8, 8)
(0, 4), (8, 8)
(0, 4), (8, 8)

表3.8 **游程长度编码表**

(0, 1), (4, 2), (7, 5)
(4, 3), (7, 5)
(4, 4), (8, 2), (7, 2)
(0, 2), (4, 1), (8, 3), (7, 2)
(0, 2), (8, 6)
(0, 3), (8, 5)
(0, 4), (8, 4)
(0, 4), (8, 4)

从上面两表可知，游程终止编码中的每个数据对包含属性值及游程终止端的列号；而游程长度编码中的每个数据对包含属性值及游程长度。这种编码方案实质上只考虑了每一行的数据结构，并没有考虑行与行之间的结构。换言之，这种游程编码是一维游程编码。显然，如果各行中相同属性的顺序栅格数据越多，即游程越长，编码效率越高。

游程编码对类型区面积较大的专题图和影像图，数据压缩率高，易于实现重叠、合并、检索运算，在地理信息系统中应用广泛。

4. *块码*(Block Code)

在地理信息系统的分析研究中，大量研究对象是块状地物，如作为分析研究基础的土地分类图中，每一地类就是由一个或多个块状地物组成的。通常，为了保持一定精度，就必须提高栅格数据的分辨率，而栅格数据的数据量同分辨率成平方指数的函数关系，即提高分辨率将大大提高数据量，如一幅陆地卫星 MSS 图像中有 $3240\times2340=7.58\times10^6$ 个栅格点。而其中，同一地块内的很多栅格点具有相同的性质，即属性相同。块码既考虑到数据压缩，又顾及地理信息系统中数据访问，是具有块状地物的栅格数据进行压缩编码的一种简单可行方法。它是一维游程编码的二维扩展，它以正方形区域为单元，对块状地物的栅格数据进行编码，其实质是把栅格阵列中同一属性方形区域各元素映射成一个元素序列。

块码的编码方式为：行号，列号，半径，代码。行号和列号表示正方形区域左上角栅格元素所在行号及列号；半径表示正方形区域行(或列)方向的栅格元素数；代码表示该正方形区域的属性值。

以图3.13所示的8×8栅格矩阵为例，对其进行块码编码，所得编码结果见表3.9。

表3.9 **块 码 表**

(1, 1, 1, 0), (1, 2, 2, 4), (1, 4, 2, 7), (1, 6, 2, 7), (1, 8, 1, 7)
(2, 1, 1, 4), (2, 8, 1, 7)
(3, 1, 1, 4), (3, 2, 1, 4), (3, 3, 1, 4), (3, 4, 1, 4), (3, 5, 2, 8), (3, 7, 2, 7)
(4, 1, 2, 0), (4, 3, 1, 4), (4, 4, 1, 8)
(5, 3, 1, 8), (5, 4, 2, 8), (5, 6, 3, 8)
(6, 1, 3, 0)
(7, 4, 1, 0), (7, 5, 1, 8)
(8, 4, 1, 0), (8, 5, 1, 8), (8, 6, 1, 8), (8, 7, 1, 8), (8, 8, 1, 8)

由上表可知，图3.13栅格数据可用18个1单位方块、7个4单位方块及2个9单位方块来描述。

若一个面状地物所能包含的正方形越大，多边形边界越简单，则块码编码的效率越高。它同游程编码一样，对图形比较碎、多边形边界复杂的图形，数据压缩率低。块码在合并、插入、检查延伸性、计算面积等操作时有明显的优越性，但对某些运算不适应，必须转换成简单数据形式才能顺利进行。

5. 四叉树编码(Quadtree Code)

区域型物体的四叉树表示方法最早出现在加拿大地理信息系统CGIS中。20世纪80年代以来，人们对四叉树编码在图像分割、数据压缩、GIS应用等方面进行了大量研究，对四叉树数据结构提出了许多编码方案。

四叉树分割的基本思想是，首先把一幅图像或一幅栅格地图($2^n \times 2^n$，$n>1$)等分成4部分，逐块检查其栅格值，若每个子区中所有栅格都含有相同值，则该子区不再往下分割；否则，将该区域再分割成4个子区域，如此递归地分割，直到每个子块都含有相同的灰度或属性值为止，最坏的情况是分至单个像素。这样的数据组织称为自上而下的四叉树。四插树也可以自下而上地建立，从底层开始对每个栅格数据的值进行检索，对具有相同灰度或属性值的四等分的子区进行合并，如此递归向上合并。

图3.14(b)表示对图3.14(a)的分割编码过程，对应的四叉树如图3.15所示，图中最上面的那个节点叫做根节点，它对应于整个图形。图中共有4层节点，每个节点对应一个象限，即左上(NW)、右上(NE)、左下(SW)、右下(SE)，不能再分的节点称为终止节点(又称叶节点)。

0	4	4	7	7	7	7	7
4	4	4	7	7	7	7	7
4	4	4	4	8	8	7	7
0	0	4	8	8	8	7	7
0	0	8	8	8	8	8	8
0	0	0	8	8	8	8	8
0	0	0	0	8	8	8	8
0	0	0	0	8	8	8	8

(a)原始栅格数据

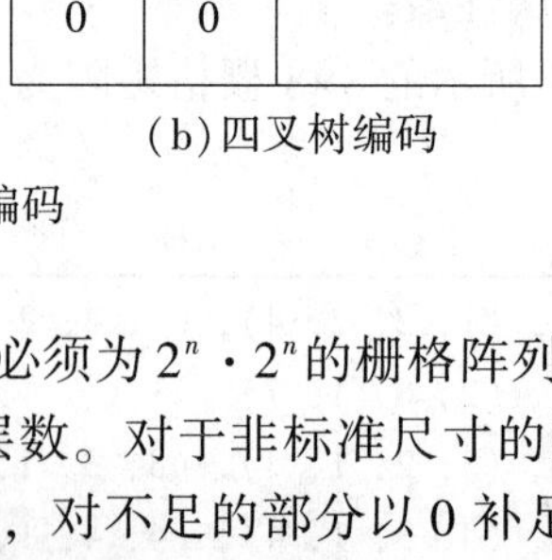

(b)四叉树编码

图3.14 四叉树编码

为了保证四叉树能不断地分解下去，要求图像必须为$2^n \cdot 2^n$的栅格阵列，n为极限分割次数(深度)，$n+1$是四叉树的最大高度或最大层数。对于非标准尺寸的图像，首先需要利用增加背景的方法将图像扩充为$2^n \cdot 2^n$的图像，对不足的部分以0补足，在建树时，对于补足部分生成的叶节点不存储，这样存储量并不会增加。

四叉树编码法有许多优点：①容易有效地计算多边形的数量特征；②阵列各部分的分辨率是可变的，边界复杂部分四叉树较高，即分级多，分辨率也高，不需表示许多细节的部分则分级少，分辨率低，因而既可精确表示图形结构，又可减少存储量；③栅格到四叉树及四叉树到简单栅格结构的转换比其他压缩方法容易；④多边形中嵌套异类小多边形的

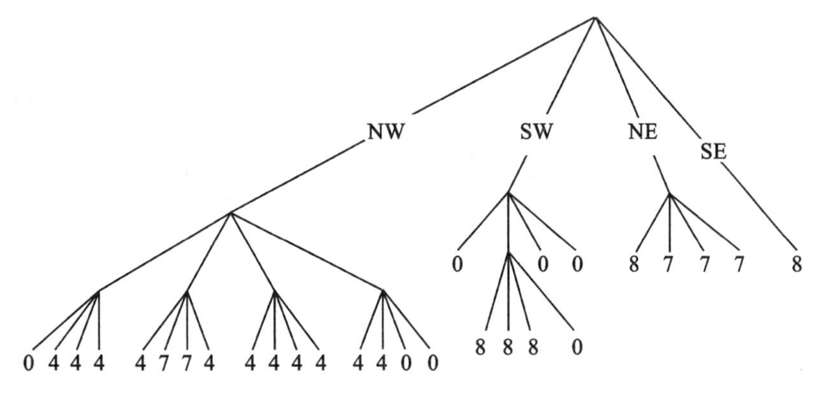

图 3.15　四叉树的树状表示

表示较方便。

四叉树结构按其存储方法不同，可分为常规四叉树和线性四叉树。常规四叉树除了记录叶节点之外，还要记录中间节点。节点之间借助指针联系，每个节点通常需要存储 6 个量：4 个子节点指针，1 个父节点指针和 1 个节点的属性或灰度值，这些指针不仅增加了数据储存量，而且增加了操作的复杂性。常规四叉树主要在数据索引和图幅索引等方面应用。

线性四叉树编码时，不记录中间节点、0 值节点，也不使用指针，仅记录非 0 值的叶节点。每个节点只存储 3 个量，包括节点的位置、深度和本节点的属性或灰度值。这样，比常规的四叉树节省了存储空间。

6. 八叉树编码

八叉树结构(图 3.16)就是将空间区域不断地分解为 8 个同样大小的子区域，分解的次数越多，子区域就越小，一直分到同一区域的属性单一为止。按从下而上合并的方式来说，就是将研究区空间先按一定的分辨率将三维空间划分为三维栅格网，然后按规定的顺序每次比较 3 个相邻的栅格单元，如果其属性值相同，则合并。依次递归运算，直到每个子区域均为单值为止。

八叉树同样可分为常规八叉树和线性八叉树。常规八叉树的节点要记录 10 个量，即 8 个指向子节点的指针，1 个指向父节点的指针和 1 个属性值(或标识号)。而线性八叉树则只需要记录叶节点的地址码和属性值。因此，它的主要优点是：①节省存储空间，因为只需对叶节点编码，节省了大量中间节点的存储，每个节点的指针也免除了，而从根到某一特定节点的方向和路径的信息隐含在定位码之中；②线性八叉树可直接寻址，通过其坐标值能计算出任何输入节点的定位码(称编码)，而不必实际建立八叉树，并且定位码本身就是坐标的另一种形式，不必有意去存储坐标值，若需要的话，还能从定位码中获取其坐标值(称解码)；③在操作方面，所产生的定位码容易存储和执行，容易实现集合、相加等组合操作。

八叉树主要用来解决地理信息系统中的三维问题。

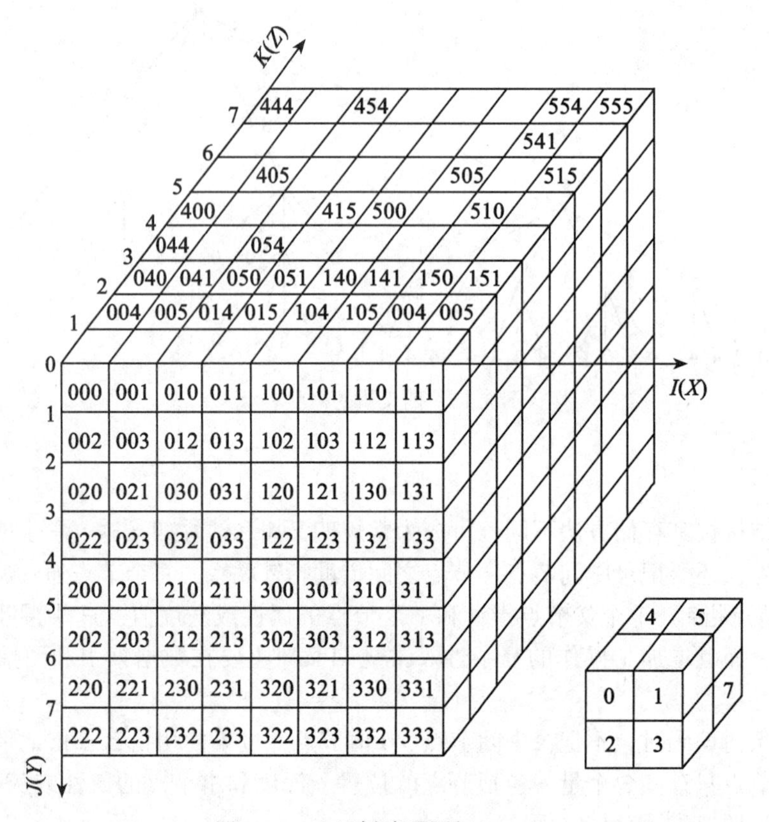

图 3.16 八叉树编码图解($n=3$)

3.3 矢量与栅格数据的比较与转化

矢量、栅格数据结构各有优缺点，在目前比较成熟的 GIS 软件中，两种结构都在应用。矢量结构与栅格结构的相互转换，是地理信息系统的基本功能之一，目前已经发展了许多高效的转换算法。但是，从栅格数据到矢量数据的转换，特别是扫描图像的自动识别，仍然是目前研究的重点。

从表面上来看，两种结构似乎是两种截然不同的空间数据结构。矢量结构表示空间位置明显，但表达属性隐含；而栅格数据则相反，表达属性明显，表示位置隐含。然而，从实质上来说，两种结构是从两个不同的方面对空间数据进行的描述。按通常意义上的理解，栅格结构只是矢量结构在某种精度上的一种近似。在 GIS 中，无论采用何种数据结构，所涉及的数据量与数据精度总是构成矛盾的双方，要提高数据精度，矢量结构需要记录更多的线段中间点和节点，而栅格结构则需要更多的栅格单元。因此，在表示空间数据方面，两种数据结构可以是同样有效的。

自从 20 世纪 70 年代美国学术界提出地理信息系统中的两种空间数据结构以来，目前各国所用的地理信息系统仍然采用矢量数据结构和栅格数据结构，主要是因为这两种数据结构各有长处，又各有不足，而且相互之间还具有互补性。

3.3.1　矢量数据的特点

1. 用离散的线或点来描述地理现象及特征

点用来描述地图上的各种标志点，如监控点、居民点；线包括直线和曲线，曲线又包括一般曲线和封闭曲线，分别用来表示河流、道路及行政边界等，此外，还包括一些特殊曲线，如等高线；面用来描述一块连续的区域，如湖泊、林地、居民地等。

2. 用拓扑关系来描述矢量数据之间的关系

在矢量数据系统中，常用几何信息描述空间几何位置，用拓扑信息来描述空间的相连、相邻及包含等关系，从而清楚地表达空间地物之间结构。

3. 面向目标的操作

对矢量数据的操作，更多地面向目标，从而使精度高、数据冗余度小、运算量少，如对区域面积的计算和道路长度的量算，分别用计算区域多边形面积及道路长度而获得。这样直接根据目标几何形状用坐标值计算的方法，使计算精度大大提高。另外，由于矢量数据是以点坐标为基础来记录数据，不仅便于对图形放大、缩小，而且还便于将数据从一个投影系统转换到另一个投影系统。

4. 数据结构复杂且难以同遥感数据结合

矢量数据系统不仅难以同 DEM 模型数据相结合，而且也难以同遥感数据相结合，从而限制了矢量数据系统的功能和效率。在目前基于矢量数据结构的地理信息系统中，为了解决同遥感结合的问题，往往是将矢量数据转换成栅格数据，再进行分析，然后，根据需要再转换回去。这是矢量数据结构在地理信息应用中的最大不足。

5. 难以处理位置关系(如求交、包含等)

在矢量数据结构中，给出的是地物取样点坐标，判断地物的空间位置关系时，往往需要进行大量求交运算。例如，当已知某一土壤类型图和某一积温图，要叠置获取新分类图时，需进行多边形求交运算，组成新多边形，建立新的拓扑关系。因此，矢量数据结构解决这类问题是相当复杂的。

3.3.2　栅格数据的特点

1. 用离散的量化栅格值表示空间实体

栅格数据把真实的地理面假设成笛卡儿平面来描述地理空间。在每个笛卡儿平面中，用行列值来确定各个栅格元素的位置，以栅格元素值来表示空间属性。栅格元素是栅格数据的最小单位。在栅格数据中：

点：用一个栅格元素来表示。

线：用一组相邻的栅格元素来表示。

面(区域)：用相邻栅格单元的集合来表示。

2. 描述区域位置明确，属性明显

栅格数据的位置一般用行列数确定，栅格值可以用中心点法、面积占优法、重要性法等方法描述。每一位置只能表示单一特征，当某一位置需要表示多种特征值时，引入图层的概念，如某一地区地形图需要同时描述高程、县界、河流和公路时，在栅格数据表示中需要建立 4 个栅格数据层，它们分别描述该区域的高程、县界、河流和公路的特性。

3. 数据结构简单，易于同遥感结合

栅格数据以阵列(数组)方式来描述空间实体，其数据结构简单，便于同遥感图像交换信息，并予以分析处理。

4. 难以建立地物间拓扑关系

栅格数据是一种面向位置的数据结构。在平面空间上的任意一点都可以直接同某个或某类地物相联系，很难完整建立地物间的拓扑关系。

5. 图形质量低且数据量大

在栅格数据中，栅格元素是表示地区目标的最基本单位，因此，所反映的实体在形态上会出现畸变，在属性上会出现偏差，从而影响图形质量。为了提高图形质量，要尽可能减少栅格尺寸，即增加栅格数，从而增加栅格数据量和数据的冗余度。

3.3.3 矢、栅结构的比较

栅格结构和矢量结构是模拟地理信息的两种不同的方法。栅格数据结构类型具有属性明显、位置隐含的特点，它易于实现，且操作简单，有利于基于栅格的空间信息模型的分析，如在给定区域内计算多边形面积、线密度。栅格结构可以很快算得结果，而采用矢量数据结构则麻烦得多，但栅格数据表达精度不高，数据存储量大，工作效率较低，如要提高一倍的表达精度(栅格单元减小一半)，数据量就需增加三倍，同时也增加了数据的冗余。因此，对于基于栅格数据结构的应用来说，需要根据应用项目的自身特点及其精度要求来恰当地平衡栅格数据的表达精度和工作效率两者之间的关系。另外，因为栅格数据格式的简单性(不经过压缩编码)，其数据格式容易为大多数程序设计人员和用户所理解，基于栅格数据基础之上的信息共享也较矢量数据容易。此外，遥感影像本身就是以像元为单位的栅格结构，所以，可以直接把遥感影像应用于栅格结构的地理信息系统中，也就是说，栅格数据结构比较容易和遥感相结合。

矢量数据结构类型具有位置明显、属性隐含的特点，它操作起来比较复杂，许多分析操作(如叠置分析等)用矢量数据结构难于实现；但它的数据表达精度较高，数据存储量小，输出图形美观且工作效率较高。两者的比较见表3.10。

表3.10 栅格、矢量数据结构特点比较

比较内容	矢量格式	栅格格式
数据量	小	大
图形精度	高	低
图形运算	复杂、高效	简单、低效
遥感影像格式	不一致	一致或接近
输出表示	抽象、昂贵	直观、便宜
数据共享	不易实现	容易实现
拓扑和网络分析	容易实现	不易实现

目前，地理信息系统的软件以矢量数据结构为主流，但在涉及遥感图像处理及数字地形模型的应用中，以栅格数据为主；在交通、公共设施、市场等领域的地理信息系统中，通常矢量数据结构占优势；在资源和环境管理领域中，常常同时采用矢量数据结构和栅格数据结构。

为充分发挥和利用这两种数据结构各自的优点，实现不同地理信息系统之间的数据传输，达到数据共享的目的，尤其是随着地理信息系统和遥感技术的结合，地图数据和图像数据的混合处理已成为当前地理信息系统的发展趋向。这就要求统一管理和处理矢量数据和栅格数据，这种统一管理和处理既包括矢量数据和栅格数据的一体化表示方法的研究，也包括对这两种数据类型之间转换方法的研究。

3.3.4　矢、栅结构的相互转换

在地理信息系统中，栅格数据与矢量数据各具特点与适用性，为了在一个系统中可以兼容这两种数据，以便有利于进一步的分析处理，常常需要实现两种结构的转换。

1. 矢量数据结构向栅格数据结构的转换

矢量向栅格转换的根本任务就是把点、线、面的矢量数据转换成对应的栅格数据，这一过程称为栅格化。矢量数据结构向栅格数据结构转换时，首先必须确定栅格元素的大小，即根据原矢量图的大小、精度要求以及所研究问题的性质，确定栅格的分辨率。然后要建立矢量数据的平面直角坐标系和栅格行列坐标系之间的对应关系(图3.17)。

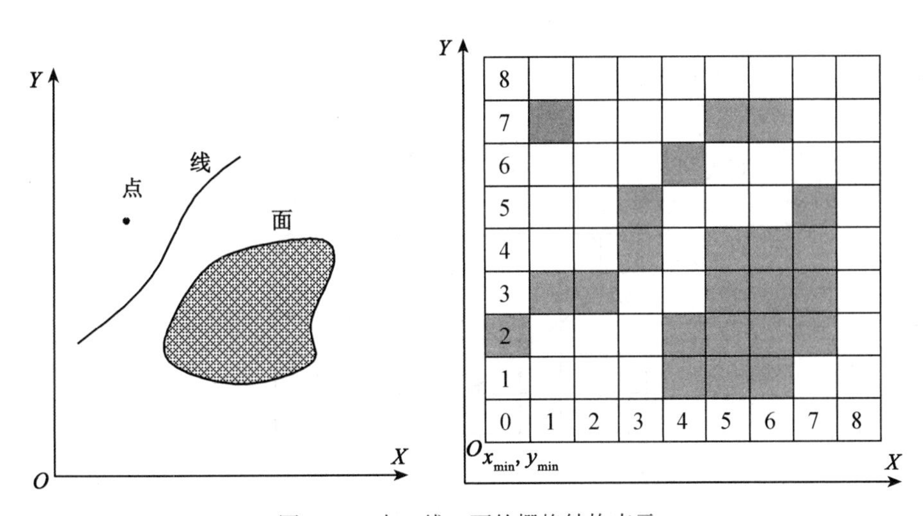

图3.17　点、线、面的栅格结构表示

1)点的转换

点的转换实质上是将点的矢量坐标转换成栅格数据中行列值 i 和 j，从而得到点所对应的栅格元素的位置。其中：

$$i = \text{Integer}\left(\frac{y - y_{\min}}{\Delta y}\right)$$

$$j = \text{Integer}\left(\frac{x - x_{\min}}{\Delta x}\right) \tag{3.1}$$

式中，Integer 表示对运算值取整；x，y 为所求点在矢量坐标下的坐标值；Δx，Δy 为每个栅格单元的对应边长；$x_{\min}$，$y_{\min}$ 表示矢量数据的 y 最小值和 x 最小值；i，j 为所求点在栅格坐标中的行与列的值。

2）线的转换

由于曲线可用折线来表示，也就是当折线上取点足够多时，所画的折线在视觉上成为曲线。因此，线的变换实质上是完成相邻两点之间直线的转换。若已知一直线 AB，其两端点坐标分别为 $A(x_1, y_1)$ 和 $B(x_2, y_2)$，则其转换过程不仅包括坐标点 A，B 从矢量数据转换成栅格数据，还包括求出直线 AB 所经过的中间栅格数据（图 3.18）。其过程如下：

（1）利用上述点转换法，将点 $A(x_1, y_1)$ 和 $B(x_2, y_2)$ 分别转换成栅格数据，求出相应的栅格的行列值。

（2）由上述行列值求出直线所在行列值的范围。

（3）确定直线经过的中间栅格点。若从直线两端点转换，求出该直线经过的起始行号为 1，终止行号 m，其中间行号必定为 2，3，…，$m-1$。现在的问题是求出相应行号相交于直线的列号，其步骤如下：

①求出相应 i 行中心处同直线相交的 y 值，即

$$y = \Delta y\left(i - \frac{1}{2}\right) \tag{3.2}$$

②用直线方程求出 y 值的点的 x 值，即

$$x = \frac{x_m - x_1}{y_m - y_1}(y - y_1) + x_1 \tag{3.3}$$

③从 x，y 值按公式求出相应 i 行的列值 j：

$$j = \text{Integer}\left(\frac{x - x_{\min}}{\Delta x}\right) \tag{3.4}$$

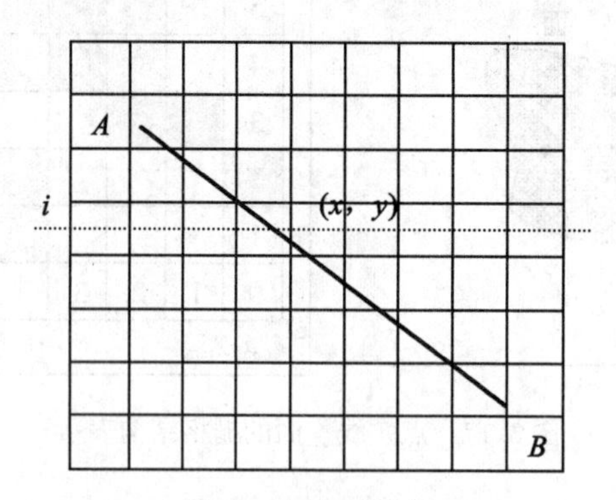

图 3.18 线的转换

如上所述，不断求出直线所经过的各行的列值，最后完成直线的转换。

曲线的转换或多边形轮廓的转换实质上是通过直线转换而形成的。但对于面数据而言，在转换的同时，还需要解决面域数据（多边形数据）的填充问题。

3）面的转换

在矢量数据结构中，通常以不规则多边形来表示面。矢量的面数据转成栅格数据是通

过边界轮廓的转换实现的。在栅格数据结构中，栅格元素值直接表示属性值，因此，当矢量边界线段转换成栅格数据后，还必须进行面域的填充。

从计算机图形学的角度看，区域填充有很多算法。但是，不论哪种算法，关键性任务是判断哪些点或栅格单元在多边形之内，哪些点在多边形之外。几种主要的算法描述如下：

(1)射线法。该法中常用水平线(或垂直线)扫描来判断一点是否在区域内。假如有一疑问点 $P(x, y)$，要判断它是否在多边形内，可从该疑问点向左引水平扫描线(即射线)，计算此线段与区域边界的相交的次数 c，如图3.19(a)所示。

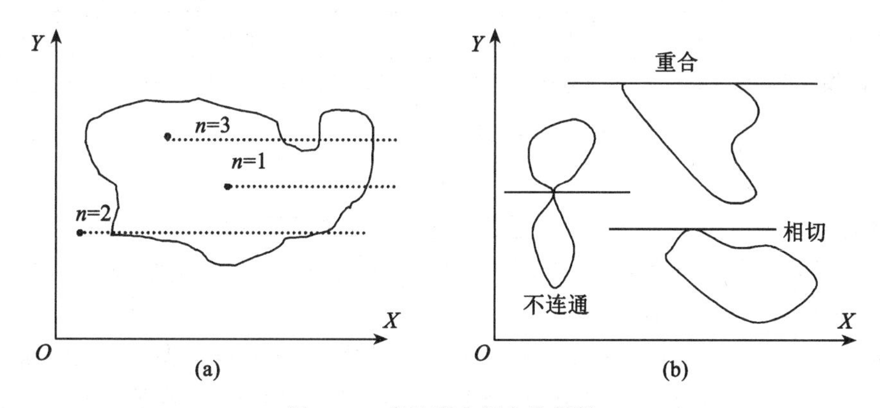

图3.19　多边形内部点的判断

如果 c 为奇数，认为疑问点在多边形内；如果 c 为偶数，则疑问点在多边形外。但需注意的是，射线与多边形相交时，有一些特殊情况会影响交点个数，需要予以排除，如图3.19(b)所示。

(2)内点填充法。首先按照线的栅格化方法将多边形的边界栅格化，然后在多边形的内部找一点作为内点，从该点出发，向外填充多边形区域，直到边界为止，如图3.20所示。

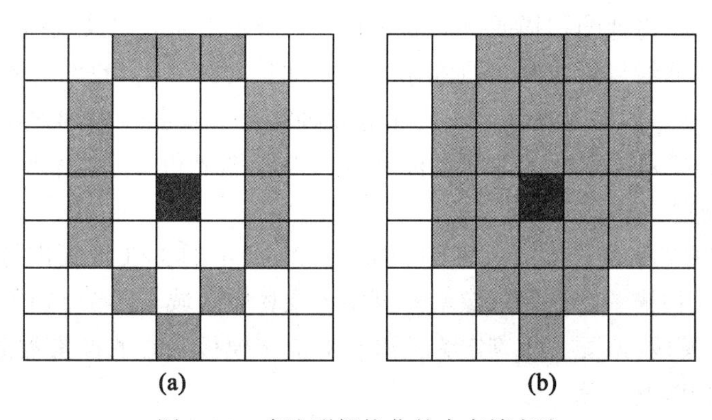

图3.20　多边形栅格化的内点填充法

(3)边界代数法。沿多边形边界环绕多边形一圈，当向上环绕的时候，把边界左边一行中所有的栅格单元的数值都减去属性值；当向下环绕的时候，把边界左边一行中所有的栅格单元的数值都加上属性值，则多边形外部的栅格正负数值抵消，而多边形内部的栅格被赋予属性值，如图 3. 21 所示。

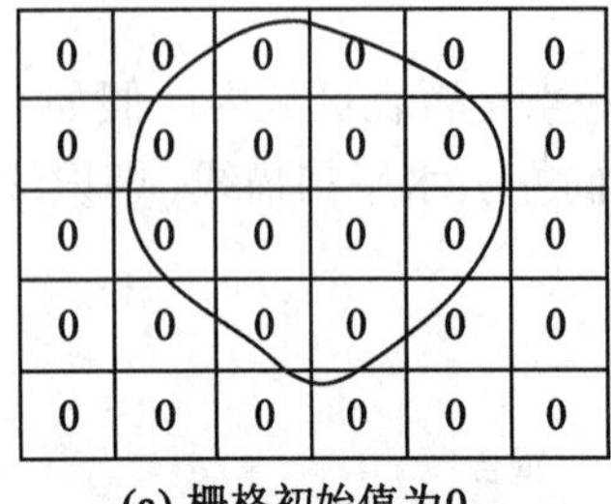

(a) 栅格初始值为0

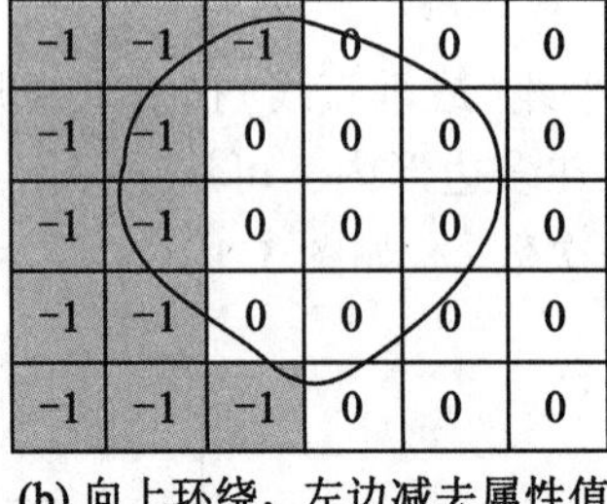

(b) 向上环绕，左边减去属性值

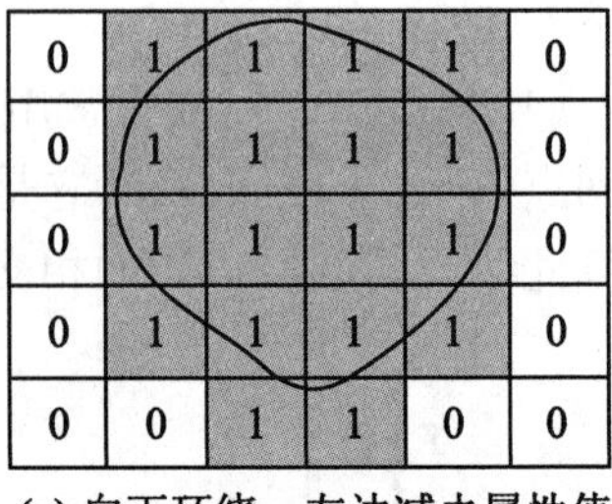

(c) 向下环绕，左边减去属性值

图 3. 21　多边形栅格化的边界代数法

该算法可不考虑边界存放顺序及搜索轨迹，每条边界只计算一次，免去了边界的重复运算。因该算法简单，可靠性高，运算速度快，而广泛用于微机地理信息系统中。

2. 栅格数据向矢量数据的转换

栅格数据向矢量数据的转换，实质上是将具有相同属性代码的栅格集合转变成由少量数据组成的边界弧段以及区域边界的拓扑关系。栅格数据转成矢量数据比矢量数据转成栅格数据在原理上或实现方法上均要复杂得多。

1）线性栅格数据矢量化的典型过程

（1）栅格数据的前处理。栅格数据向矢量数据转换需要复杂的前处理，前处理的方法因原始栅格图不同而异，但最终目的是把栅格图预处理成近似线划图的二值图形，使每条线只有一个像元宽度。

由于在扫描输入栅格图时很可能有各种干扰，为此，首先要除去干扰，如散布在图上的麻点等。同时，将扫描后的图二值化处理，使得到具有一个像素宽度的线条。再进行编辑检查，以供矢量化。前处理主要完成以下工作：

①平滑去噪。在将地图扫描或摄像输入时，由于线不光滑以及扫描、摄像系统分辨率的限制，使得一些曲线目标带来多余的小分支（即毛刺噪声）；此外，还有孔洞和凹陷噪声，如图 3. 22 所示。如果不在细化前去除这几种噪声，就会造成细化误差和失真，这样会最终影响地图跟踪和矢量化。曲线目标越宽，提取骨架和去除轮廓所需的次数也越多，因此噪声影响也越大。

为了去除毛刺噪声的影响，可以采用如图 3. 23 所示的 3×3 模板进行处理。处理的过程是：按点阵格式扫描图像上每一像素，只要图像相应区域与图 3. 23 中的模板（包括三次 90°旋转所形成的模板）匹配，则判定为毛刺，对应于模板中心的像素数值变为 0。根据需要可进行多次这种匹配运算。

为了去除孔洞及凹陷噪声，我们采用如图 3. 24 所示的模板进行处理，只要图像对应区域与该模板（包括三次 90°旋转）匹配，则区域中心点数值变为 1。

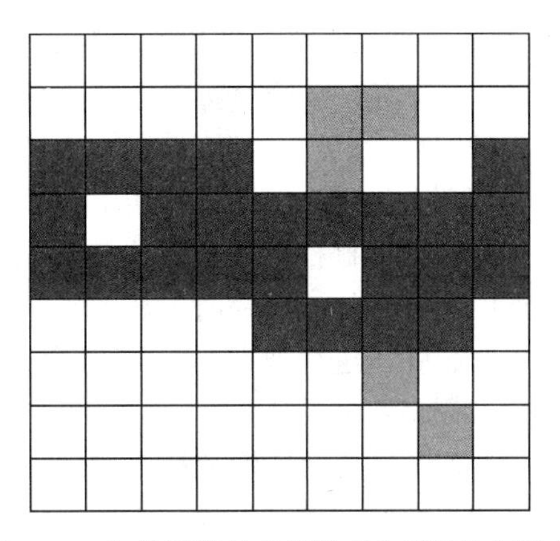

图 3. 22　扫描图像的毛刺噪声和凹陷孔洞噪声

0	0	0
0	1	0
X	X	X

图 3. 23　去毛刺模板(X 为任意数值)

X	1	X
1	0	1
X	X	X

图 3. 24　去孔洞凹陷模板

②二值化。线划图形扫描后产生栅格数据，这些数据是按 0～255 的不同灰度值量度的(图 3. 25(b))，设 $G(i, j)$为将这种 256 级或 128 级不同的灰阶压缩到 2 个灰阶，即 0 和 1 两级，首先要在最大与最小灰阶之间定义一个阈值，设阈值为 T，则如果 $G(i, j)$大于等于 T，则记此栅格的值为 1，如果 $G(i, j)$小于 T，则记此栅格的值为 0，得到一幅二值图(图 3. 25(c))。

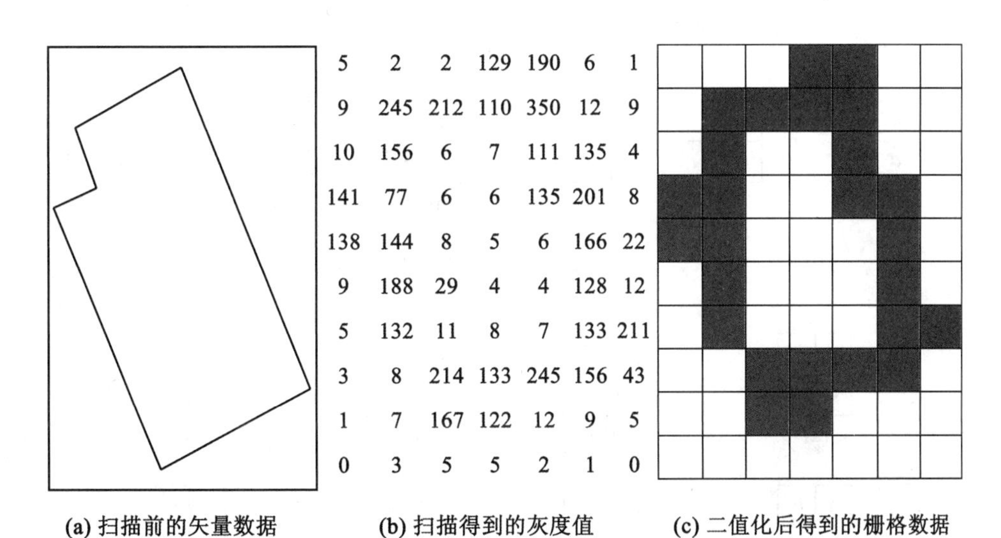

(a) 扫描前的矢量数据

5	2	2	129	190	6	1
9	245	212	110	350	12	9
10	156	6	7	111	135	4
141	77	6	6	135	201	8
138	144	8	5	6	166	22
9	188	29	4	4	128	12
5	132	11	8	7	133	211
3	8	214	133	245	156	43
1	7	167	122	12	9	5
0	3	5	5	2	1	0

(b) 扫描得到的灰度值

(c) 二值化后得到的栅格数据

图 3. 25　经扫描得到栅格数据的过程

③细化。消除线划横断面栅格数的差异，使得每一条线只保留代表其轴线或周围轮廓线(对面状符号而言)位置的单个栅格的宽度。栅格线细化方法可分为剥皮法和骨架化两类。剥皮法的实质是从曲线的边缘开始，每次剥掉等于一个栅格宽的一层，直到最后留下彼此连通的由单个栅格点组成的图形。因为一条线在不同位置可能有不同的宽度，故在剥皮过程中必须注意一个条件，即不允许剥去会导致曲线不连通的栅格。

④跟踪。其目的是将细化处理后的栅格数据整理为从节点出发的线段或闭合的线条，并以矢量形式存储特征栅格点的中心坐标。跟踪时，从图幅西北角开始，按顺时针或逆时针方向，从起始点开始，根据 8 个邻域进行搜索，依次跟踪相邻点，并记录节点坐标。然后搜索闭合曲线，直到完成全部栅格数据的矢量化，写入矢量数据库。

(2)矢量化。将线划图从栅格数据变成坐标数据，并通过边界线搜索生成拓扑关系，建立边界弧段与栅格图上各多边形的空间关系，建立与属性数据的联系。

(3)矢量化的后处理。其目的一方面是除去栅格矢量化产生的多余点，减少数据的冗余；另一方面是采用插补算法对曲线光滑处理，光滑矢量化的曲线。常用的插补算法有分段三次多项式插值法、样条函数插值法、线形迭代法等。

2)多边形栅格数据矢量化的双边界直接搜索法

双边界直接搜索法的基本思想是通过边界提取，将左右多边形信息保存在边界点上。每条边界弧段由两个并行的边界链组成，以分别记录该边界的左右多边形编号，这种方法不仅搜索速度快，而且便于建立拓扑关系。

(1)双边界直接搜索法原则。这种方法以 2×2 栅格窗口为单位，在单位窗口内四个栅格数据的模式可唯一确定下一个窗口的搜索方向及弧段的拓扑关系。搜索的原则如图 3.26、图 3.27 所示，其要点如下：

①若四个栅格仅有 2 个不同编号且对角上编号不相同，则为边界点。

②若四个栅格有 3 个或 4 个不同的编号，则为节点。

③若四个栅格有 2 个不同编号，但对角线编号两两相同，则也可看成节点。

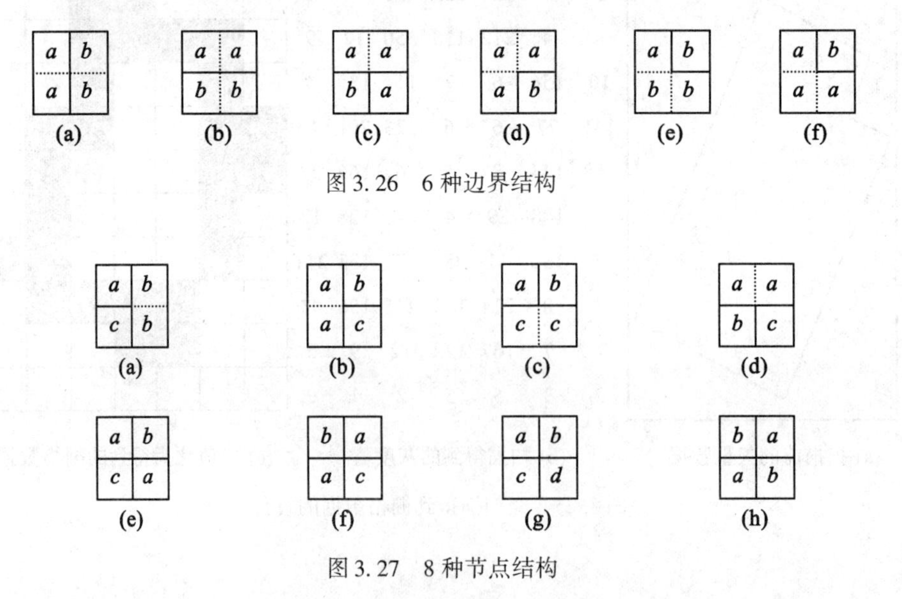

图 3.26　6 种边界结构

图 3.27　8 种节点结构

(2)双边界直接搜索法的步骤如下：

①提取节点和边界线。用 2×2 栅格窗口沿行列方向扫描全图，遇到边界点栅格窗口及节点栅格窗口时，将该窗口内栅格元素做出标记。为了区分边界和线，可以在节点标识符前加上负号。除此之外，栅格元素填 0。图 3.28(a)为原始栅格数据图，图 3.28(b)为提取节点和边界点后所得图。

②边界跟踪及左右多边形信息的获取。在提取节点和边界线基础上，通过边界的搜索获取节点文件、弧段文件及多边形文件。边界的搜索是逐个弧段进行的，对每个弧段，由一个节点开始，按与其相邻的任一边界点或节点进行搜索，记录边界点的两个多边形编号作为被搜索边界的左右多边形号。搜索方向由进入当前点的方向和当前点下一步要走的方向来确定。由于每个边界点只能有两个走向，如图 3.28 所示。当一个为前一点的进入方向时，另一个方向必为要搜索的后续点方向。

b	b	b	c	c	c	d	d
c	c	a	a	a	a	a	c
c	c	a	a	a	a	a	c
c	c	a	a	a	a	a	c
c	c	a	a	a	a	a	c
c	c	a	a	a	a	a	c
c	c	a	c	c	c	c	c
e	e	c	c	c	c	c	c

(a)数据图

b	$-b$	$-b$	c	c	c	$-d$	$-d$
c	$-c$	a	a	a	a	$-a$	$-c$
c	c	a	0	0	0	a	c
c	c	a	0	0	0	a	c
c	c	a	0	0	0	a	c
c	c	a	a	a	a	a	c
c	$-c$	$-a$	c	c	c	c	c
e	$-e$	$-c$	0	0	0	0	0

(b)双边界搜索法

图 3.28　双边界搜索法

图 3.28 中的边界节点起始走向只有上方和右方两种，若前一点位于它的上方，则其搜索方向只能是右方，该边界的左右多边形号应分别为 b 和 a；反之，如前一点位于它的右方，则其搜索方向只能是上方，该边界的左右多边形号应分别为 a 和 b；其他情况可依此类推。由此可见，这种方法可唯一地确定搜索方向，并记录左右多边形号。

3.4　空间数据的拓扑关系

3.4.1　拓扑的基本概念

几何信息和拓扑关系是地理信息系统中描述地理要素的空间位置和空间关系时不可缺少的基本信息，其中，几何信息主要涉及几何目标的坐标位置、方向、角度、距离和面积等信息，它通常用解析几何的方法来分析；而空间关系信息主要涉及几何关系的相联、相邻、包含等信息，它用拓扑关系或拓扑结构的方法来分析。拓扑关系是明确定义空间关系的一种数学方法，在地理信息系统中，用它来描述并确定空间的点、线、面之间关系及属性，并可实现相关的查询和检索。拓扑观点关心的是空间的点、线、面之间的连接关系，而不管实际图形的几何形状，因此，几何形状相差很大的图形，它们的拓扑结构却可能相同。

图 3.29(a)、(b)所表示的图，其几何形状不同，但它们节点间拓扑关系是相同的，均可用图 3.29(c)所示节点邻接矩阵表示，交点为 1 处表示相应纵横两节点相连。

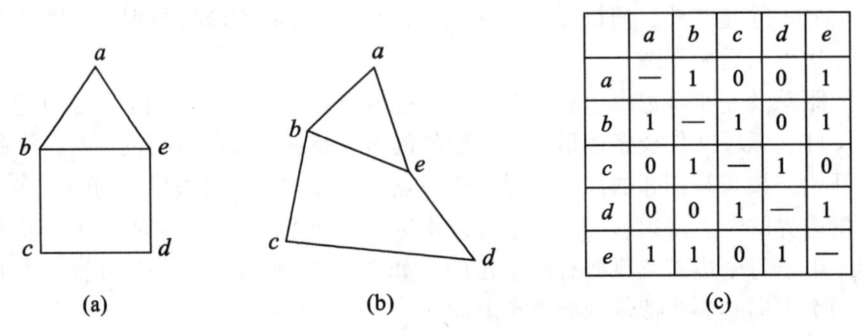

	a	b	c	d	e
a	—	1	0	0	1
b	1	—	1	0	1
c	0	1	—	1	0
d	0	0	1	—	1
e	1	1	0	1	—

图 3.29 节点之间的拓扑关系

总之，拓扑关系反映了空间实体之间的逻辑关系，它不需要坐标、距离信息，不受比例尺限制，也不随投影关系变化。因此，在地理信息系统中，了解拓扑关系，对空间数据的组织、空间数据的分析和处理都具有非常重要的意义。

3.4.2 空间数据的拓扑关系

拓扑关系在地图上是通过图形来识别和解释的，而在计算机中，则必须按照拓扑结构加以定义。

如图 3.30 所示，N_1，N_2，N_3，N_4，N_5为节点；a_1，a_1，a_2，a_3，a_4，a_5，a_6，a_7为线段(弧段)；P_1，P_2，P_3，P_4为面(多边形)。

空间数据拓扑关系的表示方法主要有如下几种：

1. 拓扑关联性

拓扑关联性表示空间图形中不同类型元素如节点、弧段及多边形之间的拓扑关系。图 3.30 的拓扑关联性可表示为表 3.11 中的数据，具有多边形的弧段之间的关联性 P_1：a_1，a_5，a_6；P_2：a_2，a_4，a_6等，见表 3.11(a)。也有弧段和节点之间的关联性，N_1：a_1，a_3，a_5；N_2：a_1，a_2，a_6等，见表 3.11(b)。

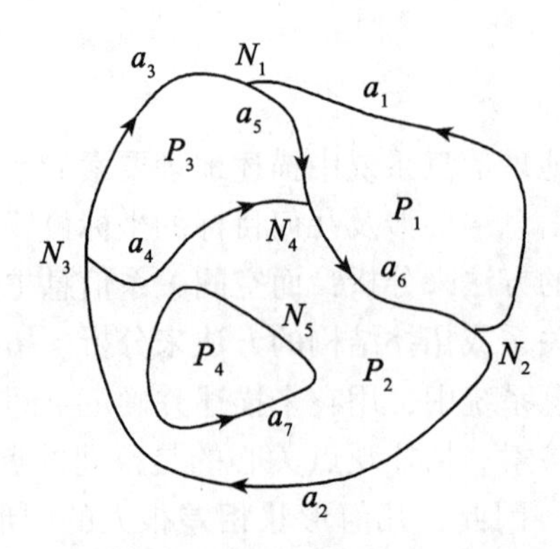

图 3.30 空间数据的拓扑关系

用关联表来表示图的优点是，每条弧段所包含的坐标数据点只需存储一次，如果不考虑它们之间的关联性，而以每个多边形的全部封闭弧段的坐标点来存储数据，则不仅数据量大，而且无法反映空间关系。

表3.11 点、线、多边形之间的关联性

多边形号	弧段号
P_1	a_1，a_5，a_6
P_2	a_2，a_4，a_6
P_3	a_3，a_5，$-a_4$
P_4	a_7

(a)

弧段号	起点	终点	坐标号
a_1	N_2	N_1	
a_2	N_2	N_3	
a_3	N_3	N_1	
a_4	N_3	N_4	
a_5	N_1	N_4	
a_6	N_4	N_2	
a_7	N_5	N_5	

(b)

2. 拓扑邻接性

拓扑邻接性表示图形中同类元素之间的拓扑关系，如多边形之间的邻接性、弧段之间的邻接性以及节点之间邻接关系(连通性)。由于弧段的走向是有方向的，因此，通常用弧段的左右多边形号来表示并求出多边形的邻接性。用弧段走向的左右多边形表示时，得到表3.12(a)。显然，同一弧段的左右多边形必然邻接，从而得到表3.12(b)所示的多边形邻接矩阵表，表中值为1处所对应多边形相邻接，从表3.12(b)整理得到多边形邻接性表3.12(c)。

同理，从表3.11(b)可得到表3.13所示的弧段和节点之间关系表。由于一弧段上两个节点必连通，同一节点上的各弧段必相邻，所以分别得弧段之间邻接性矩阵和节点之间连通性矩阵如表3.14所示。

表3.12 多边形之间邻接性

弧段号	左多边形	右多边形
a_1	P_1	/
a_2	/	P_2
a_3	/	P_3
a_4	P_3	P_2
a_5	P_1	P_3
a_6	P_1	P_2
a_7	P_4	P_2

(a)

	P_1	P_2	P_3	P_4
P_1	—	1	1	0
P_2	1	—	1	1
P_3	1	1	—	0
P_4	0	1	0	—

(b)

	邻接多边形
P_1	P_2 P_3
P_2	P_1 P_3 P_4
P_3	P_1 P_2
P_4	P_2

(c)

表 3.13 **弧段和节点之间关系表**

弧段	起点	终点
a_1	N_2	N_1
a_2	N_2	N_3
a_3	N_3	N_1
a_4	N_3	N_4
a_5	N_1	N_4
a_6	N_4	N_2
a_7	N_5	N_5

(a)

节点	弧段
N_1	a_1 a_3 a_5
N_2	a_1 a_2 a_6
N_3	a_2 a_3 a_4
N_4	a_4 a_5 a_6
N_5	a_7

(b)

表 3.14 **弧段之间邻接性及节点之间连通性**

弧段	a_1	a_2	a_3	a_4	a_5	a_6	a_7
a_1	—	1	1	0	1	1	0
a_2	1	—	1	1	0	1	0
a_3	1	1	—	1	1	0	0
a_4	0	1	1	—	1	1	0
a_5	1	0	1	1	—	1	0
a_6	1	1	0	1	1	—	0
a_7	0	0	0	0	0	0	—

(a)弧段的邻接矩阵

节点	N_1	N_2	N_3	N_4	N_5
N_1	—	1	1	1	0
N_2	1	—	1	1	0
N_3	1	1	—	1	0
N_4	1	1	1	—	0
N_5	0	0	0	0	—

(b)节点的连通矩阵

3. 拓扑包含性

拓扑包含性是指空间图形中，面状实体中所包含的其他面状实体或线状、点状实体的关系。面状实体中包含面状实体情况又分为三种情况，即简单包含、多层包含和等价包含，分别如图 3.31(a)、(b)、(c)所示。

图 3.31(a)中多边形 P_1 中包含多边形 P_2，图 3.31(b)中多边形 P_1 包含多边形 P_2，而多边形 P_2 又包含多边形 P_3，图 3.31(c)中多边形 P_2、P_3 都包含在多边形 P_1 中，多边形 P_2、P_3 对 P_1 而言，是等价包含。

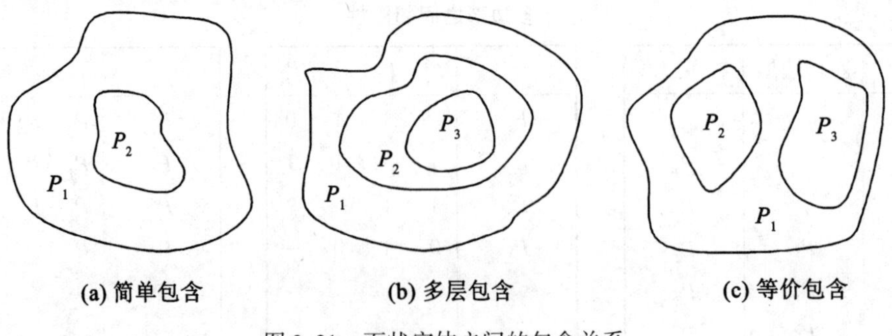

图 3.31 面状实体之间的包含关系

4. 空间拓扑关系的类型

点、线、面基本数据之间的关系代表了空间实体之间的位置关系，分析点、线、面三种类型的数据，得出其可能存在的空间关系有以下几种：

(1)点-点关系。点和点之间的关系主要表现在两点(通过某条线)是否相连或两点之间的距离，如城市中某两个点之间可否有通路，距离是多少。这是在实际生活中常见的点和点之间的空间关系问题。

(2)点-线关系。点和线的关系主要表现在点和线的关联关系上，如点是否位于线上，点和线之间的距离，等等。

(3)点-面关系。点和面的关系主要表现在空间包含关系上。如某个村子是否位于某个县内？或某个县共有多少个村子？

(4)线-线关系。线和线的关系主要表现在是否邻接、相交，如河流和铁路的相交，两条公路是否通过某个点邻接，等等。

(5)线-面关系。线和面的关系主要表现为线是否通过面或和面关联或包含在面之内。

(6)面-面关系。面和面之间的关系主要表现为邻接和包含的关系。

空间数据的拓扑关系对数据处理和空间分析具有重要的意义，原因如下：

(1)根据拓扑关系，不需要利用坐标或距离，可以确定一种空间实体相对于另一种空间实体的位置关系。拓扑关系能清楚地反映实体之间的逻辑结构关系，相对几何数据，它有更大的稳定性，不随地图投影而变化。

(2)利用拓扑关系有利于空间要素的查询，如某条铁路通过哪些地区，某县与哪些县邻接；又如分析某河流能为哪些地区的居民提供水源，某湖泊周围的土地类型及对生物栖息环境做出评价等。

(3)可以根据拓扑关系重建地理实体，如根据弧段构建多边形，实现道路的选取，进行最佳路径的选择等。

3.4.3　拓扑关系的关联表达

拓扑关系的关联表达是指采用什么样的拓扑关联表来表达空间位置数据之间关系。

在地理信息系统中，空间数据的拓扑关联表达尤为重要，不仅明确表示空间数据多边形、弧段、点之间拓扑关系，同时还要表达节点、弧段、多边形之间的关系。

为了描述图 3.32 所示的拓扑关系，可用关联表 3.15 ~ 表 3.18 来表示。其中，表 3.15、表 3.16 自上而下表示基本元素之间关联性；表 3.17、表 3.18 自下而上表示基本元素之间关联性。

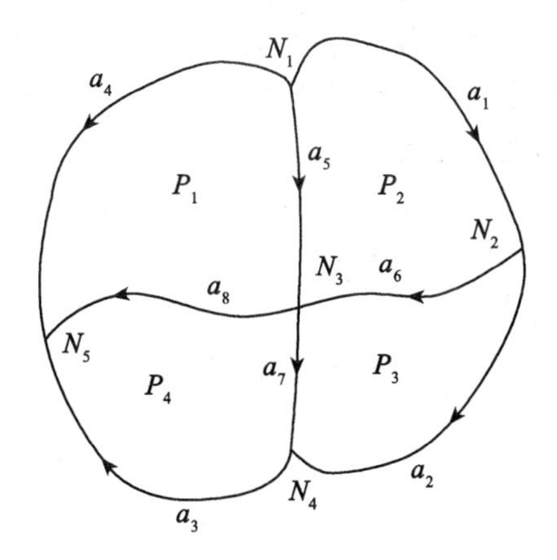

图 3.32　地块图

表 3.15 多边形、弧段的拓扑关联表

多边形	弧段		
P_1	$-a_4$	a_5	a_8
P_2	a_1	a_6	$-a_5$
P_3	a_2	$-a_7$	$-a_6$
P_4	a_7	a_3	$-a_8$

表 3.16 弧段、节点的拓扑关联表

弧段	节点	
a_1	N_1	N_2
a_2	N_2	N_4
a_3	N_4	N_5
a_4	N_1	N_5
a_5	N_1	N_3
a_6	N_2	N_3
a_7	N_3	N_4
a_8	N_3	N_5

表 3.17 节点、弧段的拓扑关联表

节点	弧段			
N_1	a_1	a_4	a_5	
N_2	a_1	a_2	a_8	
N_3	a_5	a_6	a_7	a_8
N_4	a_2	a_3	a_7	
N_5	a_3	a_4	a_6	

表 3.18 弧段、多边形拓扑关联表

弧段	左多边形	右多边形
a_1	0	P_2
a_2	0	P_4
a_3	0	P_3
a_4	P_1	0
a_5	P_2	P_1
a_6	P_3	P_1
a_7	P_4	P_3
a_8	P_4	P_2

习题和思考题

1. 空间数据的结构与其他非空间数据的结构相比，有什么特殊之处？
2. 矢量数据在结构表达方面各有什么特色？
3. 矢量数据有哪些编码方法？各自有何特点？
4. 栅格数据结构是如何定义的？有哪些编码方法？在 GIS 中有哪些应用？
5. 栅格数据与矢量数据的运算各有什么特征？
6. 什么是空间数据的拓扑关系？其对 GIS 数据处理和空间分析有何重要意义？
7. 如何建立空间几何图形的拓扑关系？

第 4 章　空间数据库与数据模型

☞ 学习目标

数据库是地理信息系统的重要组成部分。数据库不仅起到了保存、管理数据的作用，而且还帮助人们管理和控制与数据相关联的事物。学习本章，需要理解与数据库有关的概念、特点及相关性质；掌握数据库系统的模型，空间数据库的特点、性质，以及与面向对象的数据库系统相关的概念和认识。

4.1　数据库概述

数据库技术是 20 世纪 60 年代初开始发展起来的一门数据管理自动化的综合性新技术。数据库的应用领域相当广泛，从一般的事务处理到各种专门化的存储与管理，都可以建立不同类型的数据库。建立数据库不仅是为了保存数据、扩展人的记忆，而且也是为了帮助人们去管理和控制与这些数据相关联的事务。地理信息系统中的数据库就是一种专门化的数据库，由于这类数据库具有明显的空间特征，所以把它称为空间数据库，空间数据库的理论与方法是地理信息系统的核心问题。

4.1.1　数据库的定义

数据库就是为了一定的目标，在计算机系统中以特定的结构组织、存储和应用相关联的数据集合。

计算机对数据的管理经历了三个阶段，即最早的程序管理阶段、后来的文件管理阶段、现在的数据库管理阶段。其中，数据库是数据管理的高级阶段，与传统的数据管理相比，有许多明显的区别，其中主要的有两点：一是数据独立于应用程序而集中管理，实现了数据共享，减少了数据冗余，提高了数据的效益；二是在数据间建立了联系，从而使数据库能反映出现实世界中信息的联系。

地理信息系统的数据库是某区域内关于一定地理要素特征的数据集合。

4.1.2　数据库系统包含的内容

数据库系统一般由 4 个部分组成：

(1)数据库。即存储在磁带、磁盘、光盘或其他外存介质上、按一定结构组织在一起的相关数据的集合。

(2)数据库管理系统(DBMS)。它是一组能完成描述、管理、维护数据库的程序系统。它按照一种公用的和可控制的方法完成插入新数据、修改和检索原有数据的操作。

(3)数据库管理员(DBA)。

(4)用户和应用程序。

4.1.3 数据库的主要特征

数据库方法与文件管理方法相比，具有更强的数据管理能力。数据库系统具有以下主要特征。

1. 实现数据共享

数据共享包含所有用户可同时存取数据库中的数据，也包括用户可以用各种方式通过接口使用数据库，并提供数据共享。

2. 减少数据的冗余度

同文件系统相比，由于数据库实现了数据共享，从而避免了用户各自建立应用文件，减少了大量重复数据，减少了数据冗余，维护了数据的一致性。

3. 保证数据的独立性

数据的独立性包括数据库中数据库的逻辑结构和应用程序相互独立，也包括数据物理结构的变化不影响数据的逻辑结构。

4. 实现数据集中控制

文件管理方式中，数据处于一种分散的状态，不同用户或同一用户在不同处理中其文件之间毫无关系。利用数据库，可对数据进行集中控制和管理，并通过数据模型表示各种数据的组织以及数据间的联系。

5. 数据一致性和可维护性，以确保数据的安全性和可靠性

主要包括：

(1)安全性控制：以防止数据丢失、错误更新和越权使用；

(2)完整性控制：保证数据的正确性、有效性和相容性；

(3)并发控制：使在同一时间周期内，允许对数据实现多路径存取，又能防止用户之间的不正常交互作用；

(4)故障的发现和恢复：由数据库管理系统提供一套方法，可及时发现故障和修复故障，从而防止数据被破坏。

6. 故障修复

由数据库管理系统提供一套方法，可及时发现故障和修复故障，从而防止数据被破坏。数据库系统能尽快恢复数据库系统运行时出现的故障，可能是物理上或是逻辑上的错误，比如对系统的误操作造成的数据错误等。

4.1.4 数据库的系统结构

数据库是一个复杂的系统，目前世界上有数以百计的数据库系统，尽管种类不同，但它们的基本结构类似。数据库的基本结构可以分成三个层次：物理级、概念级和用户级。

1. 物理级

物理级是数据库最内的一层，它是物理设备上实际存储的数据集合(物理数据库)。它是由物理模式描述的，这些数据是原始数据，是用户加工的对象，由内部模式描述的指令操作处理的位串、字符和字组成。

2. 概念级

数据库的逻辑表示，包括每个数据的逻辑定义以及数据间的逻辑关系。它是由概念模式定义的，这一级也称为概念模型。它是数据库数据中的中间层，指出了每个数据的逻辑定义及数据间的逻辑关系，是数据库管理员概念下的数据库。

3. 用户级

用户使用的数据库是一个或几个特定用户所使用的数据集合，是概念模型的逻辑子集，它是由外部模式定义的。

数据库不同层之间的关系是通过映射进行转换的。所谓映射，是指一种对应规则，指出映射双方如何转换，是实现数据独立的保证。当数据库中的物理性质发生变化时，只要相应地改变物理数据层与概念数据层之间的映射，就可以保证概念数据库层不变；同样地，可以保证概念数据层发生不变，从而保证了应用的不变性，实现了数据的物理独立性。逻辑的独立性由概念数据层和逻辑数据层之间的映射来完成。数据库管理系统的一个重要任务就是完成三个数据层之间的映射。

4.1.5 数据库管理系统

1. 数据库管理系统的功能

数据库管理系统的主要目标是使数据作为一种可管理的资源来处理，其主要功能如下：

(1)数据定义。DBMS 提供数据定义语言 DDL(Data Definition Language)，供用户定义数据库的三级模式结构、两级映像以及完整性约束和保密限制等约束。DDL 主要用于建立、修改数据库的库结构。DDL 所描述的库结构仅仅给出了数据库的框架，数据库的框架信息被存放在数据字典(Data Dictionary)中。

(2)数据操作。DBMS 提供数据操作语言 DML(Data Manipulation Language)，供用户实现对数据的追加、删除、更新、查询等操作。

(3)数据库的运行管理。数据库的运行管理功能是 DBMS 的运行控制、管理功能，包括多用户环境下的并发控制、安全性检查和存取限制控制、完整性检查和执行、运行日志的组织管理、事务的管理和自动恢复。这些功能保证了数据库系统的正常运行。

(4)数据组织、存储与管理。DBMS 要分类组织、存储和管理各种数据，包括数据字典、用户数据、存取路径等，需确定以何种文件结构和存取方式在存储级上组织这些数据，如何实现数据之间的联系。数据组织和存储的基本目标是提高存储空间利用率，选择合适的存取方法提高存取效率。

(5)数据库的保护。数据库中的数据是信息社会的战略资源，所以数据的保护至关重要。DBMS 对数据库的保护通过 4 个方面来实现：数据库的恢复、数据库的并发控制、数据库的完整性控制、数据库安全性控制。DBMS 的其他保护功能还有系统缓冲区的管理以及数据存储的某些自适应调节机制等。

(6)数据库的维护。这一部分包括数据库的数据载入、转换、转储、数据库的重组合重构以及性能监控等功能，这些功能分别由各个使用程序来完成。

(7)数据库通信功能。DBMS 具有与操作系统的联机处理、分时系统及远程作业输入的相关接口，负责处理数据的传送。对于网络环境下的数据库系统，还应该包括 DBMS 与网络中其他软件系统的通信功能以及数据库之间的互操作功能。

2. 数据库管理系统的组成

数据库管理系统实际上是很多程序的集合，它主要由下列几个部分组成：

(1)系统运行控制程序。用于实现对数据库的操作和控制，包括系统总的控制程序、存取保密控制程序等。

(2)语言处理程序。主要是实现数据库定义、操作等功能程序，包括数据库语言的编译程序、主语言的预编译程序、数据操作语言处理程序及终端命令解译程序等。

(3)建立和维护程序。主要实现数据的装入、故障恢复和维护，包括数据库装入程序、性能统计分析程序、转储程序、工作日志程序及系统恢复和重启动程序等。

4.1.6 数据词典

数据词典(Data Dictionary，DD)用来定义数据流图中的各个成分的具体含义，对数据流图中出现的每一个数据流、文件、加工给出详细定义。数据字典主要有四类条目：数据流、数据项、数据存储、基本加工。数据项是组成数据流和数据存储的最小元素。

数据词典存放数据库中有关数据资源的文件说明、报告、控制及检测等信息，大部分是对数据库本身进行监控的基本信息，所描述的数据范围包括数据项、记录、文件、子模式、模式、数据库、数据用途、数据来源、数据地理方式、事务作业、应用模块及用户等。

在数据词典中对数据所做的规范说明应包括以下内容：

符号：给每一数据项一个具有唯一性的简短标签；

标志符：标志数据项的名字，具有唯一性；

注解信息：描述每一数据项的确切含义；

技术信息：用于计算机处理，包括数据位数、数据类型、数据精度、变化范围、存取方法、数据处理设备以及数据处理的计算机语言等；

检索信息：列出各种起检索作用的数据数值清单、目录。

4.1.7 数据组织方式

数据是现实世界的信息的载体，是信息的具体表达形式。为了表达有意义的信息内容，数据必须按照一定的方式进行组织和存储。数据库中的数据组织一般可以分为四级：数据项、记录、文件和数据库。

1. 数据项

数据项是可以定义数据的最小单位，也叫元素、基本项、字段等。数据项与现实世界实体的属性相对应。数据项有一定的取值范围，称为域。域以外的任何值对该数据项都是无意义的，如表示月份的数据项的域是1~12，15就是无意义的值。每个数据项都有一个名称，称为数据项目。数据项的值可以是数值、字母、汉字等形式。数据项的物理特点在于它具有确定的物理长度，一般用字节数表示。

几个数据项可以组合，构成组合数据项，如日期可以由日、月、年三个数据项组合而成。组合数据项也有自己的名字，可以作为一个整体来看待。

2. 记录

记录由若干相关联的数据项组成，是应用程序输入、输出的逻辑单位。对大多数数据库系统，记录是处理和存储信息的基本单位。记录是关于一个实体的数据总和，构成该记录的数据项表示实体的若干属性。

记录有"型"和"值"的区别。"型"是同类记录的框架，它定义记录；"值"是记录反映实体的内容。

为了唯一地标识每个记录，就必须有记录标识符，也叫做关键字。记录标识符一般由记录中的第一个数据项担任，唯一标识记录的关键字称为主关键字，其他标识记录的关键字称为辅关键字。

3. 文件

文件是一给定类型的记录的全部具体值的集合，用文件名称标识。文件根据记录的组织方式和存取方法可以分为顺序文件、索引文件、直接文件和倒排文件等。

4. 数据库

数据库是比文件更大的数据组织，是具有特定联系的数据的集合，也可以看成是具有特定联系的多种类型的记录的集合。数据库的内部构造是文件的集合，这些文件之间存在某种联系，不能孤立存在。

4.1.8 数据间的逻辑关系

数据间的逻辑联系主要是指记录与记录之间的联系。实体之间存在着一种或多种联系，这样的联系必然要反映到记录之间的联系上来。数据之间的逻辑联系主要有如下三种：

1. 一对一的联系

如果对于实体集 A 中的每一个实体，实体集 B 中有且只有一个实体与之联系，反之亦然，则称实体集 A 与实体集 B 具有一对一联系。例如，一所学校只有一个校长，一个校长只在一所学校任职，校长与学校之间的联系是一对一的联系。

2. 一对多的联系

如果对于实体集 A 中的每一个实体，实体集 B 中有多个实体与之联系；反之，对于实体集 B 中的每一个实体，实体集 A 中至多只有一个实体与之联系，则称实体集 A 与实体集 B 有一对多的联系。例如，一所学校有许多学生，但一个学生只能就读于一所学校，所以学校和学生之间的联系是一对多的联系。

3. 多对多的联系

如果对于实体集 A 中的每一个实体，实体集 B 中有多个实体与之联系，而对于实体集 B 中的每一个实体，实体集 A 中也有多个实体与之联系，则称实体集 A 与实体集 B 之间有多对多的联系。例如，一个读者可以借阅多种图书，任何一种图书可以为多个读者借阅，所以读者和图书之间的联系是多对多的联系。

4.2 数据库系统的数据模型

数据模型是数据库系统中关于数据和联系的逻辑组织的形式表示。每一个具体的数据库都由一个相应数据模型来定义。每一种数据模型都以不同的数据抽象与表达能力来反映客观事物，都有不同的处理数据联系的方式。数据模型的主要任务就是研究记录类型之间的联系。

目前，数据库领域采用的数据模型有层次模型、网络模型和关系模型，其中，应用最广泛的是关系模型。

4.2.1 层次模型

1. *层次数据模型的概念*

层次模型是数据库系统中最早出现的数据模型，层次数据库系统的典型代表是IBM公司的IMS(Information Management System)数据库管理系统，这是1968年IBM公司推出的第一个大型的商用数据库管理系统，是世界上第一个DBMS产品。

层次模型用树型(层次)结构来表示各类实体与实体间的联系。现实世界中，许多实体之间的联系本来就呈现出一种自然的层次关系，如行政机构、家族关系等。因此，层次模型可自然地表达数据间具有层次规律的分类关系、概括关系、部分关系等，但在结构上有一定的局限性。

在数据库中定义满足下面两个条件的基本层次联系的集合为层次模型：

(1)有且只有一个节点，没有双亲节点，这个节点称为根节点。

(2)根以外的其他节点有且只有一个上一层的双亲节点以及若干个下一层的子女节点。

2. *层次数据模型数据的组织*

层次数据库的组织特点是用有向树结构表示实体之间的联系。树的每个节点表示一个记录类型，它是同类实体集合(结构)的定义。记录(类型)之间的联系用节点之间的连线(有向边)表示。上一层记录类型和下一层记录类型的联系是1∶N联系。这就使得层次数据库只能处理一对多的实体联系。

对于图4.1所示的地图M，用层次模型表示为如图4.2所示的层次结构。

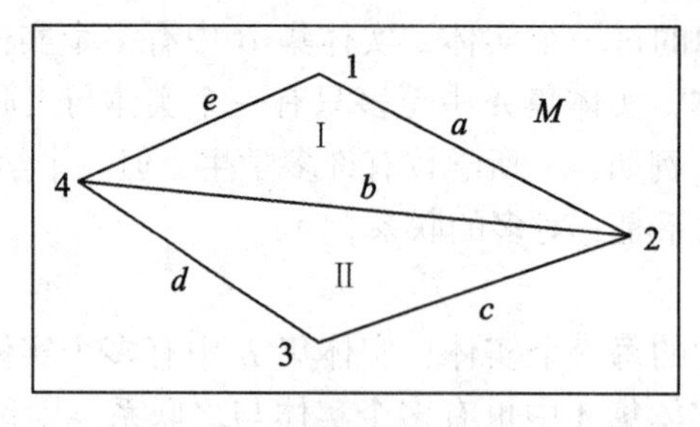

图4.1 原始地图M

3. *层次数据模型的优缺点*

层次数据模型的优点是：模型本身比较简单，易于实现；实体间的联系固定，对于预先定义好的应用系统，采用层次数据模型实现性能会较好。

层次数据模型的不足是：模型支持的联系类型少，只适合一对多的联系；对数据的插

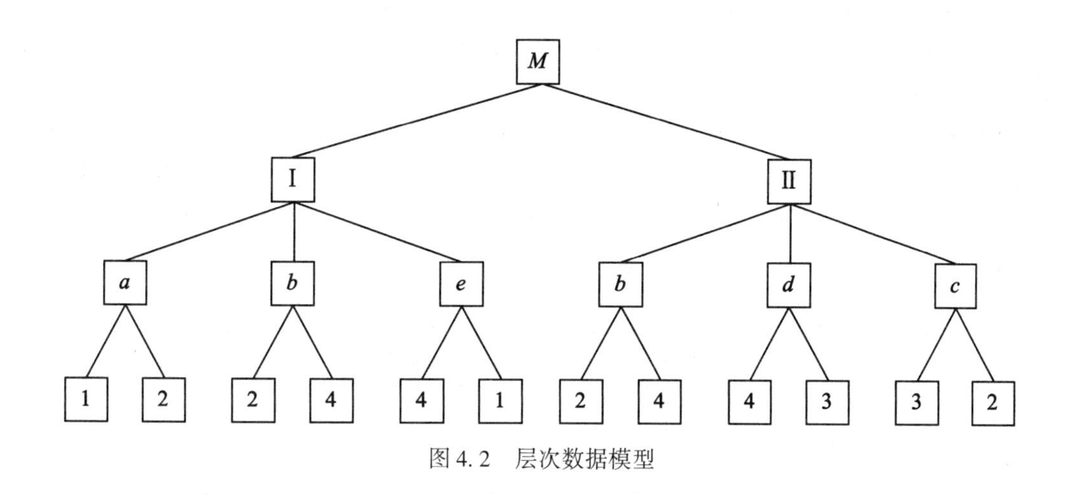

图 4.2　层次数据模型

入和删除操作有较多限制，层次数据模型中对子女节点的存取操作必须通过对祖先节点的遍历才能进行。

层次模型的一个基本特点是记录之间的联系通过指针实现。任何一个给定的记录值只有按其路径查看才能显示它的全部意义，没有一个子女记录值能够脱离双亲记录值而独立存在。

4.2.2　网络模型

层次数据模型适合处理 1 : 1 和 1 : N 的关系。现实世界中，不同的实体之间有许多是多对多的关系，即 M : N 的关系，如教师和学生、部件和零件、学生和课程之间等，都构成复杂的网状关系。网状模型的数据组织是有向图结构，每个节点可有多个上级(父)节点。

最典型的网状数据模型是 DBTG(Data Base Task Group)系统，也称为 CODASYL 系统，这是 20 世纪 70 年代数据库系统语言研究会 CODASYL(Conference On Data System Language)下属的数据库任务组(Data Base Task Group)提出的一个系统方案。

1. 网状数据模型的概念

网状模型是一种比层次模型更具有普遍性的结构，它去掉了层次模型的两个限制，允许多个节点没有双亲节点，也允许节点有多个双亲节点，此外，它还允许两个节点之间有多种联系(复合联系)。因此，采用网状模型，可以更直接地去描述现实世界，而层次模型实际上是网状模型的一个特例。

网状数据模型用有向图结构表示实体和实体之间的联系。有向图结构中的节点代表实体记录类型，连线表示节点间的关系，这一关系也必须是一对多的关系。然而，与树结构不同，网状数据模型中节点和连线构成的网状有向图具有较大的灵活性。

2. 网状数据模型数据的组织

与层次模型一样，网状模型中的每个节点表示一个记录类型(实体)，每个记录类型可包含若干个字段(实体的属性)，记录(类型)之间的联系用节点之间的连线(有向边)表示。

从定义可以看出，层次模型中子女节点和双亲节点的联系是唯一的，而在网状模型中，这种联系可以不是唯一的。因此，要为每个联系命名，应指出与该联系有关的双亲记录和子女记录。

在网状数据模型中，虽然每个节点可以有多个父节点，但是每个双亲记录和子女记录之间的联系只能是 1∶*N* 的联系，因此，在网状数据模型中，对于 *M*∶*N* 的联系，必须人为地增加记录类型，把 *M*∶*N* 的联系分解为多个 1∶*N* 的二元联系。如图 4.3 所示，学生甲、乙、丙、丁选修课程，其中的联系属于网络模型。

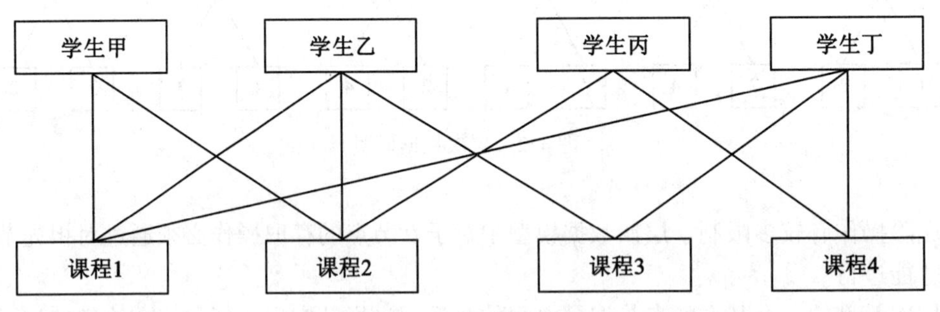

图 4.3　网络数据模型

3. 网状数据模型的优缺点

网状数据模型的优点主要有：

(1)能够更为直接地描述现实世界，如一个节点可以有多个双亲节点。

(2)存储结构具有良好的导航性能，存取效率较高。

网状数据模型的缺点主要有：

(1)结构比较复杂，而且不能直接处理多对多的关系，必须要把多对多的关系分解为多个一对多的关系才能进行处理。因此，随着应用环境的扩大，数据库的结构就变得越来越复杂，不利于最终用户掌握。

(2)由于记录之间的联系是通过存取路径实现的，应用程序在访问数据时，必须选择适当的存取路径，因此，用户必须了解系统存储结构的细节。

4.2.3　关系模型

1. 关系数据模型的概念

关系数据模型是由若干关系组成的集合，每个关系从结构上看，实际上是一张二维表格，即把某记录类型的记录集合写成一张二维表，表中的每行表示一个实体对象，表中的每列对应一个实体属性，这样的一张表结构称为一个关系模式，其表中的内容称为一个关系。

在关系数据模型中，实体类型用关系表表示；实体类型之间的联系既可以用关系表表示，也可以用属性来表示。

关系是一种规范化的二维表。关系中的每个属性值必须是不可再分的数据项。关系数据库是大量二维关系表组成的集合，每个关系表中是大量记录(元组)的集合，每个记录包含着若干属性。关系中的记录是无序的、没有重值的。

下面给出关系数据模型的主要术语：

(1)关系(Relation)：一个关系就是一张二维表，每张表有一个表名，表中的内容是对应关系模式在某个时刻的值，称为一个关系。

(2)元组(Tuple)：表中的一行称为一个元组。一个元组可表示一个实体或实体之间的联系。

(3)属性(Attribute)：表中的一个列称为关系的一个属性，即元组的一个数据项。属性有属性名、属性类型、属性值域和属性值之分。属性名在一个关系表中是唯一的，属性的取值范围称为属性域。

2. 关系模型数据的组织

关系模型中的所有的关系都必须是规范化的，最基本的要求是符合第一范式(1NF)，也就是说，从 DBMS 的观点看，所有的属性值都是原子型的、不可再分的最小数据单位。例如，学生入学日期的表示，只能在 DBMS 外面划分为年、月、日，DBMS 把日期看作一个单位、不可再分的数据单元，不能单独根据年或月进行检索。

一个关系数据库中包含许多关系模式。每个关系有一个唯一的关系名称，每个关系内的属性有唯一的属性名。通常，属性名与其相关的属性值的集合(域)同时出现。

关系数据模型是最成熟、最广泛应用的数据模型。关系模型的记录之间以属性作为连接的纽带，使信息之间的关系不必在应用开始之前就完全固定下来，可以按一定的规则在对数据库操作时形成新的联系，这是对层次和网状数据模型表达能力的一次飞跃。

在关系数据模型中，实体类型用关系表来表示；实体类型之间的 1∶1 和 1∶N 的联系可以用关系表来表示，也可以用属性来表示；实体类型之间的 M∶N 的联系必须用关系表来表示。

在关系数据模型中，通过外部关键字可以直接表达实体之间一对多和多对多的联系，不需要任何转换或中间环节。对于图 4.1 中的地图 M，用关系模型表示为图 4.4 所示的表。

地图	M	Ⅰ	Ⅱ	
多边形	Ⅰ	a	b	e
	Ⅱ	b	d	c
线	Ⅰ	a	1	2
	Ⅰ	b	2	4
	Ⅰ	e	4	1
	Ⅱ	c	2	3
	Ⅱ	d	3	4

图 4.4　关系数据模型示意图

3. 关系数据模型的优缺点

与层次和网状模型相比，关系模型有如下优点：

(1)结构简单。关系模型中，无论是实体还是实体之间的联系都用关系表来表示。不同的关系表之间通过相同的数据项或关键字构成联系。

(2)可以直接处理多对多的关系。层次和网状模型不能直接处理多对多的关系，必须要增加连接记录进行转换。关系模型可通过关键字直接建立一个表中的元组与其他多个表中的元组之间的联系。

(3)是面向记录集合的。层次和网状模型每次只能操作一个记录，而关系模型是面向记录集合的，通过过程化的查询语言，一次可得到和处理一个元组的集合，即一张新的二维表。

(4)有坚实的理论基础。关系数据模型的理论基础是集合论与关系代数，这些数学理论的研究为关系数据库技术的发展奠定了基础。一个关系是数学意义上的一个集合，因此，一个关系内的元组是无序的，而且在关系内没有重复的元组存在。

(5)在结构化的数据模型中，关系模型具有较高的数据独立性。

关系数据模型的主要缺点是：关系数据模型的存取路径对用户透明，查询效率往往不如非关系数据模型。因此，为了提高系统性能，必须对用户的查询请求进行优化，这增加了开发数据库管理系统的难度。

4.3 空间数据库

地理信息系统的一个重要特点，或者说是与一般管理信息系统的区别，是数据具有空间分布的性质。不仅数据本身具有空间属性，系统的分析和应用也无不与地理环境直接关联。

GIS 中的数据大多数都是地理数据，它与通常意义上的数据相比，其特点是：地理数据类型多样，各类型实体之间关系复杂，数据量很大，而且每个线状或面状地物的字节长度都不是等长的。地理数据的这些特点决定了利用目前流行的数据库系统直接管理地理空间数据存在着明显的不足，GIS 必须发展自己的数据库——空间数据库。

4.3.1 空间数据库

1. 空间数据库的概念

空间数据库是指地理信息系统在计算机物理存储介质上存储的与应用相关的地理空间数据的总和，一般是以一系列特定结构文件的形式组织在存储介质之上的。空间数据库的研究始于 20 世纪 70 年代的地图制图与遥感图像处理领域，其目的是为了有效地利用卫星遥感资源迅速绘制出各种经济专题地图。由于传统的关系数据库在空间数据的表示、存储、管理、检索上存在许多缺陷，从而形成了空间数据库这一数据库研究领域。而传统数据库系统只针对简单对象，无法有效地支持复杂对象(如图形、图像等)。

2. 空间数据库的特点

(1)数据量庞大。空间数据库面向的是地学及其相关对象，而在客观世界中它们所涉及的往往都是地球表面信息、地质信息、大气信息等极其复杂的现象和信息，所以描述这些信息的数据容量很大，容量通常达到 GB 级。

(2)具有高可访问性。空间信息系统要求具有强大的信息检索和分析能力，这是建立在空间数据库基础上的，需要高效访问大量数据。

(3)空间数据模型复杂。空间数据库存储的不是单一性质的数据，而是涵盖了几乎所有与地理相关的数据类型，这些数据类型主要可以分为以下三类：

①属性数据：与通用数据库基本一致，主要用来描述地学现象的各种属性，一般包括数字、文本、日期类型等。

②图形图像数据：与通用数据库不同，空间数据库系统中大量的数据借助于图形图像来描述。

③空间关系数据：存储拓扑关系的数据，通常与图形数据是合二为一的。

(4)属性数据和空间数据联合管理。

(5)应用范围广泛。

4.3.2　空间数据库的设计

数据库因不同的应用要求，会有各种各样的组织形式。数据库的设计就是根据不同的应用目的和用户要求，在一个给定的应用环境中，确定最优的数据模型、处理模式、存储结构、存取方法，建立能反映现实世界的地理实体间信息之间的联系，既能满足用户要求，又能被一定的 DBMS 接受，同时还能实现系统目标并有效地存取、管理数据的数据库。简言之，数据库设计就是把现实世界中一定范围内存在着的应用数据抽象成一个数据库的具体结构的过程。

空间数据库的设计是指在现在数据库管理系统的基础上建立空间数据库的整个过程，主要包括需求分析、结构设计和数据层设计三部分。

1. 需求分析

需求分析是整个空间数据库设计与建立的基础，主要进行以下工作：

(1)调查用户需求。了解用户特点和要求，取得设计者与用户对需求的一致看法。

(2)需求数据的收集和分析。包括信息需求(信息内容、特征、需要存储的数据)、信息加工处理要求(如响应时间)、完整性与安全性要求等。

(3)编制用户需求说明书。包括需求分析的目标、任务、具体需求说明、系统功能与性能、运行环境等，是需求分析的最终成果。

需求分析是一项技术性很强的工作，应该由有经验的专业技术人员完成，同时，用户的积极参与也是十分重要的。在需求分析阶段，应完成数据源的选择和对各种数据集的评价。

2. 结构设计

这是指空间数据结构设计，结果是得到一个合理的空间数据模型，是空间数据库设计的关键。空间数据模型越能反映现实世界，在此基础上生成的应用系统就越能较好地满足用户对数据处理的要求。空间数据库设计的实质是将地理空间实体以一定的组织形式在数据库系统中加以表达的过程，也就是地理信息系统中空间实体的模型化问题。

(1)概念设计：通过对错综复杂的现实世界的认识与抽象，最终形成空间数据库系统及其应用系统所需的模型。具体是对需求分析阶段所收集的信息和数据进行分析、整理，确定地理实体、属性及它们之间的联系，将各用户的局部视图合并成一个总的全局视图，形成独立于计算机的反映用户观点的概念模式。概念模式与具体的 DBMS 无关，结构稳定，能较好地反映用户的信息需求。

表示概念模型最有力的工具是 E-R 模型，即实体-联系模型，包括实体、联系和属性三个基本成分。用它来描述现实地理世界，不必考虑信息的存储结构、存取路径及存取效率等与计算机有关的问题，比一般的数据模型更接近于现实地理世界，具有直观、自然、语义较丰富等特点，于是在地理数据库设计中得到了广泛应用。

(2)逻辑设计：在概念设计的基础上，按照不同的转换规则将概念模型转换为具体DBMS支持的数据模型的过程，即导出具体DBMS可处理的地理数据库的逻辑结构(或外模式)，包括确定数据项、记录及记录间的联系、安全性、完整性和一致性约束等。导出的逻辑结构是否与概念模式一致、能否满足用户要求，还要对其功能和性能进行评价，并予以优化。

(3)物理设计：有效地将空间数据库的逻辑结构在物理存储器上实现，确定数据在介质上的物理存储结构，其结果是导出地理数据库的存储模式(内模式)。主要内容包括确定记录存储格式，选择文件存储结构，决定存取路径，分配存储空间。

物理设计的好坏将对地理数据库的性能影响很大，一个好的物理存储结构必须满足两个条件：一是地理数据占有较小的存储空间；二是对数据库的操作具有尽可能高的处理速度。在完成物理设计后，要进行性能分析和测试。

数据的物理表示分为两类：数值数据和字符数据。数值数据可用十进制或二进制形式表示。通常二进制形式所占用的存储空间较少。字符数据可以用字符串的方式表示，有时也可利用代码值的存储代替字符串的存储。为了节约存储空间，常常采用数据压缩技术。

物理设计在很大程度上与选用的数据库管理系统有关。设计中，应根据需要选用系统所提供的功能。

3. 数据层设计

大多数GIS都将数据按逻辑类型分成不同的数据层进行组织。数据层是GIS中的一个重要概念。GIS的数据可以按照空间数据的逻辑关系或专业属性分为各种逻辑数据层或专业数据层，原理上类似于图片的叠置。例如，地形图数据可分为地貌、水系、道路、植被、控制点、居民地等诸层分别存储，将各层叠加起来，就合成了地形图的数据。在进行空间分析、数据处理、图形显示时，往往只需要若干相应图层的数据。

数据层的设计一般是按照数据的专业内容和类型进行的。数据的专业内容的类型通常是数据分层的主要依据，同时也要考虑数据之间的关系，如需考虑两类物体共享边界(道路与行政边界重合、河流与地块边界的重合等)，这些数据间的关系在数据分层设计时应体现出来。

不同类型的数据由于其应用功能相同，在分析和应用时往往会同时用到，因此，在设计时应反映出这样的需求，即可将这些数据作为一层。例如，多边形的湖泊、水库，线状的河流、沟渠，点状的井、泉等，在GIS的运用中往往同时用到，因此，可作为一个数据层。

4. 数据字典设计

数据字典用于描述数据库的整体结构、数据内容和定义等。数据字典的内容包括：数据库的总体组织结构、数据库总体设计的框架；各数据层详细内容的定义及结构、数据命名的定义；元数据(有关数据的数据，是对一个数据集的内容、质量条件及操作过程等的描述)。

4.4 面向对象的数据库系统

网络和层次以及关系模型都适合那些结构简单以及访问有规律的数据，这些模型的最佳应用领域有个人记录管理、清单控制、终端用户销售、商业记录等，所有这些应用领域都只有简单的数据结构、联系以及数据使用模式。一个地图对象可以定义为经度、纬度、地点的时间维以及等高线来定义图形，用图形表示主要的嵌入对象，而它们本身也可能是对象。除了这些定义之外，在地图的各区域可能还含有隐藏的数据。我们可以表示人口密度、动物密度、植物、水源、建筑物及其类别以及其他信息，所有这些都是从应用领域的典型使用中派生出来的抽象数据类型。

4.4.1 面向对象技术概述

从现实世界中客观存在的事物(即对象)出发来构造软件系统，并在系统构造中尽可能运用人类的自然思维方式，强调直接以问题域(现实世界)中的事物为中心来思考问题、认识问题，并根据这些事物的本质特点，把它们抽象地表示为系统中的对象，作为系统的基本构成单位(而不是用一些与现实世界中的事物相关比较远，并且没有对应关系的其他概念来构造系统)，可以使系统直接地映射问题域，保持问题域中事物及其相互关系的本来面貌。

面向对象的方法是面向对象的世界观在开发方法中的直接运用，它强调系统的结构应该直接与现实世界的结构相对应，应该围绕现实世界中的对象来构造系统，而不是围绕功能来构造系统。

面向对象(Object Oriented, OO)是当前计算机界关心的重点，它是20世纪90年代软件开发方法的主流。面向对象的概念和应用已超越了程序设计和软件开发，扩展到很宽的范围，如数据库系统、交互式界面、应用结构、应用平台、分布式系统、网络管理结构、CAD技术、人工智能等领域。面向对象的思想已经涉及软件开发的各个方面，如面向对象的分析(Object Oriented Analysis, OOA)、面向对象的设计(Object Oriented Design, OOD)以及面向对象的编程实现(Object Oriented Programming, OOP)。

4.4.2 面向对象的基本概念

1. 对象

对象是人们要进行研究的任何事物，从最简单的整数到复杂的飞机等均可看做对象，它不仅能表示具体的事物，还能表示抽象的规则、计划或事件。

2. 对象的状态和行为

对象具有状态，一个对象用数据值来描述它的状态。对象还有操作，用于改变对象的状态，操作就是对象的行为。对象实现了数据和操作的结合，使数据和操作封装于对象的统一体中。

3. 类

具有相同或相似性质的对象的抽象就是类。因此，对象的抽象是类，类的具体化就是对象，也可以说类的实例是对象。类具有属性，它是对象状态的抽象，用数据结构来描述类的属性。类具有操作，它是对象的行为的抽象，用操作名和实现该操作的方法来描述。

4. 类的结构

在客观世界中有若干类，这些类之间有一定的结构关系。通常有两种主要的结构关系，即一般-具体结构关系，整体-部分结构关系。一般-具体结构称为分类结构，也可以说是“或”关系或者“is a”关系。整体-部分结构称为组装结构，也可以说是“与”关系或者“has a”关系。

5. 消息和方法

对象之间进行通信的结构叫做消息。在对象的操作中，当一个消息发送给某个对象时，消息包含接收对象去执行某种操作的信息。发送一条消息至少要包括说明接受消息的对象名、发送给该对象的消息名(即对象名、方法名)。一般还要对参数加以说明，参数可以是认识该消息的对象所知道的变量名，或者是所有对象都知道的全局变量名。

类中操作的实现过程叫做方法，一个方法有方法名、参数、方法体。

4.4.3 面向对象的特征

1. 对象唯一性

每个对象都有自身唯一的标识，通过这种标识，可找到相应的对象。在对象的整个生命期中，它的标识都不改变，不同的对象不能有相同的标识。

2. 分类性

分类性是指将具有一致的数据结构(属性)和行为(操作)的对象抽象成类。一个类就是这样一种抽象，它反映了与应用有关的重要性质，而忽略其他一些无关内容。任何类的划分都是主观的，但必须与具体的应用有关。

3. 继承性

继承性是子类自动共享父类数据结构和方法的机制，这是类之间的一种关系。在定义和实现一个类的时候，可以在一个已经存在的类的基础之上来进行，把这个已经存在的类所定义的内容作为自己的内容，并加入若干新的内容。

继承性是面向对象程序设计语言不同于其他语言的最重要的特点，是其他语言所没有的。在类层次中，子类只继承一个父类的数据结构和方法，称为单重继承。在类层次中，子类继承了多个父类的数据结构和方法，称为多重继承。

在软件开发中，类的继承性使所建立的软件具有开放性、可扩充性，这是信息组织与分类的行之有效的方法，它简化了对象、类的创建工作量，增加了代码的可重性。采用继承性，提供了类的规范的等级结构。通过类的继承关系，使公共的特性能够共享，提高了软件的重用性。

4. 多态性(多形性)

多态性是指相同的操作或函数、过程可作用于多种类型的对象上，并获得不同的结果。不同的对象收到同一消息，可以产生不同的结果，这种现象称为多态性。多态性允许每个对象以适合自身的方式去响应共同的消息。多态性增强了软件的灵活性和重用性。

4.4.4 面向对象的要素

1. 抽象

抽象是指强调实体的本质、内在的属性。在系统开发中，抽象指的是在决定如何实现对象之前的对象的意义和行为。使用抽象可以尽可能避免过早考虑一些细节。类实现了对象的数据(即状态)和行为的抽象。

2. 封装性(信息隐藏)

封装性是保证软件部件具有优良的模块性的基础。面向对象的类是封装良好的模块，类定义将其说明(用户可见的外部接口)与实现(用户不可见的内部实现)显式地分开，其内部实现按其具体定义的作用域提供保护。对象是封装的最基本单位。封装防止了程序相互依赖性而带来的变动影响。面向对象的封装比传统语言的封装更为清晰、更为有力。

3. 共享性

面向对象技术在不同级别上促进了共享。

(1)同一类中的共享：同一类中的对象有着相同数据结构，这些对象之间是结构、行为特征的共享关系。

(2)在同一应用中共享：在同一应用的类层次结构中，存在继承关系的各相似子类中，存在数据结构和行为的继承，使各相似子类共享共同的结构和行为。使用继承来实现代码的共享，这也是面向对象的主要优点之一。

(3)在不同应用中共享：面向对象不仅允许在同一应用中共享信息，而且为未来目标的可重用设计准备了条件。通过类库，这种机制和结构实现了不同应用中的信息共享。

4.4.5　面向对象的几何抽象模型

考察 GIS 中的各种地物，在几何性质方面不外乎表现为四种类型，即点状地物、线状地物、面状地物以及由它们混合组成的复杂地物，因而这四种类型可以作为 GIS 中各种地物类型的超类。如图 4.5 所示，从几何位置抽象，点状地物为点，具有(x, y, z)坐标；线状地物由弧段组成，弧段由节点组成；面状地物由弧段和面域组成；复杂地物可以包含多个同类或不同类的简单地物(点、线、面)，也可以再嵌套复杂地物。因此，弧段聚集成线状地物，简单地物组合成复杂地物，节点的坐标由标识号传播给线状地物和面状地物，进而还可以传播给复杂地物。

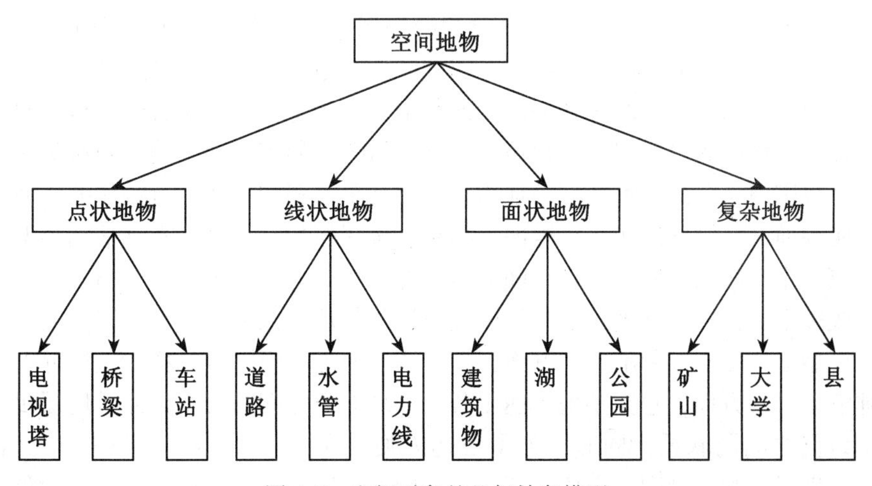

图 4.5　空间对象的几何抽象模型

为了描述空间对象的拓扑关系，对空间对象的抽象除了点、线、面、复杂地物外，还可以再加上节点、弧段等几何元素，一些研究人员把空间对象还分为零维对象、一维对象、二维对象、复杂对象。其中，零维对象包括独立点状地物、节点、节点地物(既是几何拓扑类型，又是空间地物)、注记参考点、多边形标识点；一维对象包括拓扑弧段、无拓扑弧段(如等高线)、线状地物；二维对象是指面状地物，它由组成面状地物的周边弧段组成，有属性编码和属性表；复杂对象包括有边界复杂地物和无边界复杂地物。

在美国空间数据交换标准中，对矢量数据模型中的空间对象，抽象为6类，分别是复杂地物、多边形、环、线、弧、点(节点)。其中，线相当于线状地物，由弧段组成；弧是指圆弧、B样条曲线等光滑的数学曲线；环是为了描述带岛屿的复杂多边形而新增的；节点作为一种点对象和点状地物合并为点——节点类。

在定义一个地物类型时，除按照属性类别分类外，还要声明它的几何类型。例如，定义建筑类时，声明它的几何类型为面状地物，此时它自动连接到面状地物的数据结构，继承超类的几何位置信息及有关对几何数据的操作。这种连接可以通过类标识和对象标识实现。

4.4.6 面向对象的属性数据类型

关系数据模型和关系数据库管理系统基本上适应于GIS中属性数据的表达与管理。但如果采用面向对象数据模型，语义将更加丰富，层次关系也更明了。与此同时，它又能吸收关系数据模型和关系数据库的优点，或者说，它在包含关系数据库管理系统的功能基础上，在某些方面加以扩展，增加面向对象模型的封装、继承、信息传播等功能。

GIS中的地物可根据国家分类标准或实际情况划分类型，如一个大学GIS的对象可分为建筑物、道路、绿化、管线等几大类。地物类型的每一大类又可以进一步分类，如建筑物可再分成教学楼、科研实验楼、行政办公楼、教工住宅、学生宿舍、后勤服务建筑、体育楼等子类，管线可再分为给水管道、污水管道、电信管道、供热管道、供气管道等。另外，几种具有相同属性和操作的类型可综合成一个超类。

Geostar软件是由原武汉测绘科技大学测绘遥感信息工程国家重点实验室研制开发的面向对象的GIS软件。在Geostar中，把GIS需要的地物抽象成节点、弧段、点状地物、线状地物、面状地物和无空间拓扑关系的面状地物。为了便于组织管理，对空间数据库又设立了工程、工作区和专题层。工程包含了某个GIS工程需要处理的空间对象。工作区则是在某一个范围内，对某几种类型的地物，或由几个专题的地物进行操作的区域。对工程和地物的属性而言，空间地物又可以向上抽象，按属性特征划分为各种地物类型，若干地物类型组成一个专题层。同一地理空间的多个专题层组成一个工作区，而一个工程又可以包含一个或多个工作区。这种从上到下的抽象过程与从上往下的分解过程组成了GIS中的面向对象模型，如图4.6所示。一方面，它表达了地理空间的自然特性，接近人们对客观事物的理解；另一方面，它完整地表达了各类地理对象之间的关系，而且用层次方法清晰地表达了他们之间的联系。同时，为了表达方便，在Geostar中，还设立了一个数据结构——位置坐标，为了制图的方便，还包括制图的辅助对象如注记、符号、颜色等。

虽然完全意义上的面向对象的空间数据库系统尚未出现，但目前已有的成果已经显示，面向对象的数据库系统会逐步成为空间数据库的基本结构形式。

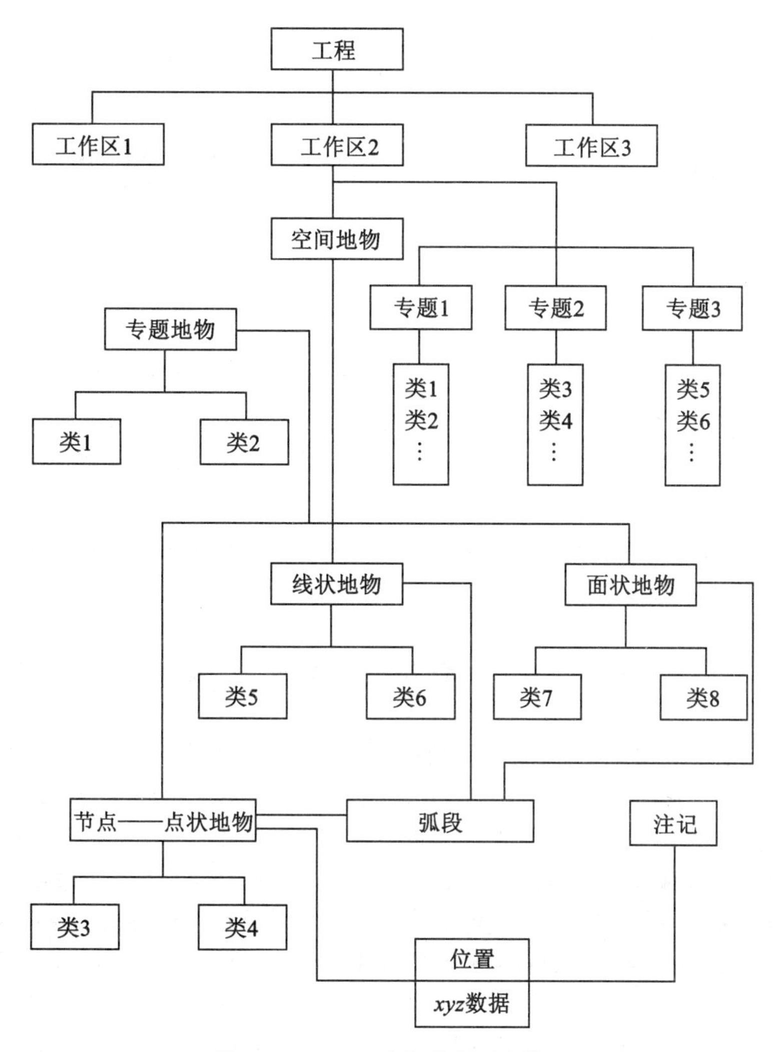

图 4.6　Geostart 空间数据对象模型

习题和思考题

1. 什么是数据库？它有什么特点？
2. 数据库管理经历了哪些阶段？
3. 试举例说明什么是层次模型、网络模型和关系模型。
4. 什么是空间数据库？它有哪些特点？
5. 如何设计空间数据库？
6. 什么是面向对象技术？
7. 面向对象技术中的 GIS 数据是如何表达的？

第 5 章　空间数据的获取与处理

☞ 学习目标

数据的获取与处理是建设 GIS 工程的基础工作。因为空间数据的来源不同、数据存在的类型和格式不同，故数据的获取方法也不同。由于数据在获取过程不同程度地存在错误或误差，以及空间数据库对数据组织管理的需要，所以实际工作中需要对数据进行编辑和处理。

学习本章，需要了解 GIS 数据的来源；掌握空间数据的分类与编码方法，空间数据采集及录入后的处理方法与过程；理解空间数据质量及数据标准。

5.1　地理信息系统数据的来源

建立 GIS 的地理数据库所需的各种数据的来源，主要包括地图、遥感图像、文本资料、统计资料、实测数据、多媒体数据、已有系统的数据等，可归纳为原始采集数据、再生数据和交换数据三种来源。近年来，由于国家相关数据生产部门(如测绘局、城市测绘院)、一些专业应用部门(如土地局、房产局、规划局)都产生了大量的数字化数据，多数以数字线划图(DLG)、数字扫描图(DRG)、数字正射影像(DOM)和数字高程模型(DEM)的形式存在，通过数据交换获取 GIS 数据的方式，将会越来越普遍。通过互联网，在创建新的数据或购买数据之前，看看哪些数据可以共享，这是很必要的。这些框架性(或基础性)和专业性地理数据已经成为商业性产品，同时它们也成为一种战略性资源。

1. 地图数据

地图数据是 GIS 的主要数据源，因为地图包含着丰富的内容，不仅含有实体的类别和属性，而且含有实体间的空间关系。地图数据不仅可以作宏观的分析(使用小比例尺地图数据)，而且可以作微观的分析(使用大比例尺地图数据)。在使用地图数据时，应考虑到地图投影所引起的变形，在需要时进行投影变换，或转换成地理坐标。

地图数据通常用点、线、面及注记来表示地理实体及实体间的关系，如：

点——居民点、采样点、高程点、控制点等。

线——河流、道路、构造线等。

面——湖泊、海洋、植被等。

注记——地名注记、高程注记等。

地图数据主要用于生成 DLG、DRG 或 DEM 数据。

2. 遥感数据(影像数据)

遥感数据(影像数据)是 GIS 的重要数据源。遥感数据含有丰富的资源与环境信息，在 GIS 支持下，可以与地质、地球物理、地球化学、地球生物、军事应用等方面的信息进行信息复合和综合分析。遥感数据是一种大面积的、动态的、近实时的数据源，遥感技术是 GIS 数据更新的重要手段。遥感数据(影像数据)可以提取线划数据和生成数字正射影像数据、数字高程模型。

3. 文本资料

文本资料是指各行业、各部门的有关法律文档、行业规范、技术标准、条文条例等，这些也属于 GIS 的数据。

4. 统计资料

国家和军队的许多部门和机构都拥有不同领域(如人口、基础设施建设等)的大量统计资料，这些都是 GIS 的数据源，尤其是 GIS 属性数据的重要来源。

5. 实测数据

野外试验、实地测量等获取的数据可以通过转换直接进入 GIS 的地理数据库，以便进行实时的分析和进一步的应用，如通过物探得到的地下管线数据。GPS(全球定位系统)所获取的数据也是 GIS 的重要数据源。

6. 多媒体数据

多媒体数据(包括声音、录像等)通常可通过通信口传入 GIS 的地理数据库中，目前，其主要功能是辅助 GIS 的分析和查询。

7. 已有系统的数据

GIS 还可以从其他已建成的信息系统和数据库中获取相应的数据。由于规范化、标准化的推广，不同系统间的数据共享和可交换性越来越强，这样，就拓展了数据的可用性，增加了数据的潜在价值。

上述这些数据经地理信息系统数字化和编辑后，形成不同格式和数据结构的数据集。数据集是一个结构化的相关数据的集合体，包括数据本身和数据间的联系。数据集独立于应用程序而存在，是数据库的核心和管理对象。因此，GIS 的主要数据集包括数字线划数据、数字扫描数据、影像数据、数字高程数据、属性数据(包括社会经济数据)以及专业领域数据等。

5.2　空间数据的分类与编码

5.2.1　空间数据的分类

在地理信息系统中，按照空间数据的特征，可将其分为三种类型：空间特征数据(定位数据)、专题特征数据(非定位数据)和时间特征数据(尺度数据)。

1. 空间特征数据

空间特征指空间物体的位置、形状和大小等几何特征以及与相邻物体的拓扑关系，空间特征又称为几何特征或定位特征。空间特征数据记录的是空间实体的位置、拓扑关系和几何特征，这是地理信息系统区别于其他数据库管理系统的标志。

空间位置可以由不同的坐标系统来描述，如经纬度坐标、一些标准的地图投影坐标或任意的直角坐标等。人类对空间目标的定位一般不是通过实体的坐标，而是确定某一目标与其他目标间的空间位置关系，而这种关系往往也是拓扑关系。

2. 专题特征数据

专题特征数据又称属性特征(非定位数据)数据，是指地理实体所具有的各种性质，如变量、级别、数量特征和名称等，例如一条道路的属性包括路宽、路名、路面材料、路面等级、修建时间等。属性数据本身属于非空间数据，但它是空间数据中的重要数据成分，它同空间数据相结合才能表达空间实体的全貌。属性特征的量测是按属性等级的差异以及量度单位的不同进行的。

3. 时间特征数据

时间特征(时间尺度)是指地理实体的时间变化或数据采集的时间等，其变化的周期有超短期的、短期的、中期的、长期的等。严格地讲，空间数据总是在某一特定时间或时段内采集得到或计算产生的。由于有些空间数据随时间变化相对较慢，因而有时被忽略。有时，时间可以被看成一个专题特征。

5.2.2 空间数据的编码

属性是对物质、特性、变量或某一地理目标的数量和质量的描述指标。GIS 的属性数据即空间实体的特征数据，一般包括名称、等级、数量代码等多种形式。属性数据的内容有时直接记录在栅格或矢量数据文件中，有时则单独输入数据库存储为属性文件，通过关键码与图形数据相联系。

要输入属性库的属性数据，通过键盘即可直接键入，而要直接记录到栅格或矢量数据文件中的属性数据，则必须先进行编码，将各种属性数据变为计算机可以接受的数字或字符形式，便于 GIS 存储管理。

下面主要从属性数据的编码原则、编码内容、编码方法方面加以说明。

1. 属性数据的编码原则

属性数据编码一般要基于以下几个原则：

(1)编码的系统性和科学性。编码系统在逻辑上必须满足所涉及学科的科学分类方法，以体现该类属性本身的自然系统性；另外，还要能反映出同一类型中不同级别的特点。一个编码系统能否有效运作，其核心问题就在于此。

(2)编码的一致性。一致性是指对象的专业名词、术语的定义等必须严格保证一致，对代码所定义的同一专业名词、术语必须是唯一的。

(3)编码的标准化和通用性。为满足未来有效的信息传输与交流，所制定的编码系统必须在尽可能的条件下实现标准化。

我国目前正在研究编码的标准化问题，并对某些项目做了规定，如国家标准 GB2260—84《中华人民共和国行政区域码》中，省(市、自治区)3 位，县(区)3 位，其余 3 位由用户自己定义，最多为 10 位。编码的标准化就是拟定统一的代码内容、码位长度、码位分配和码位格式。因此，编码的标准化为数据的通用性创造了条件。当然，编码标准化的实现将经历一个分步渐进的过程，并且只能是适度的，这是由地理对象的复杂性和区域差异所决定的。

(4)编码的简洁性。在满足国家标准的前提下，每一种编码应以最小的数据量载负最大的信息量，这样，既便于计算机的存储和处理，又具有相当的可读性。

(5)编码的可扩展性。虽然代码的码位一般要求紧凑、经济、减少冗余代码，但应考虑到实际使用时往往会出现新的类型，需要加入到编码系统中，因此编码的设置应留有扩展的余地，避免新对象的出现而使原编码系统失效，造成编码错乱现象。

2. 编码内容

属性编码一般包括以下三个方面的内容：

(1)登记部分。用来标识属性数据的序号，可以简单地连续编号，也可划分不同层次进行顺序编码。

(2)分类部分。用来标识属性的地理特征，可采用多位代码反映多种特征。

(3)控制部分。用来通过一定的查错算法，检查编码录入和传输中的错误，在属性数据量较大的情况下具有重要意义。

3. 编码的过程

(1)列出全部制图对象清单。

(2)制定对象分类、分级原则和指标，将制图对象进行分类、分级。

(3)拟定分类代码系统。

(4)设定代码及其格式，设定代码使用的字符和数字、码位长度、码位分配等。

(5)建立代码和编码对象的对照表，这是编码最终成果档案，是数据输入计算机的依据。

属性的科学分类体系无疑是GIS中属性编码的基础。

4. 编码的一般方法

目前，较为常用的编码方法有层次分类编码法与多源分类编码法两种。

(1)层次分类编码法。此方法是以分类对象的从属和层次关系为排列顺序的一种编码方法。它的优点是能明确表示出分类对象的类别，代码结构有严格的隶属关系。图5.1是以土地利用类型的编码为例，说明层次分类编码法所构成的编码体系。

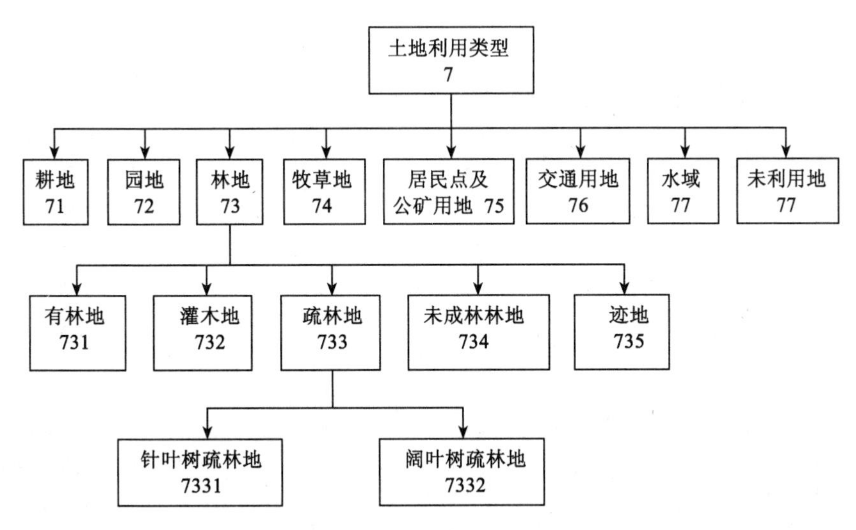

图5.1　层次分类编码法

(2)多源分类编码法。此方法又称独立分类编码法，是指对于一个特定的分类目标，根据诸多不同的分类依据分别进行编码，各位数字代码之间并没有隶属关系。表5.1以河流为例，说明属性数据多源分类编码法的编码方法。

例如，表中111114322表示：平原河，常年河，通航，河床形状为树形，等级为一级，主流长5～10km，宽20～30m，河流间最短距离50～100m，河流弯曲，2.5km的弯曲平均数>40，弯曲的平均深度>50，弯曲的平均宽度>75m。由此可见，该种编码方法一般具有较大的信息载量，有利于空间信息的综合分析。

表5.1 河流编码的标准分类方案和数据系统

标志编号									分类
Ⅰ	Ⅱ	Ⅲ	Ⅳ	Ⅴ	Ⅵ	Ⅶ	Ⅷ	Ⅸ	
1									平原河
2									过渡河
3									山地河
	1								常年河
	2								时令河
	3								消失河
		1							通航河
		2							不通航河
			1						树状河
			2						平行河
			3						筛状河
			4						辐射河
			5						扇形河
			6						迷宫河
				1					主(要河)流：一级
				2					支流：二级
				3					三级
				4					四级
				5					五级
				6					六级
				7					七级
					1				河长：一组——1km以下
					2				二组——2km以下
					3				三组——5km以下
					4				四组——10km以下
					5				五组——10km以上

续表

标志编号									分类
Ⅰ	Ⅱ	Ⅲ	Ⅳ	Ⅴ	Ⅵ	Ⅶ	Ⅷ	Ⅸ	
						1			河宽：一组——5～10m
						2			二组——10～20m
						3			三组——20～30m
						4			四组——30～60m
						5			五组——60～120m
						6			六组——120～300m
						7			七组——300～500m
						8			八组——500m 以上
							1		河流间的最短距离：50m
							2		50～100m
							3		100～200m
							4		200～400m
							5		400～500m
							6		500～1000m
							7		1000～2000m
									弯曲度：2.5km 弯曲　深度　宽度
								1	>40　>50　>50
								2	>40　>50　>75
								3	>25　>50　>75
								4	>25　>50　>100
								5	<25　>75　>150

5.3　空间数据的采集

空间数据获取的任务是将现有的地图、外业观测成果、航空像片、遥感图像、文本资料等转换成 GIS 可以处理与接收的数字形式，通常要经过验证、修改、编辑等处理。数据获取是 GIS 项目经费中最昂贵的部分。据统计，GIS 中数据获取的费用是整个 GIS 代价的 50%～80%。空间数据采集是地理信息系统建设首先要进行的任务。不同数据的输入需要采用不同的设备和方法。

5.3.1　属性数据采集

属性数据又称为语义数据、非几何数据，是描述空间实体属性特征的数据，包括定性数据和定量数据。定性数据用来描述要素的分类或对要素进行标明。定量数据是说明要素的性质、特征或强度的，如距离、面积、人口、产量、收入、流速以及温度和高程等。

当属性数据的数据量较小时，可以在输入几何数据的同时，用键盘输入；但当数据量较大时，一般与几何数据分别输入，并检查无误后转入到数据库中。属性数据的录入有时也可以辅助于字符识别软件。

为了把空间实体的几何数据与属性数据联系起来，还必须在几何数据与属性数据之间建立公共标识符，标识符可以在输入几何数据或属性数据时手工输入，也可以由系统自动生成(如用顺序号代表标识符)。只有当几何数据与属性数据有共同的数据项时，才能将几何数据与属性数据自动地连接起来；当几何数据或属性数据没有公共标识码时，只有使用人机交互的方法，如选取一个空间实体，再指定其对应的属性数据表来确定两者之间的关系，同时自动生成公共标识码。

当空间实体的几何数据与属性数据连接后，就可进行各种 GIS 的操作与运算了。当然，不论是在几何数据与属性数据连接之前或之后，GIS 都应提供灵活而方便的手段，以对属性数据进行增加、删除、修改等操作。

5.3.2 矢量数据的采集

在 GIS 的几何数据采集中，如果几何数据已存在于其他的 GIS 或专题数据库中，那么只要经过转换即可；对于由测量仪器获取的几何数据，只要把测量仪器的数据输入数据库即可，测量仪器如何获取数据的方法和过程通常是与 GIS 无关的，但也有许多 GIS 软件(如 MapGIS、SuperMap 等)带有测量制图模块，其图形数据可直接为 GIS 建库所用。对于矢量数据的获取，GIS 中采集矢量数据的常用方法主要有地图数字化及数字化测图等。

1. 手扶跟踪数字化输入

1)手扶跟踪数字化仪

根据采集数据的方式，手扶跟踪数字化仪分为机械式、超声波式和全电子式三种，其中全电子式数字化仪精度最高，应用最广。按照其数字化版面的大小可分为 A_0、A_1、A_2、A_3、A_4等。

数字化仪由电磁感应板、游标和相应的电子电路组成，如图 5.2 所示。

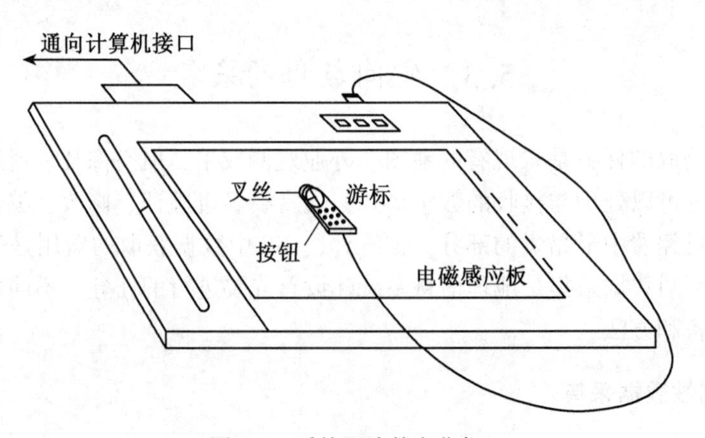

图 5.2 手扶跟踪数字化仪

2)手扶跟踪数字化的过程

利用手扶跟踪数字化仪进行地图的数字化，一般要经过以下步骤：

(1)设置手扶跟踪数字化仪的通信参数。

(2)数字化。把待数字化的图件固定在图形输入板上，首先用鼠标器输入图幅范围和多个控制点的坐标，随后即可输入图幅内各点、线的坐标。

通过数字化仪采集数据量小，数据处理的软件也比较完备，但由于数字化的速度比较慢，工作量大，自动化程度低，数字化的精度与作业员的操作有很大关系，所以，目前很多单位在大批量数字化时，已不再采用。

2. 扫描仪数字化输入

地图扫描数字化首先通过扫描仪将地图转换为栅格数据，然后采用栅格数据矢量化的技术追踪出线和面，采用模式识别技术识别出点和注记，并根据地图内容和地图符号的关系，自动、半自动或人工给矢量数据赋属性值，建立数据库。

1)扫描仪

扫描仪是直接把图形(如地形图)和图像(如遥感影像、照片)扫描输入到计算机中，以像素信息进行存储表示的设备(图 5.3)。按其所支持的颜色，可分为单色扫描仪和彩色扫描仪；按所采用的固态器件，可分为电荷耦合器件(CCD)扫描仪、MOS 电路扫描仪、紧贴型扫描仪等；按扫描宽度和操作方式，可分为大型扫描仪、台式扫描仪和手动式扫描仪。

图 5.3　大幅面工程扫描仪

2)扫描数字化

利用扫描数字化的方法对地形图进行数字化，要经过以下步骤：

(1)设置扫描参数。主要包括扫描模式的设置、分辨率的设置、扫描范围的设定。

(2)矢量化。扫描后，由软件进行二值化、去噪音等处理，经常需要进行一些编辑，以保证自动跟踪和识别的进行；在软件自动进行跟踪和识别时，仍需要进行部分人机交互，如处理断线、确定属性值等，有时甚至要人工在屏幕上进行数字化。扫描数字化是目前较为先进的地图数字化方式，也是今后的发展方向。

3. 数字化测图输入

现在常用的数字测图方式主要有两种模式：

(1)野外采集+软件绘图模式。利用全站仪或 GPS(如 RTK)外业采集地物的三维坐标，然后输入到绘图软件绘制成电子地图，其产品本身就是矢量数据。

(2)数字摄影测量模式。对地表进行摄影测量以后，再利用专门的仪器和软件(如 JX4、VirtuoZo)在航片上采集三维坐标，生成电子地图的过程。

5.3.3 栅格数据的采集

栅格数据是 GIS 的另一主要数据源。获取栅格数据的常用方法包括扫描输入、遥感影像输入、数据结构转换等。

扫描输入是通过扫描仪将地图等图件扫描成像并存储，成为数字栅格图的数据；遥感影像输入是利用遥感卫星上的传感器来收集地表物体发射(反射)的电磁波而生成的栅格图像，是 GIS 的重要数据源；数据结构转换是将矢量结构的数据直接转换成对应的栅格结构数据的过程。

5.4 GIS 空间数据录入后的处理

数据的处理和解释是非常重要的环节。所谓数据处理，是指对数据进行收集、筛选、排序、归并、转换、检索、计算以及分析、模拟和预测等操作，其目的就是把数据转换成便于观察、分析、传输或进一步处理的形式，为空间决策服务。

尽管随着数据的不同和用户要求的不同，空间数据处理的过程和步骤也会有所不同，但其主要内容包括数据编辑、比例尺及投影变换、数据编码和压缩、空间数据类型转换以及空间数据插值等方面。

5.4.1 误差、错误检查与编辑

数据预处理主要是指数据的误差或错误的检查与编辑。通过矢量数字化或扫描数字化所获取的原始空间数据，都不可避免地存在着错误或误差，属性数据在建库输入时，也难免会存在错误。

1. 错误及误差产生的原因

(1)空间数据不完整或重复。主要包括空间点、线、面数据的重复或丢失，区域中点的遗漏，栅格数据矢量化时出现断线等。

(2)空间位置不准确。主要表现在空间点位不准确、线段过长或过短、线段断裂、相邻多边形节点不重合等。

(3)空间数据的比例尺不准确。

(4)空间数据的变形。

(5)属性数据的不完整及录入时的人为错误。

2. 错误和误差消除的常用方法

(1)对照法。把数字化的地图以与纸质地图相同的比例尺绘在透明材料上，然后与原图叠合在一起，在透光桌上仔细地观察和比较，将数字化过程中遗漏、位置偏移的地方标

注出来，以便进行纠正和完善。

(2)目视检查法。在屏幕上用目视检查，检查一些明显的数字化误差和错误，包括对数字化过程中线段过长或过短、线段断裂、相邻多边形节点不重合的地方进行修改纠正等。

(3)拓扑分析法。现在很多GIS软件都提供了空间拓扑分析功能，方便用户对地理空间数据进行拓扑错误检查和处理，包括去除冗余顶点、悬线、重复线，碎多边形的检查、显示和清除，节点类型识别(普通节点、假节点)，弧段交叉和自交叉，长悬线延伸，假节点合并，多边形建立，网络关系建立等。

对于空间数据的不完整性和误差，主要是利用GIS的图形编辑工具，如编辑、修改等功能来完成。

3. 图形数据的编辑

不管用什么方式，也不管有多么小心，新创建的数字化图层总会有一些错误。地图数字化后存在的问题有的是数字化错误造成的，有的是数据结构定义所必须修改的，它们是数据库建库必要的工作内容。进行图形数据的编辑，就是为了解决这些问题，以满足数据库建库的需要。

(1)节点的编辑。节点是线(弧段)的端点，在GIS中有着重要地位。常见的编辑问题如图5.4所示。通过移动节点或节点粘合，可以解决图5.4(a)、(d)、(f)等问题。伪节点是同一条弧段之间的多余节点，删除即可，或者将两段弧段合并。节点超出可以通过移动节点或删除悬挂弧段解决。

(2)线(弧)的编辑。直线悬空相交问题，在早期的GIS中，需通过增加节点解决。在面向对象的系统中，可以不处理。删除节点、增加节点均会改变线的形状。跑线问题则需要重新数字化。

(3)多边形编辑。碎多边形问题一般需要重新数字化，不严重时，可取中线。奇异多边形需要先打断弧段，再删除多余部分。对于多余小多边形，删除即可。对于图5.4(m)、(n)、(o)的情况，一般执行编辑软件的相应功能即可实现。

总之，编辑遇到的图形问题可能是复杂的，它们并不能明显被区分是点、线或面的问题，需要一系列的操作才能解决。

4. 文本数据的编辑

文本数据主要是属性表数据和注记数据。对属性表数据的编辑主要是查找属性错误并改正。对注记数据的编辑主要是检查注记的错误、注记文本的字型、风格等。属性表数据的错误主要通过属性查询检查，如分类码的错误可通过分类检索和符号、颜色填充发现。发现文本数据错误，可使用软件提供的工具把它们改正过来。

5.4.2 图形数据的几何变换

地图在数字化时可能产生整体的变形，归纳起来，主要有仿射变形、相似变形和透视变形。图纸的变形常常产生前两种变形，直接从没有经过几何变换的航空影像上提取的图形信息，会产生透视变形。另外一种情况是，新创建的数字化地图中，数字化设备的度量单位与地图的真实世界坐标(测量坐标)单位一般不会一致，需要进行从设备坐标到真实世界坐标的转换。当纠正这些变形，或把数字化仪坐标、扫描影像坐标变换到投影坐标

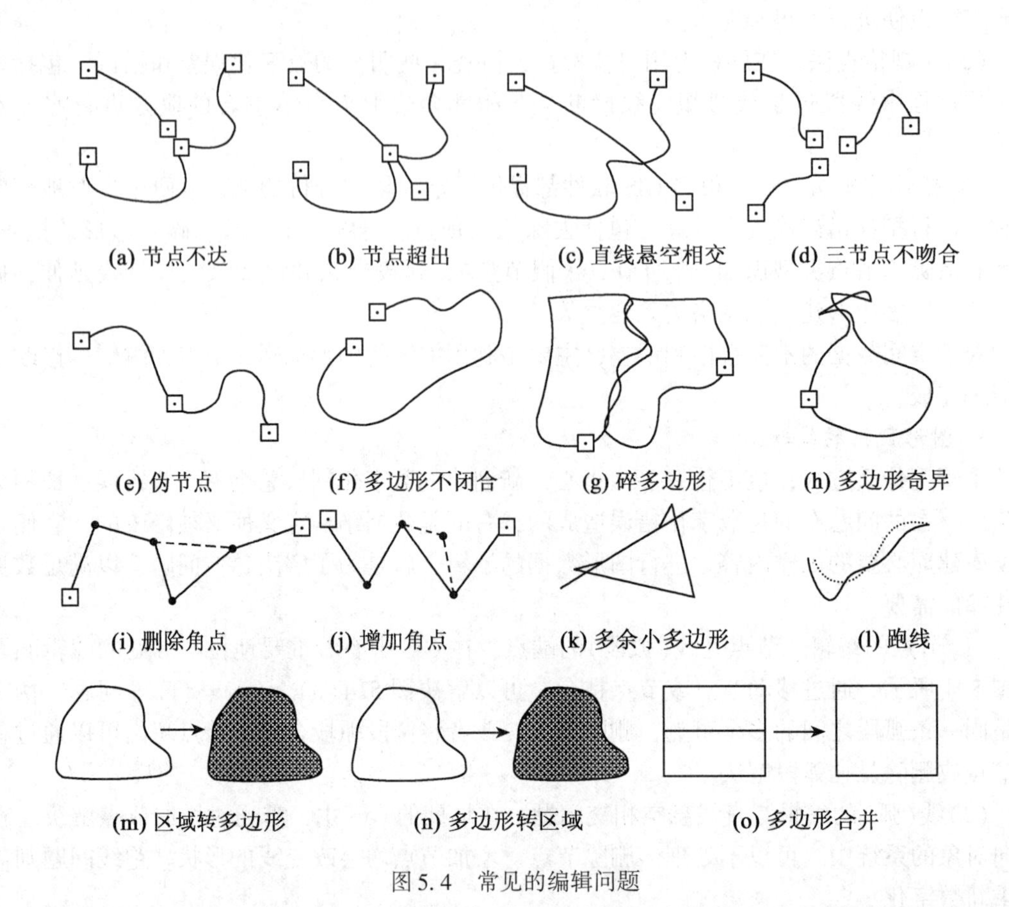

图 5.4 常见的编辑问题

系，或两种不同的投影坐标系之间进行变换时，需要进行相应的坐标系统变换，这个过程统称为坐标几何变换。

1. 相似变换

相似变换主要解决两个坐标系之间的变换，如数字化仪坐标到投影坐标系的变换。当两个坐标系存在夹角，坐标原点需要平移，两坐标轴之间具有相同的比例因子时，变换公式为

$$\begin{aligned} X &= A_0 + A_1 x - B_1 y \\ Y &= B_0 + B_1 x + A_1 y \end{aligned} \tag{5.1}$$

计算这种变换，至少需要对应坐标系的两个对应控制点，计算四个变换参数。

2. 仿射变换

如果存在坐标在 X，Y 方向的比例因子不一致，如图纸存在仿射变形，就需要采用仿射变换。仿射变换的公式为

$$\begin{aligned} X &= A_0 + A_1 x + A_2 y \\ Y &= B_0 + B_1 x + B_2 y \end{aligned} \tag{5.2}$$

计算这种变换，至少需要对应坐标系的三个对应控制点，计算六个变换参数。

3. 透视变换

如果图形存在透视变形，就需要进行透视变换。透视变换的公式为

$$
\begin{aligned}
X &= \lambda(a_1x + a_2y - a_3f) \\
Y &= \lambda(b_1x + b_2y - b_3f) \\
Z &= \lambda(c_1x + c_2y - c_3f)
\end{aligned}
\tag{5.3}
$$

式中，λ、f 分别为影像的摄影比例尺和摄影机主距。计算这种变换，至少需要对应坐标系的五个对应控制点，计算十个变换参数。

5.4.3　图形拼接

在对底图进行数字化以后，由于图幅比较大或者使用小型数字化仪时难以将研究区域的底图以整幅的形式来完成，这时需要将整个图幅划分成几部分分别输入。在所有部分都输入完毕并进行拼接时，常常会有边界不一致的情况，需要进行边缘匹配处理(图 5.5)。边缘匹配处理类似于下面提及的悬挂节点处理，可以由计算机自动完成，或者辅助以手工半自动完成。

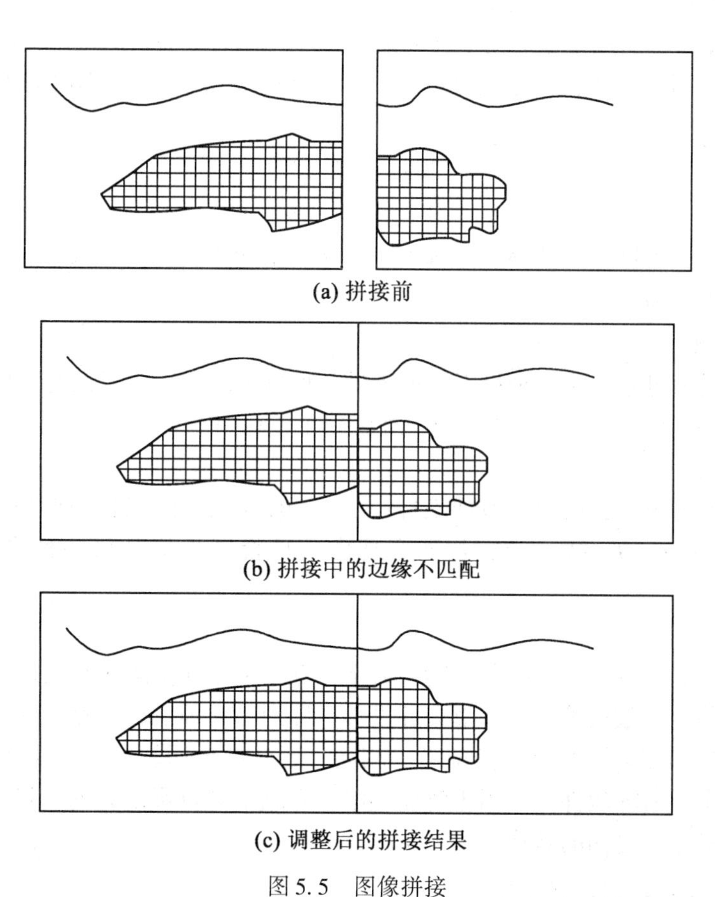

(a) 拼接前

(b) 拼接中的边缘不匹配

(c) 调整后的拼接结果

图 5.5　图像拼接

除了图幅尺寸的原因，在 GIS 实际应用中，由于经常要输入标准分幅的地形图，也需

要在输入后进行拼接处理，这时，一般需要先进行投影变换，通常的做法是从地形图使用的高斯——克里金投影转换到经纬度坐标系中，然后再进行拼接。

5.4.4 数据格式转换

不同格式的图形数据在转换过程中，由于图形数据的结构表示方法及转换算法不尽相同，会产生误差，如在一种数据格式中显示的同一地物，经转换后，其地理位置可能发生偏移。纠正数据转换误差的方法是提高转换程序算法的准确性和对数据结构表示的兼容性。

数据格式的转换一般分为两大类，第一类是不同数据介质之间的转换，第二类是数据结构之间的转换，而数据结构之间的转化又包括同一数据结构不同组织形式间的转换和不同数据结构间的转换。

5.4.5 投影变换

把从不同投影类型地图上采集的数据统一到同一投影类型中，或根据实际需要生成另一种投影类型的地图，都要涉及投影变换。

地图投影变换的实质是建立两平面场之间点的一一对应关系。假定原图中点的坐标为(x, y)（称为旧坐标），新图中点的坐标为(X, Y)（称为新坐标），则由旧坐标变换为新坐标的基本方程为

$$
\begin{aligned}
X &= f_1(x, y) \\
Y &= f_2(x, y)
\end{aligned}
\qquad (5.4)
$$

实现由一种地图投影点的坐标变换为另一种地图投影点的坐标就是要找出上述关系式，其方法通常分为三类：

1. 正解变换

正解变换是通过建立将一种投影变换为另一种投影的严密或近似的解析关系式，直接将一种投影的坐标(x, y)变换到另一种投影的坐标(X, Y)。

2. 反解变换

由一种投影的坐标，反解出地理坐标$(x, y \to B, L)$，然后将地理坐标代入另一种投影的坐标公式中$(B, L \to X, Y)$，从而实现由一种投影坐标到另一种投影坐标的变换$(x, y \to X, Y)$。

3. 数值变换

根据两种投影在变换区内的若干同名数字化点，采用插值法或有限差分法、最小二乘法、有限法、待定系数法等，实现由一种投影坐标到另一种投影坐标的变换。

由于每种投影所采用的数学模型不尽相同，因此在投影转换过程中也会存在误差问题。目前，大多数 GIS 软件是采用正解变换法来完成不同投影之间的转换，并直接在 GIS 软件中提供常见投影之间的转换。

5.4.6 拓扑关系的自动生成

在对图形数字化时，无论是手扶跟踪数字化还是扫描矢量化，完成后，大多数地图都需要建立拓扑，以正确判别地物之间的拓扑关系。

1. 拓扑关系建立前的图形数据检查

在建立拓扑关系的过程中，一些在数字化输入过程中的错误需要被改正；否则，建立的拓扑关系将不能正确地反映地物之间的关系。

在地图数字化过程中容易出现的错误包括：

(1)遗漏某些实体。

(2)某些实体重复录入。主要表现在利用数字化等方法获取矢量数据时，容易造成对象的重复录入和遗漏。

(3)定位的不准确。包括数字化仪分辨率造成的定位误差和人为操作造成的误差，如手扶跟踪数字化过程中手的抖动、两次录入之间图纸的移动造成的位置不准确，手扶跟踪数字化过程中，难以实现完全精确的定位等，如图5.4(a)、(b)所示。

数字化获得的地图中，错误的具体表现如下(图5.4)：

(1)伪节点。伪节点使一条完整的线变成两段。造成伪节点的原因常常是没有一次性录入完一条线。

(2)悬挂节点。如果一个节点只与一条线相连接，那么该节点称为悬挂节点。悬挂节点有多边形不封闭、不及或过头、节点不重合等几种情形。

(3)碎屑多边形或条带多边形。条带多边形一般由重复录入引起。另外，用不同比例尺的地图进行数据更新，也可能产生碎屑多边形。

(4)不正规的多边形。不正规的多边形是由输入线时，点的次序倒置或者位置不准确引起的。在进行拓扑生成时，同样会产生碎屑多边形。

这些错误一般会在建立拓扑的过程中发现，需要进行编辑修改。一些错误，如悬挂节点，可以在编辑的同时，由软件自动修改，通常的实现办法是设置一个“捕获距离”，当节点之间或节点与线之间的距离小于此数值后，即自动连接，而其他的错误则需要进行手工编辑修改。

2. 建立多边形拓扑关系

在图形修改完毕之后，就意味着可以建立正确的拓扑关系了。拓扑关系可以由计算机自动生成。目前，大多数GIS软件也都提供了完善的拓扑功能。但是在某些情况下，需要对计算机创建的拓扑关系进行手工修改，典型的例子是网络连通性。

正如拓扑的定义所描述的，建立拓扑关系时只需要关注实体之间的连接关系、相邻关系，而节点的位置、弧段的具体形状等非拓扑属性则不影响拓扑的建立过程。

如果使用DIME或者类似的编码模型，多边形拓扑关系的表达需要描述以下实体之间的关系：

(1)多边形的组成弧段；

(2)弧段左右两侧的多边形，弧段两端的节点；

(3)节点相连的弧段。

多边形拓扑的建立过程实际上就是确定上述的关系。具体的拓扑建立过程与数据结构有关，但是其基本原理是一致的，下面简述多边形拓扑建立过程，如图5.6所示。

图5.6(a)中共有4个节点，以A、B、C、D表示；6条弧段，用数字表示；Ⅰ、Ⅱ、Ⅲ三个多边形。首先定义以下概念：

(1)由于弧段是有方向的，算法中将弧段X的起始节点称为首节点$N_S(X)$，而把终止

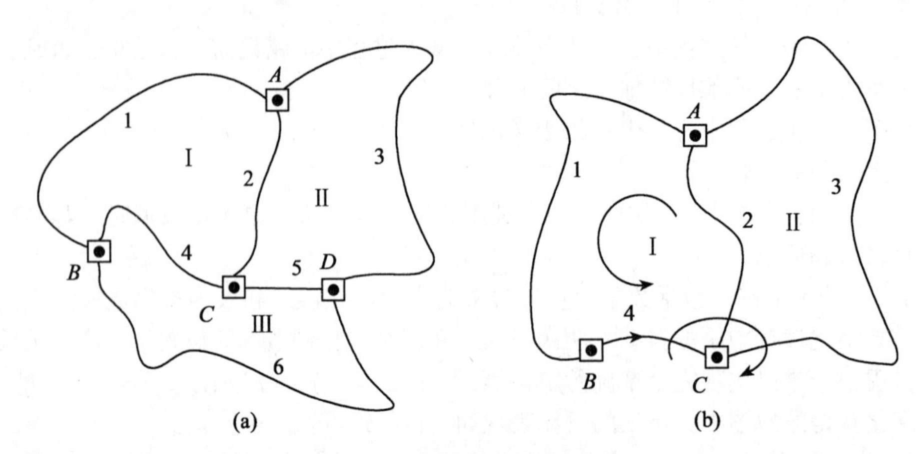

图5.6 多边形拓扑的建立过程

节点称为尾节点 $N_E(X)$。

(2)考虑到弧段的方向性，沿弧段前进方向，将其相邻的多边形分别定义为左多边形 $P_L(X)$ 和右多边形 $P_R(X)$。

在建立拓扑之前，首先将所有弧段的左右多边形(实现过程中，可以用多边形的编码表示)都设置为空，然后计算每个节点与其相连弧段在连接处的角度，并进行排序，见表5.2(注意，这个排序是循环的)。建立拓扑的算法如下：

表5.2 节点与弧段关系

A	3	2	1
B	4	6	1
C	2	5	4
D	3	6	5

(1)得到第一条弧段 X，并设置为当前弧段。

(2)判断 $P_L(X)$ 和 $P_R(X)$ 是否为空。如果都非空，则转到第一步，当所有弧段处理完毕后，算法结束。

(3)如果左多边形为空，则创建一个新的多边形 P，多边形的第一条弧段为当前弧段，并设置 $P_L(X)=P$，设置搜寻起始节点 $N_0=N_S(X)$，搜寻当前节点为 $N_C=N_E(X)$。如果右多边形为空，则创建一个新的多边形 P，多边形的第一条弧段为当前弧段，并设置 $P_R(X)=P$，设置搜寻起始节点为 $N_E(X)$，搜寻当前节点为 $N_S(X)$。

(4)判断 N_0 和 N_C 是否相等，如果是，则多边形所有弧段都已经找到，转到第一步。

(5)检查与当前节点相连接的、已经排列好的弧段序列，将当前弧段下一条弧段 X' 作为多边形的第二条弧段。

(6)如果 $N_C=N_S(X')$，设置 $P_L(X')=P$，$N_C=N_E(X)$；如果 $N_C=N_E(X')$，设置 $P_R(X')=P$，$N_C=N_S(X)$，转到第四步。

如图5.6(b)所示，如果从弧段4开始搜寻，找到节点 C 后，根据弧段的排序，下一条弧段是2，然后找到节点 A、弧段1，整个搜寻结束，建立多边形Ⅰ，其组成弧段为4、2、1。

按照这种算法，生成多边形的弧段从多边形内部看，是逆时针排列的。如果节点弧段排序为顺时针，则算法中用 $P_L(X)$ 代替 $P_R(X)$，用 $P_R(X)$ 代替 $P_L(X)$，生成的多边形弧段是顺时针排列的。

多边形拓扑的建立，要注意多边形带"岛"的情况。按照上述算法，对于带"岛"的多边形，或者称为环，其包含的弧段构成了多个闭合曲线，并且"岛"的弧段排序是顺时针的。

5.5 空间数据的质量与数据标准化

GIS的数据质量是指GIS中空间数据在表达空间位置、属性和时间特征时所能达到的准确性、一致性、完整性以及三者统一的程度。GIS中数据质量的优劣决定着系统分析质量以及整个应用的成败，地理信息系统的价值在很大程度上取决于系统内所包含数据内容的数量与质量。

5.5.1 空间数据质量问题的产生

从空间数据的形式表达到空间数据的生成，从空间数据的处理变换到空间数据的应用，在这两个过程中都会有数据质量问题的发生。下面按照空间数据自身存在的规律性，从几个方面来阐述空间数据质量问题的来源。

1. 空间现象自身存在的不稳定性

空间数据质量问题首先来源于空间现象自身存在的不稳定性，主要表现在空间现象在空间、时间及属性内容上的不确定性。空间现象在空间上的不确定性是指其在空间位置分布上的不确定性变化；在时间上的不确定性表现为其在发生时间段上的游移性；在属性上的不确定性表现为属性类型划分的多样性、非数值型属性值表达的不精确性。因此，空间数据存在质量问题是不可避免的。

2. 空间现象的表达

空间数据是对现实世界中空间特征和过程的抽象表达。由于现实世界的复杂性和模糊性以及人类认识和表达能力的局限性，这种抽象表达总是不可能完全达到真值，而只能在一定程度上接近真值，从这种意义上讲，数据质量发生问题也是不可避免的。例如，在地图投影中，由椭球体到平面的投影转换必然产生误差。

3. 空间数据处理中的误差

在空间数据处理过程中，投影变换、地图数字化、数据格式转换、数据抽象、建立拓扑关系、数据叠加操作和更新、数据集成处理、数据的可视化表达等过程中都会产生误差。

4. 空间数据使用中的误差

在空间数据使用的过程中，也会导致误差的出现，主要包括两个方面：一是对数据的解释过程，二是缺少文档。对于同一种空间数据来说，不同用户对它内容的解释和理解可能不同，处理这类问题需要与空间数据相关的文档说明，如元数据等。例如，在某些应用中，用户可能根据需要来对数据进行一定的删减或扩充，这对数据记录本身来说也是一种误差。另外，缺少对某一地区不同来源的空间数据的说明，如投影类型、数据定义等描述信息，往往导致数据用户对数据的随意使用而使误差扩散。

5.5.2 研究空间数据质量问题的目的和意义

GIS 数据质量研究的目的是建立一套空间数据的分析和处理的体系，包括误差源的确定、误差的鉴别和度量方法、误差传播的模型、控制和削弱误差的方法等，使未来的 GIS 在提供产品的同时，附带提供产品的质量指标，即建立 GIS 产品的合格证制度。

从应用的角度，可把 GIS 数据质量的研究分为两大类问题。当 GIS 录入数据的误差和各种操作中引入的误差已知时，计算 GIS 最终生成产品的误差大小的过程，称为正演问题；根据用户对 GIS 产品所提出的误差限制要求，确定 GIS 录入数据的质量，称为反演问题。显然，误差传播机制是解决正、反演问题的关键。

研究 GIS 数据质量对于评定 GIS 的算法、减少 GIS 设计与开发的盲目性都具有重要意义。如果不考虑 GIS 的数据质量，那么当用户发现 GIS 的结论与实际的地理状况相差较大时，GIS 将毫无意义。

5.5.3 数据质量的基本概念

在论及数据质量的好坏时，人们常常使用误差或不确定性的概念，数据质量问题在很大程度上可以看做数据误差问题，而描述误差最常用的概念是准确度和精密度。

1. 准确度

数据的准确度被定义为测定的结果与真实值之间的接近程度。空间数据的准确性经常是根据所指的位置、拓扑或非空间属性来分类的，可用误差来衡量。

2. 精密度

数据的精密度是指数据表示的精密程度，即数据表示的有效位数。由于精密度的实质在于它对数据准确度的影响，同时在很多情况下，它可以通过准确度而得到体现，故常把二者结合在一起称为精确度，简称精度。

3. 空间分辨率

分辨率是两个可测量数值之间最小的可辨识的差异。空间分辨率可以看做记录变化的最小距离。在一个图形扫描仪中，最细的物理分辨率从理论上讲是由设施的像元之间的分离来确定的。

4. 比例尺精度

比例尺精度定义为地图上 0.1mm 所代表的实地水平距离，是地图表示的极限。例如，在一个 1∶1 万比例尺的地图上，一条 0.1mm 宽度的线对应着 1m 的地面距离，因此，也就不可能表示宽度小于 1m 的现象或特征，要么舍弃，要么综合。

5. 误差

测量值与真值之间的差异称为误差。误差研究包括：位置误差，即点的位置的误差、线的位置的误差和多边形的位置的误差；属性误差；位置和属性误差之间的关系。

6. 不确定性

不确定性是关于空间过程和特征不能被准确确定的程度，是自然界各种空间现象自身固有的属性。GIS 的不确定性包括空间位置的不确定性、属性不确定性、时域不确定性、逻辑上的不一致性及数据的不完整性。空间位置的不确定性指 GIS 中某一被描述物体与其地面上真实物体位置上的差别；属性的不确定性是指某一物体在 GIS 中被描述的属性与其真实的属性之间的差别；时域的不确定性是指在描述地理现象时，时间描述上的差错；逻辑上的不一致性是指数据结构内部的不一致性，尤其是指拓扑逻辑上的不一致性；数据的不完整性是指对于给定的目标，GIS 没有尽可能完全地表达该物体。在内容上，它是以真值为中心的一个范围，这个范围越大，数据的不确定性也就越大。

5.5.4 空间数据质量标准的内容

GIS 使用数字化空间数据，因而便关系到数字制图数据的标准。美国数字制图数据标准全国委员会确定了数字化制图数据质量标准，如位置精度、属性精度、逻辑的连贯性与完整性、时间精度，并对每种元素确定了检验其精度的标准。

空间数据质量标准要素及其内容如下：

(1)数据情况说明：要求对地理数据的来源、数据内容及其处理过程等做出准确、全面和详尽的说明。

(2)位置精度或定位精度：是指空间实体的坐标数据与实体真实位置的接近程度，常表现为空间三维坐标数据精度，包括数学基础精度、平面精度、高程精度、接边精度、形状再现精度(形状保真度)、像元定位精度(图像分辨率)等。平面精度和高程精度又可分为相对精度和绝对精度。

(3)属性精度：是指空间实体的属性值与其真值相符的程度，通常取决于地理数据的类型，且常常与位置精度有关，包括要素分类与代码的正确性、要素属性值的准确性及其名称的正确性等。

(4)时间精度：是指数据的现势性，可以通过数据更新的时间和频度来表现。

(5)逻辑一致性：是指地理数据关系上的可靠性，包括数据结构、数据内容(包括空间特征、专题特征和时间特征)以及拓扑性质上的内在一致性。

(6)完整性。是指地理数据在范围、内容及结构等方面满足所要求的完整程度，包括数据范围、空间实体类型、空间关系分类、属性特征分类等方面的完整性。

(7)表达形式合理性。主要是指数据抽象、数据表达与真实地理世界的吻合性，包括空间特征、专题特征和时间特征表达的合理性等。

5.5.5 空间数据质量评价标准

空间数据质量标准的建立，必须考虑空间过程和现象的认知、表达、处理、再现等全过程。在质量评定过程中，一般来说，数据的精度或准确度越高越好，但在实际应用中却不能一概而论。事实上，有的数据在实际应用中的意义很大(如大地控制点等)，其本身精度也可以达到很高。因此，对这些数据的精度要求也就很高，而另一些数据本身的精度就不可能很高，如不同土壤类型的面积，由于它们之间的界限是模糊的，所以面积也是相对的，若要求很高，则不可能办到。有的数据的精度可以达到很高，但需要花费很多的人力、物力和时间才能达到，而生产上或应用上又不一定要求很高。有些数据是动态的，甚至是瞬间的，如人口数、耕地数等，这些数据没有必要太精确，因为它们的精度只具有瞬间的意义。因此，在实际应用中，应根据具体需求来评定数据的质量。

空间数据质量的评价就是用空间数据质量标准要素对数据所描述的空间、专题和时间特征进行评价，见表5.3。

表5.3 空间数据质量评价表

空间数据要素 \ 空间数据描述	空间特征	时间特征	专题特征
世系(继承性)	√	√	√
位置精度	√		√
属性精度		√	√
逻辑一致性	√	√	√
完整性	√	√	√
表现形式合理性	√	√	√

5.5.6 研究GIS数据质量的常用方法

1. 敏感度分析法

一般而言，精确地确定GIS数据的实际误差非常困难。为了从理论上了解输出结果如何随输入数据的变化而变化，可以通过人为地在输入数据中加上扰动值来检验输出结果对这些扰动值的敏感程度，然后根据适合度分析，由置信域来衡量由输入数据的误差所引起的输出数据的变化。

为了确定置信域，需要进行地理敏感度测试，以便发现由输入数据的变化引起输出数据变化的程度，即敏感度。这种研究方法得到的并不是输出结果的真实误差，而是输出结果的变化范围。对于某些难以确定实际误差的情况，这种方法是行之有效的。

在GIS中，一般有地理敏感度、属性敏感度、面积敏感度、多边形敏感度、增删图层敏感度等几种敏感度检验。敏感度分析法是一种间接测定GIS产品可靠性的方法。

2. 尺度不变空间分析法

地理数据的分析结果应与所采用的空间坐标系统无关，即为尺度不变空间分析，包括比例不变和平移不变。尺度不变是数理统计中常用的一个准则，一方面能保证使用不同的方法得到一致的结果，另一方面又可在同一尺度下合理地衡量估值的精度。也就是说，尺度不变空间分析法使GIS的空间分析结果与空间位置的参考系无关，以防止由基准问题而引起分析结果的变化。

3. Monte Carlo 实验仿真

Monte Carlo 实验仿真首先根据经验对数据误差的种类和分布模式进行假设，然后利用计算机进行模拟试验，将所得结果与实际结果进行比较，找出与实际结果最接近的模型。对于某些无法用数学公式描述的过程，用这种方法可以得到实用公式，也可检验理论研究的正确性。

4. 空间滤波

空间数据采集的过程可以看成是随机采样，其中包含倾向性部分和随机性部分，前者代表所采集物体的实际信息，而后者是由观测噪声引起的。

空间滤波可分为高通滤波和低通滤波。高通滤波是从含有噪声的数据中分离出噪声信息；低通滤波是从含有噪声的数据中提取信号。例如，经高通滤波后可得到一随机噪声场，然后用随机过程理论等方法求得数据的误差。

对 GIS 数据质量的研究，传统的概率论和数理统计是最基本的理论基础，同时还需要信息论、模糊逻辑、人工智能、数学规划、随机过程、分形几何等理论与方法的支持。

5.5.7　常见空间数据的误差分析

空间数据误差的来源是多方面的，根据空间数据处理的过程，误差来源见表 5.4。

表 5.4　**数据的主要误差来源**

数据处理过程	主要误差来源
数据采集	地面测量误差：仪器、环境、操作者 遥感数据误差：辐射和几何纠正误差、信息提取误差等 地图数据误差：原始数据误差、坐标转换、制图综合及印制
数据输入	数字化误差：仪器误差、操作误差 不同系统格式转换误差：栅格-矢量转换、三角网-等值线转换
数据存储	数值精度不够：计算机字长不够 空间精度不够：每个格网点太大、地图最小制图单元太大
数据处理	拓扑分析引起的误差：逻辑错误、地图叠置操作误差 分类与综合引起的误差：分类方法、分类间隔、内插方法 多层数据叠合引起的误差传播：插值误差、多源数据综合分析误差 比例尺大小引起的误差
数据输出	输出设备不精确引起的误差 输出的媒介不稳定造成的误差
数据适用	对数据所包含的信息的误解 对数据信息使用不当

从广义上讲，在地理信息系统中，从获取原始数据到最终输出信息产品，其中间过程包括数据的存储、管理、操作和分析。在此，将其分为数据源误差和数据处理误差两类来讨论。

1. 数据源误差

数据源误差是指数据采集和录入过程中产生的误差，主要包括如下几方面：

1)地面测量数据的误差

测量数据主要指使用大地测量、GPS、城市测量、摄影测量和其他一些测量方法直接量测所得到的测量对象的空间位置信息。这部分数据的质量问题主要是空间数据的位置误差，位置误差中含有控制测量和碎部测量误差。测量方面的误差通常考虑的是系统误差、偶然误差和粗差。系统误差可采用实验方法校正或建立系统误差模型处理，偶然误差可采用随机模型进行估计和处理，粗差可采用可靠性理论探测剔除。

2)地图数字化的误差

地图数字化是获取矢量数据的主要方法之一，也是GIS中的重要误差源，是GIS数据质量研究的重点之一。在地图数字化中，原图固有误差和数字化过程中引入的误差是两个主要的误差源。

(1)地图原图固有误差。原图固有误差除含有上述地面控制测量和碎部测量的全部误差外，至少还含有制图误差，包括控制点展绘误差、编绘误差、绘图误差、综合误差、地图复制误差、分色板套合误差、绘图材料的变形误差、归化到同一比例尺所引起的误差、特征的定义误差、特征夸大误差等。

由于很难知道制图过程中各种误差之间的关系以及图纸尺寸的不稳定性，因此，很难准确地评价原图固有误差。

(2)地图数字化过程的误差。数字化的精度主要受数字化要素对象、数字化仪的精度、数字化方式、操作员的水平、数字化软件的算法等的影响。

目前，在生产实践中多采用扫描数字化，然后使用屏幕半自动化跟踪。影响扫描数字化数据质量的因素包括原图质量(如清晰度)、扫描精度、扫描分辨率、配准精度、校正精度等。扫描数字化所引起的平面误差较小，只是在扫描数字化时，要素结合处出现的误差较大。

3)矢量数据栅格化的误差

矢量数据栅格化的误差可分为属性误差和几何误差两种。

(1)属性误差。在矢量数据转换为栅格数据后，栅格数据中的每个像元只含有一个属性数据值，它是像元内多种属性的一种概括。例如，在陆地卫星图像上，每个像元对应的地面面积为80m×80m，像元的属性值是像元内各地物发射量的平均值。如果像元内有一部分物体的反射率很高，即使占像元的面积比例很小，对像元属性值的影响也很大，从而导致分类错误，且损失一些其他有用的信息。因此，像元越大，属性误差越大。

(2)几何误差。几何误差是指在矢量数据转换成栅格数据后所引起的位置误差以及由位置误差引起的长度、面积、拓扑匹配等误差。几何误差的大小与像元的大小成正比。其中，矢量数据表示的多边形网用像元逼近时会产生较严重的拓扑匹配问题。

4)遥感数据误差

遥感图像获取、处理和解译过程均会产生空间位置和属性方面的误差。遥感数据的误差累积过程可以分为数据获取误差、数据预处理误差、遥感解译判读误差等。

2. 数据处理误差

除了GIS原始录入数据本身带有的源误差外，空间数据在GIS的模型分析和数据处理等操作中还会引入新误差，主要误差来源包括几何纠正、坐标变换、几何数据的编辑、属性数据的编辑、空间分析(如多边形叠置等)、图形化简(如数据压缩)、数据格式转换、计算机截断误差、空间内插等。这类误差最难以弄清，因为不仅要求用户具有对数据的直接了解，而且也要熟悉数据的结构和计算方法。

在GIS的数据处理中，几何纠正、坐标变换、格式转换等的计算，除了计算机字长的影响外，在理论上可以认为是无误差的。因此，数据处理过程中的主要误差集中在与应用直接相关的处理中，如由计算机字长引起的误差、由拓扑分析引起的误差、数据分类和内插引起的误差、多边形叠置产生的误差等。

一般来说，源误差远大于操作误差，因此，要想控制GIS产品的质量，良好的原始数据是非常重要的。

5.5.8　空间数据误差的传播

GIS产品是利用含有源误差的空间数据，通过GIS分析操作产生的。在空间数据处理的各个过程中，误差还会累计和扩散，前一阶段的累计误差可能成为下一个阶段的误差起源，从而导致新的误差产生。源误差和操作误差通过GIS操作，最后累积传播到GIS的产品中。考虑如下的GIS空间操作：$y=f(x_1, x_2, \cdots, x_n)$，其中，$x_i(i=1, 2, \cdots, n)$为描述空间数据的自变量，它带有源误差；$y$为描述GIS产品的因变量；$f(x)$为描述GIS空间操作过程的数学函数，用以计算操作误差。根据$f(x)$的特征，可以分成两类运算：算术运算和逻辑运算。下面讨论这两种运算关系下的误差传播。

1. 算术关系下的误差传播

如果$f(x)$为算术关系，如独立变量的和差关系、倍数关系或线性关系，则其中误差传播规律是众所周知的；若为相关或一般非线性函数时，其误差传播规律也在经典测量误差理论中已有详细介绍。

2. 逻辑关系下的误差传播

除了上述算术关系操作外，在GIS中还存在着叠置、推理等大量逻辑运算，如布尔逻辑运算(AND、OR、NOT)和专家系统中的不精确推理。

(1)布尔逻辑运算下的误差传播。布尔逻辑运算是GIS中的一类典型操作，如空间集合分析就是按照逻辑运算合成的。例如，现有一幅土地利用现状图和一幅土壤类型图，需查询土层厚度大于50cm的小麦地。在分析操作时，首先从土地利用现状图中找出小麦地的子集A_1，再从土壤类型图中获取土层厚度大于50cm的子集A_2；然后求两个子集的交集$A=A_1 \cap A_2$，即为查询结果。由于子集A_l和A_2实际上都含有误差，如A_1子集中可能也包含了其他地物，小麦地只是其中心类别。设A_1的误差为5%，A_2的误差为10%，则A的误差是不易计算的。

(2)不精确推理关系下的误差传播。GIS作为辅助决策工具，常常需要进行综合分析、评判和基于知识的推理。在利用含有误差的知识时，经不精确推理所得结论的精度和可信度如何，是推理关系下的传播定律所要解决的问题。

逻辑关系下的误差传播律正处于研究中，借用信息论、模糊数学、人工智能和专家系统的基础理论可望解决这一问题。

通过上述讨论，不难理解，由于人们对GIS数据的质量和精度问题还不太了解，因此还有许多问题有待于深入研究。例如，由于用户的需求多种多样，对数据质量和精度还没有一致的意见；缺乏度量空间数据和GIS输出结果不确定性的方法；在GIS功能中，没有标准方法来建立误差模型。对如何处理误差，没有成熟的规范可循，现有的 GIS 能够提供一个派生信息的工具，却没能提供一个关于系统可靠性的工具。

5.5.9 空间数据质量的控制

1. 空间数据质量控制的常见方法

空间数据质量的控制是个复杂的过程。要控制数据质量，应从数据质量产生和扩散的所有过程和环节入手，分别用一定的方法减少误差。空间数据质量控制常见的方法有如下几种：

(1)传统的手工方法。手工方法主要是将数字化数据与数据源进行比较，图形部分的检查包括目视方法；绘制到透明图上，与原图叠加、比较；属性部分的检查采用与原属性逐个对比或其他的比较方法。

(2)元数据方法。元数据中包含了大量的有关数据质量的信息，通过它，可以检查数据质量，同时，元数据也记录了数据处理过程中质量的变化，通过跟踪元数据，可以了解数据质量的状况和变化。

(3)地理相关法。用空间数据的地理特征要素自身的相关性来分析数据的质量。例如，从地表自然特征的空间分布着手分析，山区河流应位于微地形的最低点，因此，叠加河流和等高线两层数据时，若河流的位置不在等高线的外凸连线上，则说明两层数据中必有一层数据有质量问题，如不能确定哪层数据有问题，则可以通过将它们分别与其他质量可靠的数据层叠加来进一步分析。再如，桥或停车场等与道路应是相连的，如果数据库中只有桥或停车场，而没有与道路相连，则说明道路数据被遗漏，数据不完整。

2. 空间数据质量控制的内容

数据质量控制应体现在数据生产和处理的各个环节。下面以地图数字化生成地图数据过程为例，说明数据质量控制的内容。

(1)数据预处理工作。主要包括对原始地图、表格等的整理、清绘。对于质量不高的数据源，如散乱的文档和图面不清晰的地图，通过预处理工作不但可减少数字化误差，还可提高数字化工作的效率。对于扫描数字化的原始图形或图像，还可采用分版扫描的方法来减少矢量化误差。

(2)数字化设备的选用。根据手扶跟踪数字化仪、扫描仪等设备的分辨率和精度等有关参数挑选设备，这些参数应不低于设计的数据精度要求。一般要求数字化仪的分辨率达到 0.025mm，精度达到 0.2mm；扫描仪的分辨率则不低于 0.083mm。

(3)数字化对点精度(准确性)。这是指数字化时数据采集点与原始点重合的程度，一般要求数字化对点误差应小于 0.1mm。

(4)数字化限差。限差的最大值分别规定如下：采点密度(0.2mm)、接边误差(0.02mm)、接合距离(0.02mm)、悬挂距离(0.007mm)、细化距离(0.007mm)和纹理距离(0.0lmm)。

(5)接边误差控制。通常当相邻图幅对应要素间的距离小于 0.3mm 时，可移动其中一个要素，以使两者接合；当这一距离在 0.3mm 与 0.6mm 之间时，两要素各自移动一半距离；若距离大于 0.6mm，则按一般制图原则接边，并做记录。

(6)数据的精度检查。主要检查输出图与原始图之间的点位误差。一般对直线地物和独立地物，这一误差应小于 0.2mm；对曲线地物和水系，这一误差应小于 0.3mm；对边界模糊的要素，这一误差应小于 0.5mm。

空间数据的采集与处理工作是建立 GIS 的重要环节，了解 GIS 数字化数据的质量与不确定性特征，最大限度地纠正所产生的数据误差，对保证 GIS 分析应用的有效性具有重要意义。

5.5.10　空间数据的标准

因为空间数据是 GIS 的基础，所以关于数据方面的标准是非常重要的，也是目前 GIS 标准化工作的重点。数据标准主要包括数据交换、数据质量和数据说明文件三方面的内容。

1. 数据交换标准

数据交换是将一种数据格式转换成为另外某种数据格式的技术。简单地说，它是一种专门的中间媒介转换系统。这类标准往往涉及环境要素的描述、分类、编码等方面的内容，美国的空间数据转换规范(SDTS)和欧洲的地理数据文件(GDF)均属这类标准。但是在具体的应用和实施过程中，由于空间数据的格式、结构、应用和软硬件的复杂多样性，制定这类标准的难度非常大。在目前的实际应用中，仍是以采取系统两两相互转换的方法为多。这种方法的弊端在于，容易丢失信息和损失数据精度，无法转换元数据文件。

2. 数据精度标准

在应用过程中，用户都希望获得现时的、完整而准确的数据。每个部门对数据的精度、流通性、完整性以及其他方面的要求是不同的，即便在同一单位，不同的应用项目对数据的精度要求也不相同。所以，很难以某种数据阈值来确定统一的精度标准，现在的做法是采用“数据质量报告”的概念来描述所了解的数据精度，如 SDTS 就采用数据质量报告对空间数据的一些要素进行描述，包括空间数据精度、属性数据精度、逻辑一致性、数据完整性等，具体包括下列内容：

(1)数据精度：

数据的世袭性：数据来源、获取数据的方法、转换方法、控制点等；

数据位置精度；

属性精度；

数据的逻辑一致性；

数据的完备性；

数据的实效性。

(2)精度类型(包括空间精度和属性精度)：

数据采集中的误差(总误差、任意误差、系统误差等)；

数据采集后阶段出现的误差(绘图控制误差、编辑误差、编辑错误、地图生成错误、要素定义错误、数字化或扫描误差等)。

(3)精度标准：数据采集受精度制约，对于测量精度，各国均制定了自行的标准，如美国的国家测量精度标准，我国也制定了多种测量精度标准。然而，要制定包括 GIS 各个方面的精度标准，如数字化、编辑、绘图、属性、数据转换等，仍是一件非常艰巨的任务。

3. 元数据标准

元数据是关于数据的数据，用以描述数据集或数据库的内容、数据的组织形式、数据的存取方式等。元数据还包括数据质量和转换的相关信息。

元数据有三种用途：一是作为数据的目录，提供数据集内容的摘要，类似于图书馆中的图书卡；二是有助于数据共享，提供数据集或数据库转换和使用所需要的数据内容、形式、质量方面的信息；三是内部文件记录，用以记录数据集或数据库的内容、组织形式、维护和更新等情况。

目前已经有元数据的标准。在美国，不少数据提供部门都着手制定自己的元数据文件。联邦地理数据委员会(FGDC)和国家标准与技术研究所(NIST)正着手于元数据标准，以作为SDTS的补充；加拿大遥感中心(CCRS)也在着手这方面的工作。

习题和思考题

1. 简述空间数据的特征和分类。
2. 空间数据的主要数据源有哪些？
3. 简述属性数据的编码原则、内容及方法。
4. 简述矢量数据和栅格数据的录入方法。
5. 何为拓扑关系？空间数据的拓扑关系主要有哪几种？
6. 如何建立空间几何图形的拓扑关系？
7. 简述空间数据的误差分类，并举例说明各类误差产生的原因及对GIS数据质量造成的影响。
8. 空间数据质量的控制方法有哪些？
9. 数据标准主要包括哪几方面的内容？

第 6 章　空间数据查询与分析

☞ 学习目标

学习本章，要掌握空间数据查询、空间数据分析以及数字地面模型等相关知识。空间数据查询内容包括空间数据查询的含义、各种查询方式、查询结果的显示方式、空间数据查询的应用等；空间数据分析的方法包括缓冲区分析、叠加分析、网络分析、空间插值、统计分类分析。

6.1　空间数据查询

空间数据的查询是地理信息系统的一项重要功能，查询是用户与系统交流的途径，它可以向人们提供与地理空间、时间空间相关的空间数据或者与其关联的属性数据。目前，大多数成熟的商品化地理信息系统软件的查询功能都能实现对空间实体的简单查找，如根据鼠标所指的空间位置，系统可查找出该位置的空间实体和空间范围以及它们的属性，并显示出该空间对象的属性列表，可以进行有关统计分析。

6.1.1　空间数据查询的含义

空间数据查询首先是给出查询条件，然后系统经过空间量算或在空间数据库和与其相联的属性数据库中快速检索，并返回满足条件的内容。

查询是 GIS 用户最经常使用的功能，用户提出的很大一部分问题都可以通过查询的方式解决，查询的方法和查询的范围在很大程度上决定了 GIS 的应用程度和应用水平。

通过数据查询，可以定位空间对象，提取对象信息，为地理信息系统的高层次空间分析奠定基础。G1S 数据查询包含了图形和属性的双向查询以及基于时间要素的图形、属性联合查询。

6.1.2　空间数据查询的方式

1. 基于空间关系查询

空间实体间存在着多种空间关系，包括拓扑、顺序、距离、方位等关系。通过空间关系查询和定位空间实体，是地理信息系统不同于一般数据库的功能之一。用户往往希望地理信息系统提供一些更能直接计算空间实体关系的功能，如用户希望查询出满足如下条件的旅游景点：

(1)在北京三环以外；

(2)距离三环线不超过 100km；

(3)景点选择区域是特定的多边形。

整个查询过程涉及空间方位关系：在北京三环以外，距离三环线不超过100km；空间拓扑关系：特定的选择区域之内。

地理信息系统中简单的面、线、点相互关系的查询包括：

(1)面面查询。例如，与某个多边形相邻的多边形有哪些，如与河北省相邻的省市有哪些。

(2)面线查询。例如，某个多边形的边界有哪些线，如密云水库的边界。

(3)面点查询。例如，某个多边形内有哪些点状地物，如北京地区有哪些旅游景点。

(4)线面查询。例如，某条线经过(穿过)的多边形有哪些，某条链的左、右多边形是哪些，如京广铁路穿过哪些省、市。

(5)线线查询。例如，与某条河流相连的支流有哪些，某条道路跨过哪些河流。

(6)线点查询。例如，某条道路上有哪些桥梁，某条输电线上有哪些变电站。

(7)点面查询。例如，某个点落在哪个多边形内，如泰山位于哪个省内。

(8)点线查询。例如，某个节点由哪些线相交而成，如经过郑州的铁路线有哪些。

在实际的地理信息系统中，往往不是只对单一关系查询，而是数种关系的组合，还可能有属性信息的条件限制。

2. 基于空间关系和属性特征查询

1)基于属性数据的查询

根据空间目标的属性数据来查询该目标的其他属性信息或者相应的图形信息。GIS中，基于属性数据的查询包括两个方面的内容：一是由地物目标的某种属性数据(或者属性集合)查询该目标的其他属性信息；二是由地物目标的属性信息查询其对应的图形信息。

目前，GIS的地物属性数据库大多是以传统的关系数据库为基础的，地物的图形数据和属性数据是分开存储的，图形和属性之间通过目标的ID码进行关联，因此，基于属性的GIS查询可以通过关系数据库的SQL语言进行。

2)基于图形数据的查询

基于图形数据的查询是可视化的查询，用户通过在屏幕上选取地物目标来查询其对应的图形和属性信息，它包括两种方式：区域查询和点选查询。

区域查询包括矩形区域、圆形区域和任意多边形区域查询。用户通过在屏幕上指定一个区域来查询其中的地物目标的信息，可自行定义是否只有当目标全部落入指定区域才认为该目标被选中，如图6.1所示。

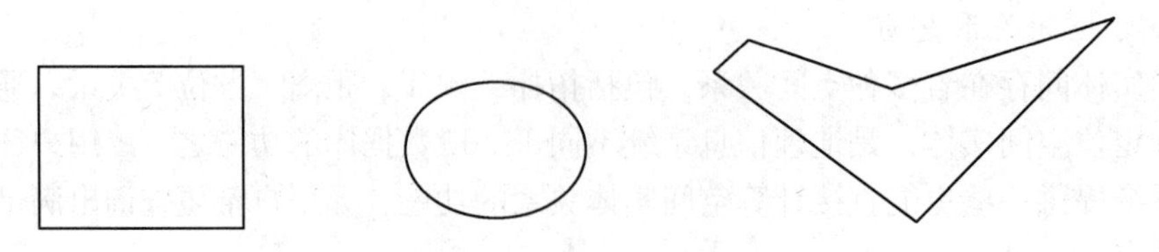

图6.1 区域查询示意图

点选查询是指用户通过直接在屏幕上选取地物目标的整体（点状地物）或者局部（线状和面状地物）来查询其信息。

为方便用户进行图形选取，系统在设计时一般需要考虑，点选查询要设计合适的选取捕捉范围，区域查询要注意目标与查询区域边界相交时的处理。

基于图形数据的查询包括以下三个方面的内容：

(1)由屏幕显示的地物目标查询该目标的属性信息。如在屏幕上选取住宅，要查询其相关属性，可通过其 ID 码在属性数据库中查询它对应的属性数据（如层高、面积等）。

(2)由地物目标查询该目标其他部分的图形信息。

(3)由地物目标查询与其相关目标的图形信息。

基于图形的查询是为方便用户输入查询条件而设计成可视化空间查询的，其实，在 GIS 中，仍然要翻译成形式化的 SQL 语言。查询过程是：通过屏幕捕捉获取目标的坐标信息，根据坐标信息在图形库中查询对应的图形及其 ID，再通过 ID 在属性库中找出相应的属性。

3)图形与属性的混合查询

图形与属性的混合查询是指查询条件同时包括了图形方面的内容和属性方面的内容，查询结果集应该同时满足这两个方面的要求。

例如，查询在屏幕上指定矩形区域内的建筑面积在 $100m^2$ 以上、业主职业为教师的住宅。这一查询是图形与属性的混合查询，查询条件包含了三个条件：坐标范围限制在所选区域，建筑面积 $100m^2$ 以上，业主职业是教师。查询的结果可以是图形的屏幕显示或者属性的报表显示。

混合查询中有两个方面是比较重要的：一是查询条件的分离。查询的条件要分离为对图形的查询和对属性的查询，在相应的图形数据库和属性数据库中查询，然后将其结果求交集作为输出结果。二是查询的优化。对于多条件的混合查询，经过分析，可以按某种顺序逐层查询，后一个条件查询是在前一个条件查询得出的结果中进行查询，最后得出的结果为满足所有条件的查询结果。各查询条件的先后顺序优化很重要，它关系到系统的计算量，直接表现在查询速度快慢上，但不影响查询结果。

3. 模糊查询

模糊查询指的是限定需要查询的数据项的部分内容，查询所有数据项中具有该内容的数据库记录，GIS 中的模糊查询与其他数据库的模糊查询是相通的，只是具有了空间数据的特性。对于属性数据的模糊查询，完全等同于一般意义的数据库模糊查询；空间数据的模糊查询在于通过目标图形上某一点（点选）或者某一部分确定整个目标。地物目标的空间特性和计算机环境决定了用户不可能通过点选完整选取线状和面状目标，而只能通过区域选取的方式进行图形的查询。

模糊查询具有一定的模糊性或者概括性，这种模糊性往往导致查询结果是一个目标集合。模糊查询是快速获取具有某种特性的数据集的方法。例如，小区 GIS 数据库每一个住户代码编号为六位，前两位是楼号，第三位是单元号，后三位是门牌号，如果想找 1 号楼户主的信息，可引入下列模糊查询语句：

Select * from yezhu. db where fh like “01”

4. 自然语言空间查询

在空间数据查询中引入自然语言，可以使查询更轻松自如。在 GIS 中，很多地理方面的概念是模糊的，例如，地理区域的划分实际上并没有像境界一样明确的界线。而空间数据查询语言中使用的概念往往都是精确的。

为了在空间查询中使用自然语言，必须将自然语言中的模糊概念量化为确定的数据值或数据范围。例如，查询高气温的城市时，引入自然语言时可表示为：

```
Select  name
From  cities
Where  temperature is high
```

如果通过统计分析和计算以及用模糊数学的方法处理，认为当城市气温大于或等于 33.75℃时是高气温，则对上述用自然语言描述的查询操作转换为：

```
Select  name
From  cities
Where  temperature >=33.75
```

在对自然语言中的模糊概念量化时，必须考虑当时的语义环境。例如，对于不同的地区，城市为“高气温”时的温度是不同的；气温的“高”(high)和人身材的“高”(high)也是不同的。因此，引入自然语言的空间数据查询，只能适用于某个专业领域的地理信息系统，而不能作为地理信息系统中的通用数据库查询语言。

5. 超文本查询

超文本查询把图形、图像、字符等皆当做文本，并设置一些“热点”(Hot Spot)，“热点”可以是文本、图片等。用鼠标点击“热点”后，可以弹出说明信息、播放声音、完成某项工作等。但超文本查询只能预先设置好，用户不能实时构建自己要求的各种查询。

6. 符号查询

地物在 GIS 中都是以一定的符号系统表示的，系统应该提供根据地物符号来进行查询的功能。符号查询是根据地物在系统中的符号表现形式来查询地物的信息，实质是通过用户指定某种符号，在符号库中查询其代表的地物类型，在属性库中查询该地物的属性信息或者图形信息。

6.1.3 查询结果的显示方式

空间数据查询不仅能给出查询到的数据，还应以最有效的方式将空间数据显示给用户。对于查询到的地理现象的属性数据，能以表格、统计图表等形式显示，或根据用户的要求显示。空间数据的最佳表示方式是地图，因而空间数据查询的结果最好以专题地图的形式表示出来。为了方便查询结果的显示，Max(1991，1994)在基于扩展 SQL 的查询语言中增加了图形表示语言，作为对查询结果显示的表示。查询结果的显示有以下 6 个环境参数：

(1)显示方式。有 5 种显示方式用语，对多次查询结果的运算：刷新、覆盖、清除、相交和强调。

(2)图形表示。用于选定符号、图案、色彩等。

(3)绘图比例尺。确定地图显示的比例尺(内容和符号不随比例尺变化)。

(4)显示窗口。确定屏幕上显示窗口的尺寸。

(5)相关的空间要素。显示相关的空间数据，使查询结果更容易理解。

(6)查询内容的检查。检查多次查询后的结果。

通过选择这些环境参数，可以把查询结果以用户选择的不同形式显示出来，但距离把查询结果以丰富多彩的专题地图显示出来的目标还相差很远。

6.2 叠加分析

叠加分析是地理信息系统最常用的提取空间隐含信息的手段之一。该方法源于传统的透明材料叠加，即将来自不同数据源的图纸绘于透明纸上，在透光桌上将其叠放在一起，然后用笔勾出感兴趣的部分——提取出感兴趣的信息。地理信息系统的数据是分层表示的，同一地区的整个数据层表达了该地区地理景观的内容。每个主题层可以叫做一个数据层面。数据层面既可以用矢量结构的点、线、面图层文件方式表达，也可以用栅格结构的图层文件格式表达。

叠加分析是指在两个或多个数据层集之间进行的一系列集合运算，产生一个新数据层面的操作，其结果综合了原来两层或多层要素所具有的属性，是GIS中的一项非常重要的空间分析功能。例如，需要了解某一个行政区内的土壤分布情况，就要根据研究区域的土地利用图和行政区划图这两个数据集进行叠加分析，然后得到需要的结果，从而进行各种分析评价。

多边形叠加分析方法在国内外已有发展，并得到较为广泛的应用，如在Arc/Info、MapGIS等地理信息系统软件中均具备较强的多边形叠加分析功能。

地理信息系统的叠加分析不仅包含空间关系的比较，还包含属性关系的比较。地理信息系统叠加分析可以分为以下几类：视觉信息叠加、点与多边形叠加、线与多边形叠加、多边形叠加、栅格图层叠加。

6.2.1 视觉信息叠加

视觉信息叠加是将不同侧面的信息内容叠加显示在结果图件或屏幕上，以便研究者判断其相互空间关系，获得更为丰富的空间信息的操作。地理信息系统中视觉信息叠加包括以下几类：

(1)点状图、线状图和面状图之间的叠加显示。

(2)面状图区域边界之间或一个面状图与其他专题区域边界之间的叠加。

(3)遥感影像与专题地图的叠加。

(4)专题地图与数字高程模型(DEM)叠加显示立体专题图。

视觉信息叠加不产生新的数据层面，只是将多层信息复合显示，便于分析。

6.2.2 点与多边形叠加

点与多边形叠加实际上是计算多边形对点的包含关系的操作。矢量结构的GIS能够通过计算每个点相对于多边形线段的位置，进行点是否在一个多边形中的空间关系判断。在完成点与多边形的几何关系计算后，还要进行属性信息处理。最简单的方式是将多边形属性信息叠加到其中的点上。当然，也可以将点的属性叠加到多边形上，用于标识该多边形。

通过点与多边形叠加，可以计算出每个多边形类型里有多少个点，不但要区分点是否在多边形内，还要描述在多边形内部的点的属性信息。通常不直接产生新数据层面，而只是把属性信息叠加到原图层中，然后通过属性查询间接获得点与多边形叠加的需要信息。例如，一个全国政区图(多边形)和一个全国矿产分布图(点)，二者经叠加分析后，将政区图多边形有关的属性信息加到矿产的属性数据表中，然后通过属性查询，可以查询指定省有多少种矿产、产量有多少；而且可以查询指定类型的矿产在哪些省里有分布等信息。

6.2.3　线与多边形叠加

线与多边形的叠加是比较线上坐标与多边形坐标的关系，判断线是否落在多边形内的操作。计算过程通常是计算线与多边形的交点。只要相交，就产生一个节点，将原线打断成一条条弧段，并将原线和多边形的属性信息一起赋给新弧段。叠加的结果产生了一个新的数据层面，每条线被它穿过的多边形打断成新弧段图层，同时产生一个相应的属性数据表，记录原线和多边形的属性信息。根据叠加的结果，可以确定每条弧段落在哪个多边形内，可以查询指定多边形内指定线穿过的长度。例如，线状图层为河流，多边形图层为全国各省、市区域，叠加的结果是多边形将穿过它的所有河流打断成弧段，可以查询任意省或市内的河流长度，进而计算它的河流密度等；如果线状图层为道路网，叠加的结果可以得到每个省或市内的道路网密度，内部的交通流量，进入、离开各个多边形的交通量，相邻多边形之间的相互交通量。

6.2.4　多边形叠加

多边形叠加是将两个或多个多边形图层进行叠加产生一个新多边形图层的操作，其结果是将原来的多边形要素分割成新要素，新要素综合了原来两层或多层的属性，如图 6.2 所示。

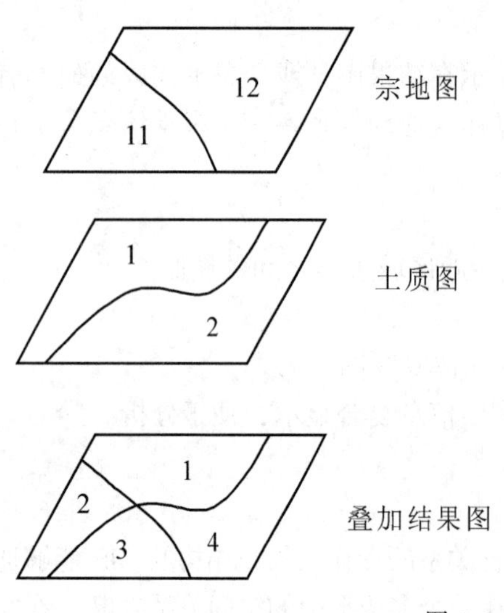

宗地 ID	宗地号
11	京-99-1
12	京-99-2

土壤 ID	土质
1	黑土
2	黑钙土

ID	宗地 ID	宗地号	土壤 ID	土质
1	12	京-99-2	1	黑土
2	11	京-99-1	1	黑土
3	11	京-99-1	2	黑钙土
4	12	京-99-2	2	黑钙土

图 6.2　多边形叠加分析

叠加过程可分为几何求交过程和属性分配过程两步。几何求交过程首先求出所有多边形边界线的交点，再根据这些交点重新进行多边形拓扑运算，叠加结果可能会出现一些碎屑多边形，通常可以设定一模糊容限来消除它。对新生成的拓扑多边形图层的每个对象赋一多边形唯一标识码，同时生成一个与新多边形对象一一对应的属性表。

多边形叠加完成后，根据新图层的属性表，可以查询原图层的属性信息，新生成的图层与其他图层一样，可以进行各种空间分析和查询操作。

6.2.5 栅格图层叠加

栅格图层叠加的一种常见形式是二值逻辑叠加，它常作为栅格结构的数据库查询工具。数据库查询就是查找数据库中已有的信息。例如，基于位置信息查询，如已知地点的土地类型；基于属性信息的查询，如地价最高的位置。比较复杂的查询涉及多种复合条件，如查询所有的面积大于100hm^2且邻近工业区的全部湿地。这种数据库查询通常分为两步：首先进行再分类操作，为每个条件创建一个新图层，通常是二值图层，1代表符合条件，0表示所有不符合条件；然后进行二值逻辑叠加操作得到想查询的结果。

6.3 缓冲区分析

6.3.1 缓冲区的概念

在这里，缓冲区的概念与计算机技术中的缓冲区概念无关，而是针对点、线、面实体自动建立起周围一定宽度范围以内的缓冲区多边形，通常用于确定地理空间目标的一种影响范围或服务范围。

缓冲区分析是GIS的基本空间操作功能之一。例如，某地区有危险品仓库，要分析一旦仓库爆炸所涉及的范围，就需要进行点缓冲区分析；如果要分析因道路拓宽而需拆除的建筑物和需搬迁的居民，则需进行线缓冲区分析；而在对野生动物栖息地的评价中，动物的活动区域往往是在距它们生存所需的水源或栖息地一定距离的范围内，为此，可用面缓冲区进行分析，等等。因此，缓冲区是某一主体对象对邻近对象在一定辐射强度或影响强度条件下的影响区域。

在进行缓冲区分析时，通常将研究的问题抽象为三类因素来进行分析：

(1)主体。表示分析的主要目标，一般分为点源、线源和面源，如图6.3所示。

(2)邻近对象。表示受主体影响的客体，一般是落入缓冲区域的邻近对象的集合。

(3)作用条件。表示主体对邻近对象施加作用的影响条件或强度，最终都被归化为距离或半径。

6.3.2 缓冲区的建立

建立点的缓冲区时，只需要给定半径绘圆即可。面的缓冲区只朝一个方向，而线的缓冲区需在线的左右配置。下面简介线的缓冲区的建立思路。

对一条线建立缓冲区，只需在线的两边按一定的距离(缓冲距)绘平行线，并在线的端点处绘半圆，就可连成缓冲区多边形。

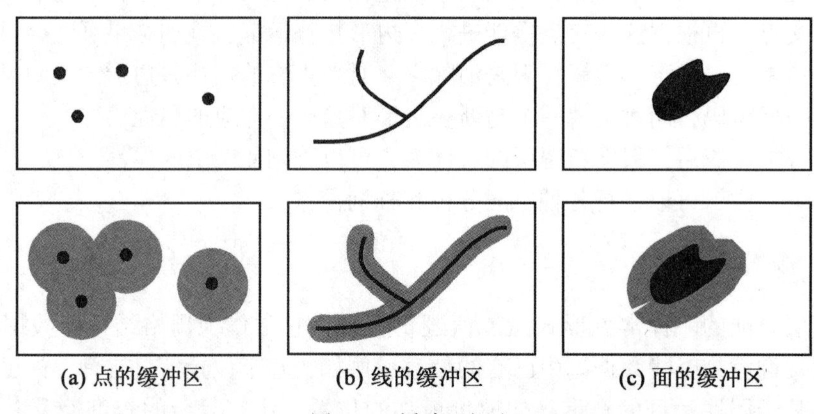

(a) 点的缓冲区　(b) 线的缓冲区　(c) 面的缓冲区

图 6.3　缓冲区概念

对一条线建立缓冲区时，有可能产生重叠(图 6.4)，这时需把重叠的部分去除，基本思路是，对缓冲区边界求交，并判断每个交点是出点还是入点，以决定交点之间的线段保留或删除，这样就可得到岛状的缓冲区。

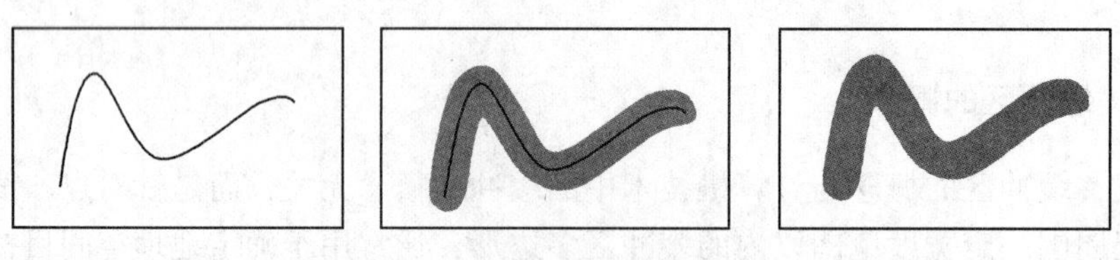

图 6.4　单线建立的缓冲区

在对多条线建立缓冲区时，可能会出现缓冲区之间的重叠(图 6.5)，这时需把缓冲区内部的线段删除，以合并成连通的缓冲区。

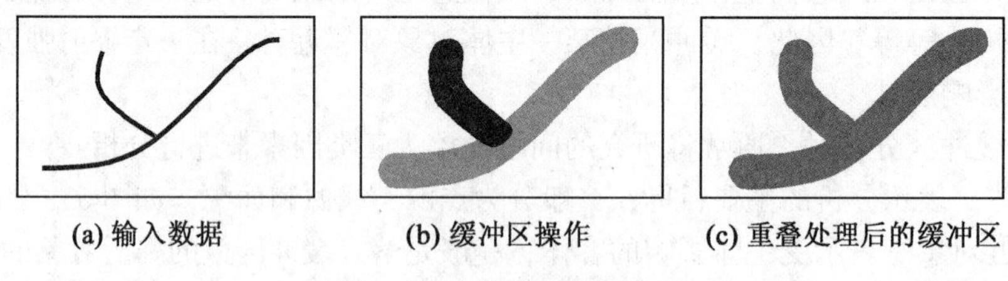

(a) 输入数据　(b) 缓冲区操作　(c) 重叠处理后的缓冲区

图 6.5　多线建立的缓冲区

6.3.3　缓冲区查询

缓冲区查询是在不破坏原有空间对象的关系，只是用缓冲区的方法建立数据查询的范围，并检索得到落入缓冲区内的对象的过程。在这里，缓冲区充当查询多边形的作用，不会产生新的图层。缓冲区查询主要用于对影响范围内的某些对象进行属性统计分析。

6.3.4　缓冲区分析

缓冲区分析则是利用建立的缓冲区作为一个输入图层，并与将要进行缓冲区分析的图层进行叠置分析得到所需结果的过程。缓冲区分析需要进行缓冲区多边形与叠加图层内对象间的求交计算，重新建立拓扑关系和新的对象的属性赋值，产生新的图层。在一些应用中，如选址分析、土地适宜性评价、多因素综合分析评价等，缓冲区分析可能会被反复使用。

6.4　网 络 分 析

对地理网络(如交通网络)、城市基础设施网络(如各种网线、电力线、电话线、供排水管线等)进行地理分析和模型化，是地理信息系统中网络分析功能的主要目的。网络分析是运筹学模型中的一个基本模型，它的根本目的是研究、筹划一项网络工程，并使其运行效果最好，如一定资源的最佳分配，从一地到另一地的运输费用最低等。其基本思想是，人类活动总是趋于按一定目标选择达到最佳效果的空间位置。此类问题在社会经济活动中很多，因此在地理信息系统中，此类问题的研究具有重要意义。

6.4.1　基本概念

网络分析的主要用途包括：选择最佳路径；选择最佳布局中心的位置。所谓最佳路径，是指从始点到终点的最短距离或花费最少的路线(图 6.6)；最佳布局中心位置是指各中心所覆盖范围内任一点到中心的距离最近或花费最小；网流量是指网络上从起点到终点的某个函数，如运输价格、运输时间等，网络上的任意点都可以是起点或终点。

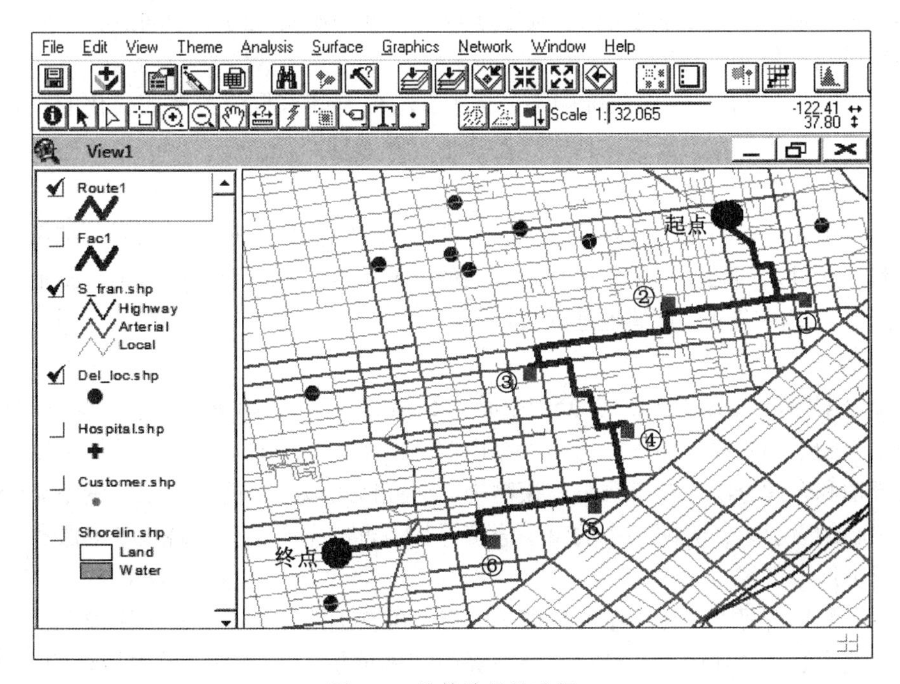

图 6.6　最佳路径的选择

图6.6所示为从起点至终点，途中需经过①至⑥号点，经过路径分析得到的最佳路径。

网络中的基本组成部分和属性如下：

(1)链：网络中流动的管线，如街道、河流、水管等，其状态属性包括阻力和需求。

(2)障碍：禁止网络中链上流动的点。

(3)拐角点：出现在网络链中所有的分割节点上，状态属性为阻力，如拐弯的时间和限制(如不允许左拐)等。

(4)中心：接受或分配资源的位置，如水库、商业中心、电站等，其状态属性包括资源容量，如总的资源量；阻力限额，如中心与链之间的最大距离或时间限制。

(5)站点：在路径选择中资源增减的站点，如库房、汽车站等，其状态属性为要被运输的资源需求，如产品数。

网络中的状态属性有阻力和需求两项，实际的状态属性可通过空间属性和状态属性转换，根据实际情况赋到网络属性表中。

6.4.2 主要网络分析功能

1. 路径分析

(1)静态求最佳路径。由用户确定权值关系后，即给定每条弧段的属性，当需求最佳路径时，读出路径的相关属性，求最佳路径。

(2)N条最佳路径分析。确定起点、终点，求代价较小的几条路径，因为在实践中，往往仅求出最佳路径并不能满足要求，可能因为某种因素不走最佳路径，而走近似最佳路径。

(3)最短路径或最低消耗路径。确定起点、终点和所要经过的中间点、中间连线，求最短路径或消耗最低的路径。

(4)动态最佳路径分析。实际网络分析中，权值是随着权值关系式变化的，而且可能会临时出现一些障碍点，所以往往需要动态地计算最佳路径。

2. 地址匹配

地址匹配实质是对地理位置的查询，它涉及地址的编码。地址匹配与其他网络分析功能结合起来，可以满足实际工作中非常复杂的分析要求。所需输入的数据包括地址表和含地址范围的街道网络及待查询地址的属性值。

3. 资源分配

资源分配网络模型由中心点(分配中心)及其状态属性和网络组成。分配有两种方式：一种是由分配中心向四周输出，另一种是由四周向中心集中。这种分配功能可以解决资源的有效流动和合理分配。在资源分配模型中，研究区可以是机能区，根据网络流的阻力等来研究中心的吸引区，为网络中的每一连接寻找最近的中心，以实现最佳的服务，还可以用来指定可能的区域。

资源分配模型可用来计算中心地的等时区、等交通距离区、等费用距离区等，还可用来进行城镇中心、商业中心或港口等地的吸引范围分析，以寻找区域中最近的商业中心，进行各种区划和港口腹地的模拟等。

6.5 空间插值

空间插值常用于将离散点的测量数据转换为连续的数据曲面，以便与其他空间现象的分布模式进行比较，包括空间内插和外推两种算法。空间内插算法是一种通过已知点的数据推求同一区域其他未知点数据的计算方法；空间外推算法则是通过已知区域的数据，推求其他区域数据的方法。

空间插值的理论假设是，空间位置上越靠近的点，越可能具有相似的特征值；而距离越远的点，其特征值相似的可能性越小。

6.5.1 需要空间插值的情况

(1)现有的离散曲面的分辨率、像元大小或方向与所要求的不符。例如，将一个扫描影像从一种分辨率或方向转换到另一种分辨率或方向的影像。

(2)现有的连续曲面的数据模型与所需的数据模型不符。例如，将一个连续的曲面从一种空间切分方式变为另一种空间切分方式，从 TIN 到栅格、从栅格到 TIN 或从矢量多边形到栅格。

(3)现有的数据不能完全覆盖所要求的区域范围。例如，将离散的采样点数据内插为连续的数据表面。

6.5.2 空间插值的数据源

可用于空间插值的数据包括以下几类：

(1)摄影测量得到的正射航片或卫星影像；

(2)卫星或航天飞机的扫描影像；

(3)野外测量采样数据，采样点随机分布或有规律地线性分布(沿剖面线或沿等高线)；

(4)数字化的多边形图、等值线图。

空间插值的数据通常是复杂空间变化采样点的有限的测量数据，这些已知的测量数据称为硬数据。在采样点数据比较少的情况下，可以根据已知的导致某种空间变化的自然过程或现象的信息机理，辅助进行空间插值，这种已知的信息机理，称为软信息。

采样点的空间位置对空间插值的结果影响很大，用完全规则的采样网络可能会得到片面的结果，如丢失地物的特征点等；用完全随机的采样同样存在缺陷，可能会导致采样点的分布不均，一些点的数据密集，另一些点的数据缺少。图 6.7 列出了空间采样点分布的几种选择。规则采样和随机采样较好的结合方法是成层随机采样，即单个的点随机地分布于规则的格网内。聚集采样可用于分析不同尺度的空间变化。规则断面采样常用于河流、山坡剖面的测量。等值线采样是以数字化等高线图插值数字离程模型最常用的方法。

6.5.3 空间插值方法

空间插值方法可以分为整体插值和局部插值两类。整体插值方法用研究区所有采样点的数据进行全区特征拟合，局部插值方法是仅仅用邻近的数据点来估计未知点的值。

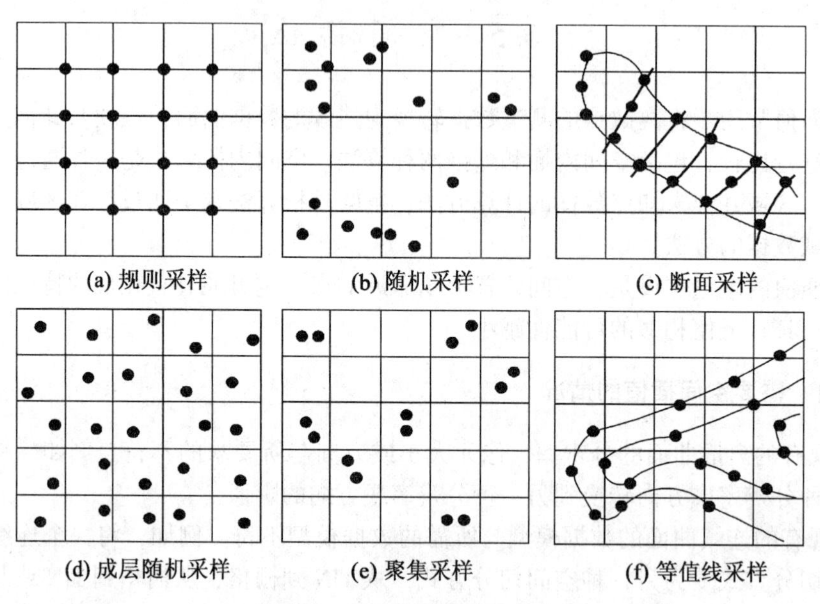

图 6.7 各种不同的采样方式

1. 整体插值方法

(1)边界内插方法。边界内插方法假设任何重要的变化发生在边界上，边界内的变化是均匀的、同质的，即在各方向都是相同的。这种概念模型经常用于土壤和景观制图，可以通过定义"均质的"土壤单元、景观图斑，来表达其他的土壤、景观特征属性。

(2)趋势面分析法。趋势面分析的思路是，先用已知采样点数据拟合出一个平滑的数学平面方程，再根据该方程计算无测量值的点上的数据。这种只根据采样点的属性数据与地理坐标的关系，进行多元回归分析得到平滑数学平面方程的方法，称为趋势面分析。

(3)变换函数插值。根据一个或多个空间参量的变换函数进行整体空间插值，这种方法称为变换函数插值，它也是经常使用的空间插值方法。

整体插值方法通常使用方差分析和回归方程等标准的统计方法，计算比较简单。其他的许多方法也可用于整体空间插值，如傅里叶级数和小波变换，特别是用于遥感影像分析方面，但需要的数据量大。

2. 局部插值方法

局部插值方法只使用邻近的数据点来估计未知点的值，包括以下几个步骤：

(1)定义一个邻域或搜索范围。

(2)搜索落在此邻域范围的数据点。

(3)选择表达这些有限个点的空间变化的数学函数。

(4)为落在规则格网单元上的数据点赋值，重复这个步骤，直到格网上的所有点赋值完毕。

3. 几种常用的局部插值方法

(1)泰森多边形方法(最近邻点法)。泰森多边形采用了一种极端的边界内插方法，只用最近的单个点进行区域插值。泰森多边形按数据点位置将区域分割成子区域，每个子区域包含一个数据点，各子区域内的点到其内数据点的距离小于任何到其他数据点的距离，并用其内数据点进行赋值。

泰森多边形插值方法由于简单易行，故在地学、资源、环境、气候等方面的研究中作为一种由点到面的插值方法而得到了广泛的应用。

(2)距离倒数插值方法(移动平均插值方法)。距离倒数插值方法综合了泰森多边形的邻近点方法和趋势面分析的渐变方法的长处，它假设未知点处属性值是在局部邻域内的所有数据点的距离的加权平均值。距离倒数插值方法是加权移动平均方法的一种。

距离倒数插值方法是 GIS 软件根据点数据生成栅格图层的最常见方法。距离倒数法计算值容易受到数据点集群的影响，计算结果经常出现一种孤立点数据明显高于周围数据点的“鸭蛋”分布模式，可以在插值过程中通过动态修改搜索准则进行一定程度的改进。

(3)样条函数插值方法。样条函数是一类分段(片)光滑，并且在各段交接处也有一定光滑性的函数。样条函数是一个分段函数，进行一次拟合，只有与少数点拟合，同时保证曲线段连接处连续，这就意味着样条函数可以修改少数数据点配准，而不必重新计算整条曲线。

样条函数与趋势面分析和距离倒数插值方法相比，保留了局部的变化特征，并在视觉上得到了令人满意的结果。样条函数的缺点是，样条内插的误差不能直接估算，同时在实践中要解决的问题是样条块的定义以及如何在三维空间中将这些“块”拼成复杂曲面，又不引入原始曲面中所没有的异常现象等问题。

6.6　空间统计分类分析

空间统计分析主要用于空间数据分类和综合评价。数据分类方法是地理信息系统重要的组成部分。与地图相比较，地图上所载负的数据是经过专门分类和处理过的，而一般说来，地理信息系统存储的数据具有原始性质，用户可以根据不同的实用目的进行提取和分析，特别是对于观测和采样数据，随着采用分类和内插方法的不同，得到的结果有很大的差异。因此，在大多数情况下，首先是将大量未经分类的数据输入信息系统数据库，然后要求用户建立具体的分类算法，以获得所需要的信息。

综合评价模型是区划和规划的基础。从人类认识的角度来看，模型有精确的和模糊的两种类型。由于绝大多数地理现象难以用精确的定量关系划分和表示，因此，模糊的模型更为实用，结果也往往更接近实际。综合评价一般经过以下四个过程：

(1)选择与简化评价因子；

(2)确定多因子重要性指标(权重)；

(3)确定因子内各类别对评价目标的隶属度；

(4)选用某种方法进行多因子综合。

1. 主成分分析(PCA)

地理问题往往涉及大量相互关联的自然和社会要素，众多的要素常常给模型的构造带来很大困难，同时也增加了运算的复杂性。为使用户易于理解和解决现有存储容量不足的问题，有必要减少某些数据，而保留最必要的信息。在地理变量中，许多变量通常都是相互关联的，有可能按这些关联关系进行数学处理，以达到简化数据的目的。主成分分析是通过数理统计分析，求得各要素间线性关系的实质上有意义的表达式，将众多要素的信息压缩表达为若干具有代表性的合成变量，这就克服了变量选择时的冗余和相关，然后选择信息最丰富的少数因子进行各种聚类分析，构造应用模型。

设有 n 个样本、p 个变量，将原始数据转换成一组新的特征值——主成分，主成分是原变量的线性组合，且具有正交特征。将 x_1，x_2，…，x_p 综合成 $m(m<p)$ 个指标 z_1，z_2，…，z_m，即

$$
\begin{aligned}
z_1 &= l_{11}x_1 + l_{12}x_2 + \cdots + l_{1p}x_p \\
z_2 &= l_{21}x_1 + l_{22}x_2 + \cdots + l_{2p}x_p \\
&\cdots\cdots \\
z_m &= l_{m1}x_1 + l_{m2}x_2 + \cdots + l_{mp}x_p
\end{aligned}
\tag{6.1}
$$

这样决定的综合指标 z_1，z_2，…，z_m 分别称为原指标的第一，第二，…，第 m 主成分。其中，z_1 在总方差中占的比例最大，其余主成分的方差依次递减。在实际工作中，常挑选前几个方差比例最大的主成分，这样既减少了指标的数目，又简化了指标之间的关系。

从几何上看，确定主成分的问题就是找 p 维空间中椭球体的主轴问题，就是得到 x_1，x_2，…，x_p 的相关矩阵中 m 个较大特征值所对应的特征向量，通常用雅可比(Jacobi)法计算特征值和特征向量。

很显然，主成分分析是把数据减少到易于管理的程度，是将复杂数据变成简单类别便于存储和管理的有力工具。地理研究和生态研究的 GIS 用户常使用上述技术，因而应把这些变换函数作为 GIS 的组成部分。

2. 层次分析法

层次分析(Analytic Hierarchy Process，AHP)法是系统分析的数学工具之一，它把人的思维过程层次化、数量化，并用数学方法为分析、决策、预报或控制提供定量的依据。事实上，这是一种定性和定量分析相结合的方法。在模型涉及大量相互关联、相互制约的复杂因素的情况下，各因素对问题的分析有着不同的重要性，决定它们对目标重要性的序列，对建立模型十分重要。

AHP 方法把相互关联的要素按隶属关系分为若干层次，请有经验的专家对各层次各因素的相对重要性给出定量指标，利用数学方法综合专家意见，给出各层次各要素的相对重要性权值，作为综合分析的基础。

层次分析法比较适合于具有分层交错评价指标的目标系统，而且目标值又难以定量描述的决策问题。

3. 聚类、聚合分析

聚类、聚合分析是栅格结构数据的一种分析方法，是指将一个单一层面的栅格数据系统经某种变换而得到一个具有新含义的栅格数据系统的数据处理过程。

聚类分析是根据设定的聚类条件，对原有数据系统进行有选择的信息提取而建立新的栅格数据系统的方法。聚类分析的步骤一般是根据实体间的相似程度，逐步合并若干类别，其相似程度由距离或者相似系数定义。进行类别合并的准则是使得类间差异最大，而类内差异最小。

聚合分析是指根据空间分辨力和分类表，进行数据类型的合并或转换，以实现空间地

域的兼并。空间聚合的结果往往是将较复杂的类别转换为较简单的类别，并且常以较小比例尺的图形输出。当从地点、地区到大区域的制图综合变换时，常需要使用这种分析处理方法。

4. 判别分析

判别分析与聚类分析同属分类问题，所不同的是，判别分析是预先根据理论与实践确定等级序列的因子标准，再将待分析的地理实体安排到序列的合理位置上的方法，比较适用于水土流失评价、土地适宜性评价等有一定理论根据的分类系统定级问题。

6.7　数字地形模型及地形分析

数字地形模型(Digital Terrain Model，DTM)最初是在1956年由美国麻省理工学院Miller教授为高速公路的自动设计提出来的。此后，它被用于各种线路选线(铁路、公路、输电线)的设计以及各种工程的面积、体积、坡度计算，任意两点间的通视判断及任意断面图绘制。在测绘中，它被用于绘制等高线、坡度坡向、立体透视图等。它还是地理信息系统的基础数据，可用于土地利用现状的分析、合理规划及洪水险情预报等，在军事上，可用于导航、作战电子沙盘等。

6.7.1　DTM与DEM的概念

数字地形模型是地形表面形态属性信息的数字表达，是带有空间位置特征和地形属性特征的数字描述。这些特征不仅包含高程属性，还包含其他的地表形态属性，如坡度、坡向、温度、降雨量等。数字地形模型中地形属性为高程时，称为数字高程模型(Digital Elevation Model，DEM)。显然，DEM是DTM的一个子集，是DTM的一个特例。地理信息系统中，DEM是建立DTM的基础数据，其他的地形要素可由DEM直接或间接导出，称为派生数据，如坡度、坡向。

6.7.2　DEM的数据采集和表示

1. DEM数据的采集

(1)地面测量。利用测绘仪器(全站仪、GPS-RTK等)实地测定地面目标的坐标，然后将测得目标的三维坐标转存到计算机中，作为DEM的原始数据。该方法适合于小区域内对精度要求较高的地面模型。

(2)地形图数字化。该种方法主要以大比例尺的近期地形图为数据源，通过手扶跟踪数字化仪、扫描数字化仪等采集方法得到地面点集的高程数据，建立数字地面模型(DTM)。

(3)以航空或航天遥感图像为数据源。该种方法是由航空或航天遥感影像作为数据源，采用各种摄影测量的方法建立空间地形立体模型，量取密集数字高程数据，建立数字地面模型。

(4)数字摄影测量方法。数字摄影测量方法是空间数据采集最有效的手段之一，它具有效率高、劳动强度低的优点。数据点的采样方法根据产品的要求不同而异，可沿等高线、断面线、地形线进行有目的的采样，也可基于规则格网或不规则格网点进行面采样。

数据采集是 DEM 的关键问题，采集的数据点太稀，会降低 DEM 的精度；数据点过密，又会增大数据量、处理的工作量和不必要的存储量，故在 DEM 数据采集之前，应依照所需精度要求，确定合理的取样密度，或者数据采集过程中根据地形复杂程度动态调整采样点密度。

2. *DEM 的主要表示方法*

一个地区的地表高程的变化可以采用多种方法表达，用数学定义的表面或点、线、影像都可用来表示 DEM。

1)数学方法

这种方法把地面分成若干个块，每块用一种数学函数(如傅立叶级数、高次多项式、随机布朗运动函数等)以连续的三维函数平滑地表示复杂曲面，并使函数曲面通过离散采样点。

2)图形方法

(1)线模式。等高线是表示地形高低起伏的最常见的形式，与其相关的山脊线、谷底线、海岸线及坡度变换线等地形特征线也是表达地面高程的重要信息源。

(2)点模式。用离散采样数据点建立 DEM 是常用的方法之一。数据采样可以按规则格网采样，可以是密度一致的或不一致的；可以是不规则采样，如不规则三角网、邻近网模型等；也可以有选择地采样，采集山峰、洼坑、隘口、边界等重要特征点。

①规则格网模型。规则格网模型是将区域空间切分为规则的格网单元，每个格网单元对应一个数值。规则格网可以是正方形、矩形、三角形等。数学上可以表示为一个矩阵，在计算机中则是一个二维数组。每个格网单元或数组的一个元素，对应一个高程值，如图 6.8 所示。

96	92	91	93	90	86	80	83	85	89
92	89	87	89	86	84	78	79	86	86
88	82	80	81	80	78	77	79	82	76
86	80	77	78	75	70	73	75	79	82
75	73	70	72	70	69	70	73	76	79
83	79	75	76	73	69	67	70	73	75
85	80	78	80	76	72	70	71	72	75
84	82	80	81	79	78	73	72	77	76
78	76	72	75	72	70	70	68	70	73
72	70	68	72	69	69	68	66	69	70

图 6.8 格网 DEM

在规则格网模型中，对每个格网中的数值表示的意义有两种不同的观点，第一种是格网栅格观点，认为格网单元的数值是各格网中所有点的高程值，即一个格网单元对应的地面面积内高程是均一的高度，这种数字高程模型是一个不连续的函数；第二种是点栅格观点，认为网格单元的数值是网格中心点的高程或该网格单元的平均高程值，这样格网内任何不是网格中心点的高程值就需要用一种插值方法来计算。可使用周围 4 个格网中心点的高程值，采用距离加权平均方法进行计算。由于规则格网模型的高程矩阵可方便地用计算机进行处理，故成为DEM目前使用最广泛的格式。

格网DEM的缺点，一是不能准确表示地形的结构和细部（可采用附加地形特征数据来弥补）；二是数据量过大，尤其是在地形平坦的地方，存在大量的数据冗余，给数据管理带来了不方便，需采用不同的方式进行压缩存储。

②不规则三角网（Triangulated Irregular Network，TIN）模型。不规则三角网模型是另外一种表示数字高程模型的方法，它是由不规则分布的数据点连成的三角网组成，三角形的形状和大小取决于不规则分布的观测点的密度和位置，如图6.9所示。如果区域中的点不在顶点上，则该点的高程值通常通过线性插值的方法得到（在边上用边的两个端点的高程，在三角形内则用三个顶点的高程）。

不规则三角网随地形起伏变化的复杂性而改变采样点的密度和决定采样点的位置，因而它能够避免地形平坦时的数据冗余，又能按地形特征点如山脊线、山谷线、地形变化线等表示数字高程特征。因此，TIN减少了规则格网方法带来的数据冗余，其计算（如坡度）效率又优于纯粹基于等高线的方法。

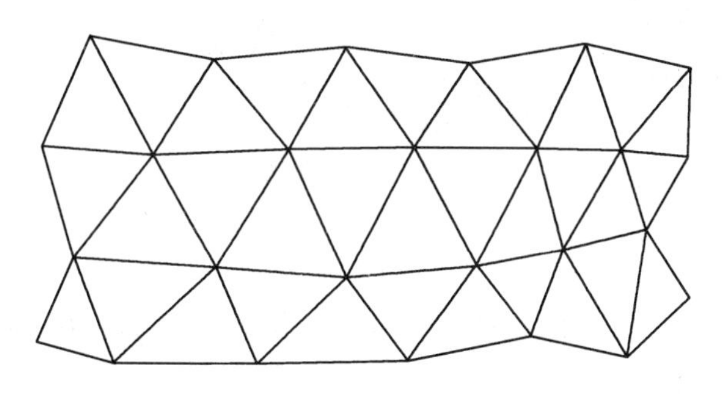

图6.9　不规则三角网

6.7.3　DEM的分析与应用

数字高程模型是各种地学分析、工程设计、辅助决策的重要基础性数据，有着广泛的应用领域。在地学分析中，用于自动提取各种地形因子，制作地形剖面图和划分地表形态类型；在工程设计中，可用于各种线路的自动选线，水库大坝的选址，土方、库容以及淹没损失的自动估算等；通过与各专题数据的匹配分析，还可进行遥感影像地形畸变的自动校正，进行农业、林业、土地等规划研究。

1. 地形曲面拟合

DEM最基础的应用是求DEM范围内任意点的高程，在此基础上进行地形属性分析。由于已知有限个格网点的高程，可以利用这些格网点高程拟合一个地形曲面，推求区域内任意点的高程。曲面拟合方法可以看做是一个已知规则格网点数据进行空间插值的特例，距离倒数加权平均方法、克里金插值方法、样条函数等插值方法均可采用。

2. 立体透视图

立体图是表现物体三维模型最直观形象的图形，与采用等高线表示地形形态相比，有其自身独特的优点，它更接近人们的直观视觉，可以生动逼真地描述制图对象在平面和空间上分布的形态特征和构造关系(图 6.10)。

通过分析立体图，我们可以了解地理模型表面的平缓起伏，而且可以看出其各个断面的状况，这对研究区域的轮廓形态、变化规律以及内部结构是非常有益的。人们为了在地图上形象地表示立体效果，制作了鸟瞰图、透视剖面图、写景图等，这些图解在较高艺术技巧的条件下，是可以得到很好的效果的。

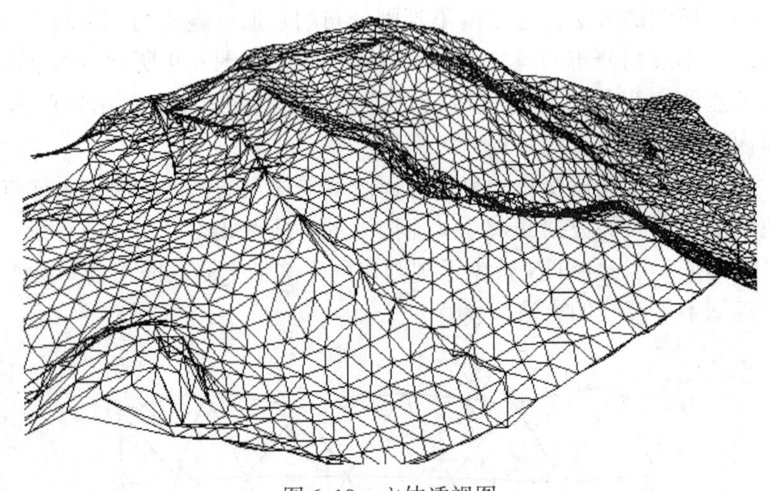

图 6.10　立体透视图

3. 剖面分析

在工程建设中，道路、线路选线以及大坝、水库的选址所需的地形剖面图可以在 DEM 中生成。剖面图生成过程如下：

已知两点的坐标 $A(x_1, y_1)$，$B(x_2, y_2)$，则可求出两点连线与格网(图 6.11)或三角网(图 6.12)的交点，并内插交点上的高程以及各交点之间的距离。然后按选定的垂直比例尺和水平比例尺，按距离和高程绘出剖面图。

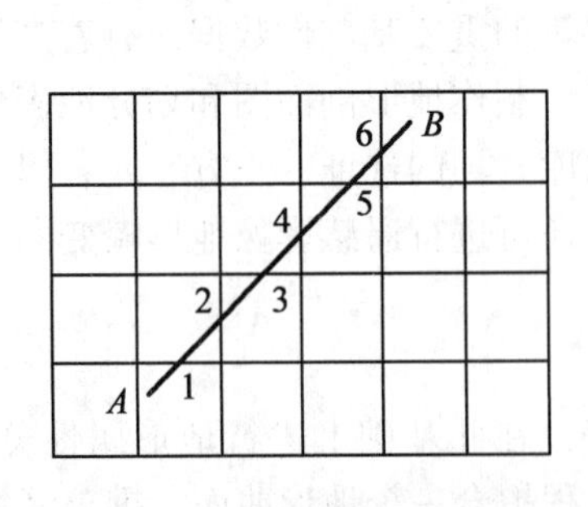

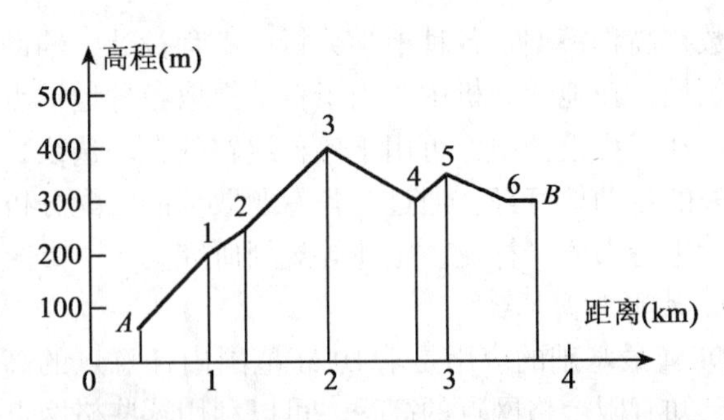

图 6.11　规则格网剖面图

4. 通视分析

通视分析是指以某一点为观察点，研究某一区域通视情况的地形分析方法。通视分析有着广泛的应用背景，例如，在选址观察哨所时，观察哨所的位置应该设在能监视某一感

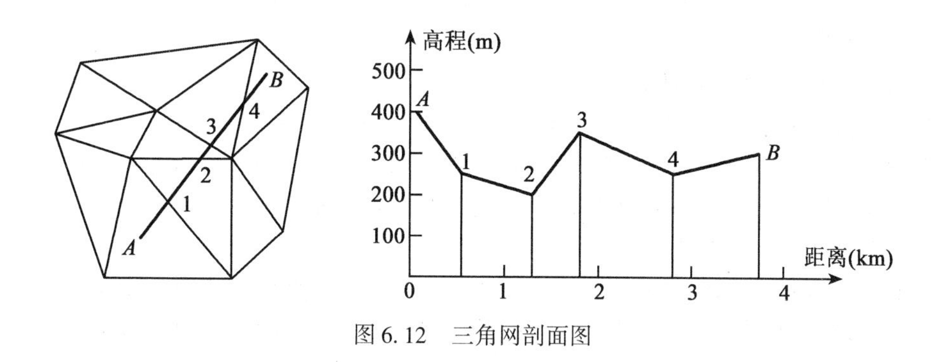

图 6.12　三角网剖面图

兴趣的区域，视线不能被地形挡住，这就是通视分析中典型的点对区域的通视问题，与此类似的问题还有森林中火灾监测点的设定、无线发射塔的设定等。

可视性分析的基本因子有两个，一个是两点之间的通视性；另一个是可视域，即对于给定的观察点所覆盖的区域。

可视性的算法有多种，这里介绍其中两种算法的基本思路，如图 6.13 所示。

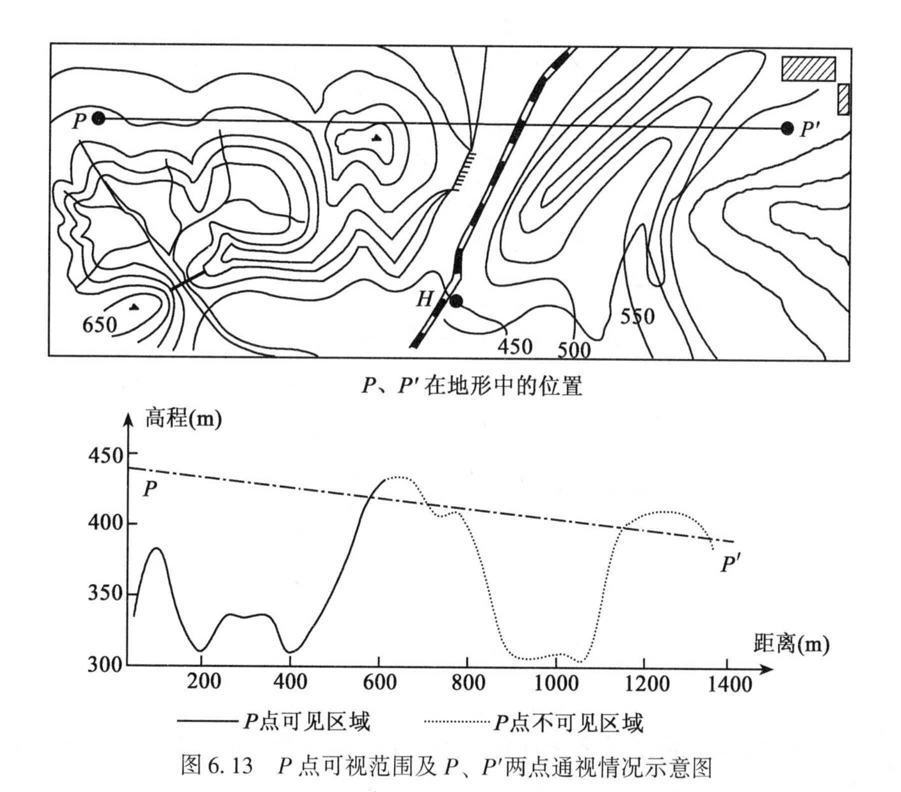

图 6.13　P 点可视范围及 P、P'两点通视情况示意图

第一种算法是剖面图法：

(1)确定过观察点 P 和目标点 P'所在的剖面 S。

(2)在剖面图上，连接 PP'，并求出地形模型中与 S 相交的所有边。

(3)判断相交的边是否位于观察点和目标点所在的线段 PP'之上，如果有一条边在其上，则观察点和目标点不可视。

第二种算法是射线追踪法：

(1)对于给定的观察点 P 和某个观察方向，确定射线方向。

(2)从观察点 P 开始，沿着射线方向计算地形模型中与射线相交的第一个面元。

(3)如果这个面元存在，则不再计算，说明两点间不通视。

5. 基本的地形因子提取

DEM 的最基本应用就是地形分析，其他应用都可由此推演、扩展。地形分析的内容有地形因子提取、地表类型分类以及剖面图的绘制等。现以栅格结构的 DEM 为例讨论地形分析。

1)坡度和坡向分析

坡度定义为水平面和地形表面之间夹角的正切值，坡向为坡面法线在水平面上的投影与正北方向的夹角，如图 6.14 所示。

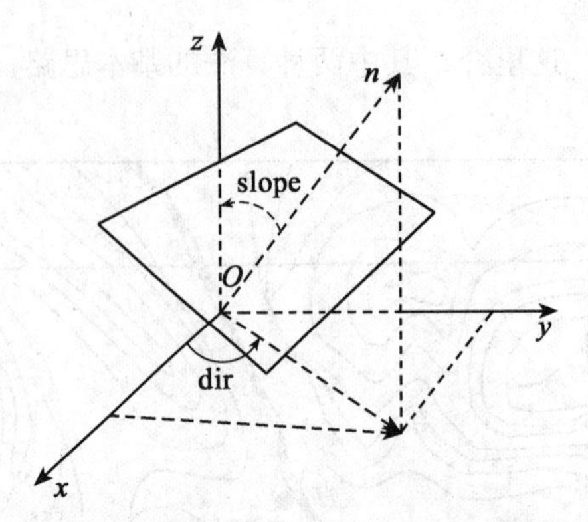

图 6.14 地面单元坡度、坡向示意图

坡度：

$$\text{slope} = \tan P = \left[\left(\frac{\partial z}{\partial y}\right)^2 + \left(\frac{\partial z}{\partial x}\right)^2\right]^{\frac{1}{2}} \tag{6.2}$$

坡向：

$$\text{dir} = \frac{-\dfrac{\partial z}{\partial y}}{\dfrac{\partial z}{\partial x}} \tag{6.3}$$

式中，$\frac{\partial z}{\partial x}$、$\frac{\partial z}{\partial y}$ 一般采用二阶差分方法计算。图 6.15 所示的格网，对 (i, j) 点，有

$$\frac{\partial z}{\partial x} = \frac{z_{i,\ (j+1)} - z_{i,\ (j-1)}}{2\delta x}, \quad \frac{\partial z}{\partial y} = \frac{z_{(i+1),\ j} - z_{(i-1),\ j}}{2\delta y} \tag{6.4}$$

2)地表粗糙度的计算

地表粗糙度是反映地表的起伏变化和侵蚀程度的指标，一般定义为地表单元的曲面积与其在水平面上的投影面积之比。根据这种定义，对光滑而倾角不同的斜面所求出的粗糙

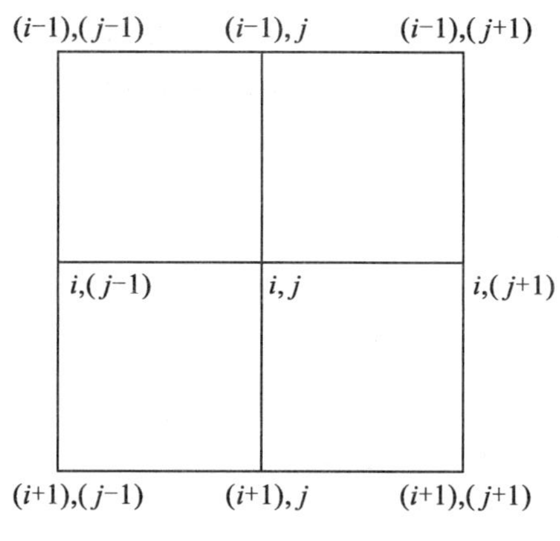

图 6. 15　格网节点示意图

度，显然不妥当。实际应用中，以格网顶点空间对角线 L_1 和 L_2 的中点之间的距离 D 来表示地表粗糙度，如图 6. 16 所示。D 值愈大，说明 4 个顶点的起伏变化也愈大。其计算公式如下：

$$R_{i,j} = D = \left| \frac{z_{(i+1),(j+1)} + z_{i,j}}{2} - \frac{z_{i,(j+1)} + z_{(i+1),j}}{2} \right|$$

$$= \frac{1}{2} \left| z_{(i+1),(j+1)} + z_{i,j} - z_{i,(j+1)} - z_{(i+1),j} \right| \tag{6.5}$$

3) 地表曲率的计算

(1) 地面剖面曲率计算。地面的剖面曲率是指地面坡度的变化率，可以通过计算地面坡度的变化而求得。

(2) 地面平面曲率计算。地面的平面曲率是指地面坡度的变化率，可以通过计算地面坡向的坡度而求得。

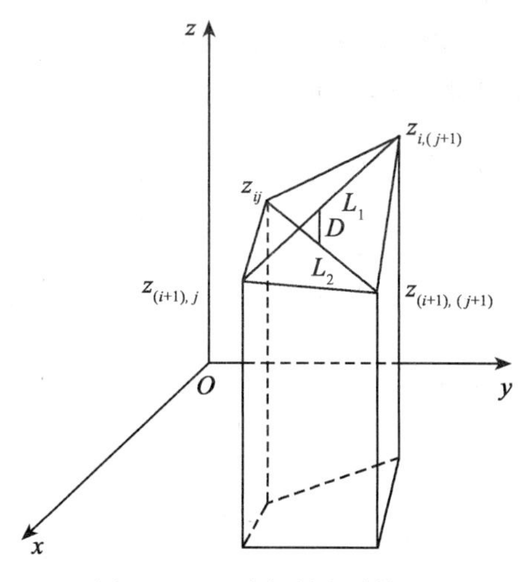

图 6. 16　地表粗糙度计算图

4)谷脊特征分析

谷和脊是地表形态结构中的重要部分。谷是地势相对最低点的集合，脊是地势相对最高点的集合。在栅格 DEM 中，可按照下列判别式直接判定谷点和脊点：

(1)当 $(z_{i,(j-1)}-z_{i,j})(z_{i,(j+1)}-z_{i,j})>0$ 时：

若 $z_{i,(j+1)}>z_{i,j}$，则 $V_R(i,j)=-1$；

若 $z_{i,(j+1)}<z_{i,j}$，则 $V_R(i,j)=1$。 (6.6)

(2)当 $(z_{(i-1),j}-z_{i,j})(z_{(i+1),j}-z_{i,j})>0$ 时：

若 $z_{(i+1),j}>z_{i,j}$，则 $V_R(i,j)=-1$；

若 $z_{i,(j+1)}<z_{i,j}$，则 $V_R(i,j)=1$。 (6.7)

在其他情况下，$V_R(i,j)=0$。其中，$V_R(i,j)=-1$ 表示谷点，$V_R(i,j)=1$ 表示脊点，$V_R(i,j)=0$ 表示其他点。

这种判定只能提供概略的结果。当需对谷脊特征作较精确分析时，应由曲面拟合方程建立地表单元的曲面方程，然后通过确定曲面上各种插点的极小值和极大值，以及当插值点在两个相互垂直的方向上分别为极大值或极小值时，就可确定出谷点或脊点。

习题和思考题

1. 什么是空间数据查询？查询的方式有哪些？
2. 什么是缓冲区分析？请举例说明它有什么用途。
3. 地理信息系统叠加分析有哪些类型？举例说明线和多边形叠加的应用。
4. 在网络分析中，网络数据结构的基本组成部分和属性有哪些？常用的网络分析有哪些？
5. 应用空间插值理论的前提是什么？
6. 边界内插方法的理论假设是什么？
7. 说明局部插值方法的操作步骤。
8. 空间统计分类分析包含哪些内容？
9. 什么是 DEM 和 DTM？DEM 数据的采集手段和表示方法有哪些？
10. 使用 DEM 可以进行哪些地形分析？

第 7 章　地理信息系统产品输出

☞ 学习目标

地理信息系统一个首要的功能是将表现地理事物和现象的空间数据以直观的方式显示出来，即地理信息数据的可视化。学习本章，需要掌握地理信息系统产品的输出设备与输出形式；地图语言中地图符号的分类、编码、设计的方法；专题信息的表示方法及专题地图的设计过程；地理信息可视化的主要形式等。

7.1　地理信息系统产品输出的形式

地理信息系统产品主要是指经过空间数据处理和空间分析产生的可以供各专业人员或决策人员使用的各种地图、图表、图像、数据报表或文字说明等，而输出的内容主要包括空间数据和属性数据两部分。

7.1.1　地理信息系统产品的输出设备

目前，一般地理信息系统软件都为用户提供了图形、图像以及属性等数据的输出方式，其中，屏幕显示主要用于系统与用户交互时的快速显示，是廉价的产品输出方式，可用于日常的空间信息管理和小型科研成果输出；矢量绘图仪制图用来绘制高精度的比较正规的大图幅图形产品；喷墨打印机，特别是高品质的激光打印机，已经成为当前地理信息系统地图产品的主要输出设备。主要图形输出设备见表 7.1。

表 7.1　主要图形输出设备一览表

设备	图形输出方式	精度	特点
矢量绘图机	矢量线划	高	适合绘制一般的线划地图，还可以进行刻图等特殊方式的绘图
喷墨打印机	栅格点阵	高	可制作彩色地图与影像地图等各类精致地图制品
高分辨彩显	屏幕象元点阵	一般	实时显示 GIS 的各类图形、图像产品
行式打印机	字符点阵	差	以不同复杂度的打印字符输出各类地图，精度差，变形大
胶片拷贝机	光栅	较高	可将屏幕图形复制至胶片上，用于制作幻灯片或正胶片

1. 屏幕显示

由光栅或液晶的屏幕显示图形、图像，通常是比较廉价的，这种显示设备常用来做人机交互的输出设备，其优点是代价低，速度快、色彩鲜艳，且可以动态刷新；缺点是非永久性输出，关机后无法保留，而且幅面小、精度低、比例不准确，不宜作为正式输出设备。但值得注意的是，目前，也往往将屏幕上所显示的图形采用屏幕拷贝的方式记录下来，以便在其他软件支持下直接使用。

2. 绘图机

绘图机是一种将经过处理和加工的信息以图解形式转换和绘制在介质上的图形输出设备。目前的绘图机的种类主要有平台式绘图机、滚筒式绘图机、喷墨绘图机(图 7.1)和静电绘图机等。

3. 打印输出

打印机是地理信息系统的主要输出硬拷贝设备，它能将地理信息系统的数据处理和分析结果以单色或彩色字符、汉字、表格、图形等作为硬拷贝记录印刷在纸上。目前的打印机种类主要有行式打印机、点阵打印机、喷墨打印机、激光打印机等，其中，激光打印机是一种既可用于打印又可用于绘图的设备，其绘图的基本特点是高品质、快速。

图 7.1 喷墨绘图机

7.1.2 地理信息系统产品的输出形式

按照不同的标志，地理信息系统产品的输出形式有多种。就其载体形式来说，可分为常规、静态的纸张地图和动态的数字地图等类型。

1. 常规地图

常规地图(纸张地图)是地理信息系统产品的重要输出形式，它主要是以线划、颜色、符号和注记等表示地形地物。根据地理信息系统表达的内容，常规地图可分为全要素地形图、各类专题图、遥感影像地图以及统计图表、数据报表等。

(1)全要素地形图。全要素地形图的内容包括水系、地貌、植被、居民地、交通、境界、独立地物等。它们具有统一的大地控制、统一的地图投影和分幅编号、统一的比例尺系统(1∶1 万、1∶5 万、1∶10 万、1∶50 万、1∶100 万等)、统一的编制规范和图式符号，属于国家基本比例尺地形图，是编制各类专题地图的基础。

(2)各类专题图。专题图是突出表示一种或几种自然地物或社会经济现象的地图，它主要由地理基础和专题内容两部分组成。从专题图内容或要素的显示特征来看，一般包括空间分布、时间变异以及数量、质量特征三个方面。专题图按照空间分布的点状、线状和面状分布大致有以下一些表示方法：定点符号法、线状符号法、质别底色法、等值线法、定位图表法、范围法、统计图法、分区图表法和动线法等(图 7.2)。

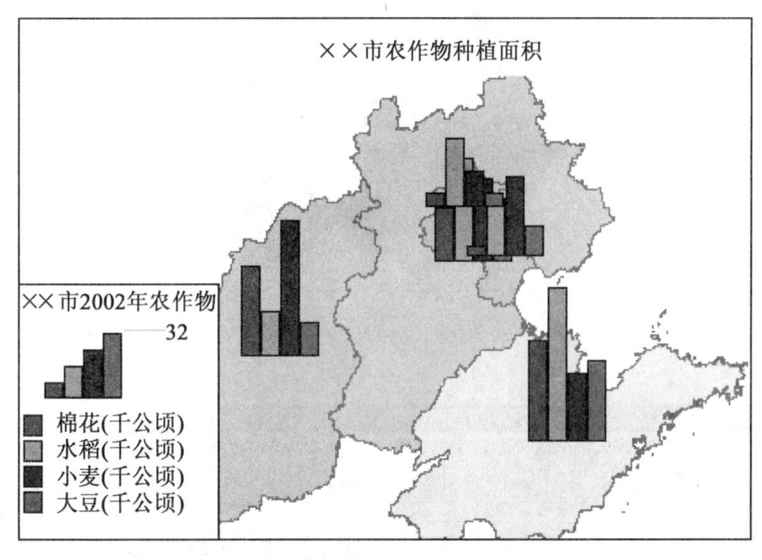

图 7.2　统计专题地图

(3)遥感影像地图。随着遥感技术，特别是航天遥感技术的发展，遥感影像地图(图 7.3)已成为地理信息系统产品的一种表达形式。遥感可以提供及时、准确、综合和大范围的各种资源与环境数据，已成为地理信息系统重要数据源之一。同时，在将遥感图像进行纠正的基础上，按照一定的数学法则，运用特定的地图符号，结合表示地面特征的地图，可以将遥感图像编辑成遥感影像地图，遥感影像地图具有遥感图像和地形图的双重优点，既包含了遥感图像的丰富信息内容，又保证了地形图的整饰和几何精度。遥感影像地图按其内容又可分为普通影像地图和专题影像地图，前者表示包括等高线等地形内容要素，后者主要反映专题内容。

(4)统计图表与数据报表。在地理信息系统中，属性数据大约占数据量的 80%，它们是以关系(表)的形式存在的，反映了地理对象的特征、性质等属性。属性数据的表示方法，可以采用前面所列的专题图的形式，还可以直接用统计图表和数据报表的形式加以直观表示(图 7.4)。

2. 图像

图像也是空间实体的一种模型，它不是采用符号化的方法，而是采用人的直观视觉变

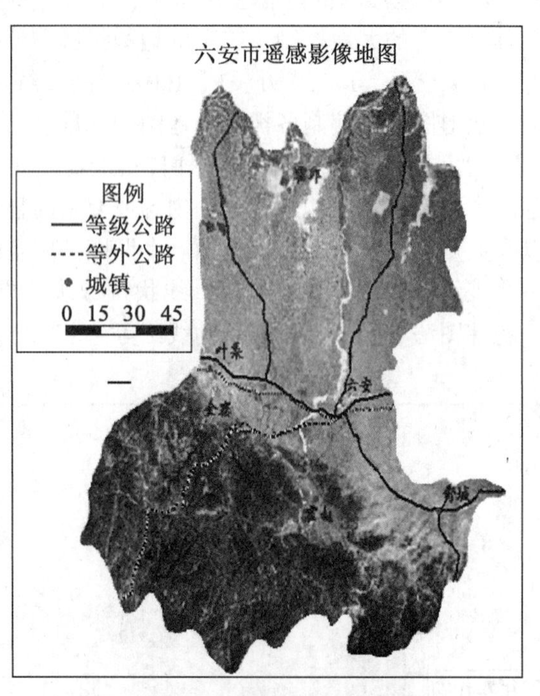

图 7.3 遥感影像地图

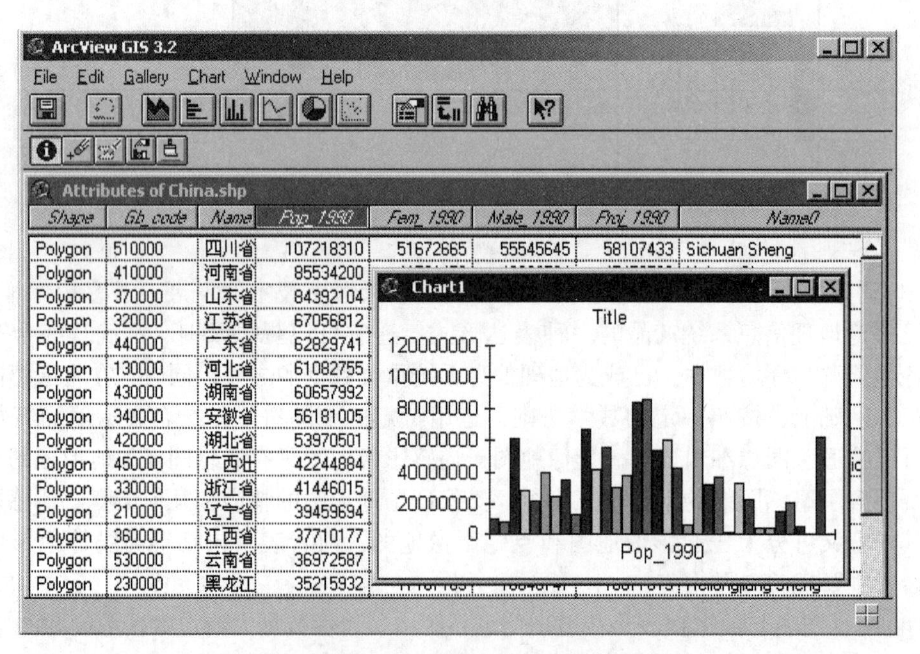

图 7.4 ARC/VIEW 制作的统计表格与直方图

量(如灰度、颜色、模式)来表示各空间位置实体的质量特征。它一般将空间范围划分为规则的单元(如正方形)，然后再根据几何规则确定的图像平面的相应位置，用直观视觉变量表示该单元的特征，图7.5为由喷墨打印机输出的正射影像地图，图7.6为三维模拟地图。

图7.5　正射影像地图

图7.6　三峡库区三维模拟地图

3. 数字产品

地理信息系统的完善和发展，改变了人们对传统地图的认识以及地图的生产工艺，同时也出现了一种崭新的数字产品地图形式——数字地图。数字地图的核心是以数字形式来记录和存储地图。与常规地图相比，数字地图有以下几个优点：

(1)数字地图的存储介质是计算机磁盘、磁带等，与纸张相比，其信息存储量大、体积小，易携带。

(2)数字地图以计算机可以识别的数字代码系统反映各类地理特征，可以在计算机软件的支持下借助高分辨率的显示器实现地图的显示。

(3)数字地图方便进行地图的投影变换、比例尺变换、局部的放大/缩小以及移动显示等操作。

(4)数字地图便于与遥感信息和地理信息系统相结合，实现地图的快速更新，同时也便于多层次信息的复合显示与分析。

随着数字图像处理系统、地理信息系统、制图系统以及各种分析模拟系统和决策支持系统的广泛应用，数字产品成为广泛采用的一种产品形式，供信息做进一步的分析和输出，使得多种系统的功能得到综合。

7.2　地图语言与地图符号

地图是一种传递信息的工具，而地图语言则是地图作为信息传递工具不可缺少的媒介，主要包括地图符号、地图色彩、地图注记等内容。

7.2.1　地图语言与地图色彩

1. 地图语言的概述

地图语言是由各种符号、色彩与文字构成，表示空间信息的一种图形视觉语言。地图语言有写与读两个功用，写就是制图者把制图对象用一定符号表示在地图上；读就是读图者通过对符号的识别，认识制图对象。地图语言同文字语言比较，最大的特点是形象直观，既可表示各事物和现象的空间位置与相互关系，反映其质量特征与数量差异，又能表示各事物和现象在空间和时间中的动态变化。

在地图语言中，最重要的是地图符号及其系统，称为图解语言。同文字语言相比，图解语言更形象直观，一目了然，既可显示出制图对象的空间结构，又能表示在空间和时间中的变化。地图注记也是地图语言的组成部分，它借用自然语言和文字形式来加强地图语言的表现效果，完成空间信息的传递，它实质上也是符号，与地图符号配合使用，以弥补地图符号之不足。地图色彩是地图语言的一个重要内容，它除了有充当地图符号的一个重要角色之外，还有装饰美化地图的功能。另外，地图上可能出现的影像和装饰图案，虽不属于地图符号的范畴，但也是地图语言中不可缺少的内容，其中，地图的影像是空间信息特征的空间框架，而装饰图案则多用于地图的图边装饰，以增加地图的美感，烘托地图的主题。

2. 地图的色彩

色彩是地图语言的重要内容。运用色彩，可增强地图各要素分类、分级的概念，反映制图对象的质量与数量的多种变化；运用色彩与自然地物景色的象征性，可增强地图的感受力；运用色彩，还可简化地图符号的图形差别和减少符号的数量(例如，用黑、棕、蓝三色实线表示道路、等高级线和水涯线)；运用色彩，又可使地图内容相互重叠而区分为几个“层面”，提高了地图的表现力和科学性。色彩在地图上的运用，对现代地图来说具有举足轻重的意义。为了充分发挥色彩的表现力，使地图内容表达得更科学、外表形式更完美，就必须利用色彩的感觉。

1)色彩的感觉

色彩能给人以不同的感觉，而其中有些感觉是趋于一致的，如颜色的冷与暖、兴奋与沉静、远与近等感觉。

(1)色彩的冷暖感：是指人们对自然现象色彩的联想所产生的感觉。通常将色彩分为暖色、冷色和中性色。红、橙、黄等色称为暖色；蓝、蓝绿、蓝紫色等称为冷色；黑、白、灰、金、银等色称为中性色。色彩的冷暖感在地图上运用得很广泛，例如，在气候图上，降水、冰冻、冬季平均气温等现象常用蓝、绿、紫等冷色来表现；日照、夏季平均气温等常用红、橙等色来表现，等等。

(2)颜色的兴奋与沉静感：强暖色往往给人以兴奋的感觉，强冷色往往给人以沉静的感觉，而介于两者之间的弱感色(如绿、黄绿等)，色彩柔和，可让人久视不易疲劳，给人以宁静、平和之感。

(3)颜色的远近感：是指人眼观察地图时，处于同一平面上的各种颜色给人以不同远近的感觉。例如，暖色似乎较近，有凸起之感觉，常称为前进色；冷色似有远离而凹下之感觉，常称为后退色。

在地图设计中，常利用颜色的远近感来区分内容的主次，将地图内容表现在几个层面上。通常，用浓艳的暖色将主要内容置于第一层面，而将次要内容用浅淡的冷色或灰色置于第二或第三层面。

2)色彩的配合

通常，一幅地图由点、线、面三类符号相互配合而成。面状符号常具有背景之意义，宜使用饱和度较小的色彩；点状符号和线状符号(包括注记)则常使用饱和度大的色彩，使其构成较强烈的刺激，而易为人们所感知。在这个原则基础上，再结合色相、亮度和饱和度的变化，表现各种对象的质、量和分布范围等。

色彩的配合形式很多，也很复杂。例如，有调和色的配合、对比色的配合等。调和色的配合主要是同种色的配合和类似色的配合，其特点是朴素雅致，容易获得协调的图面效果，常用于表示现象的数量差异；对比色的配合主要是原色的配合、补色的配合和差别较大的颜色的配合，其特点是给人的视觉刺激量大，产生对比强烈的感觉，因此，常将其用于进行分类和表示质的区别。如果将这些对比强烈的颜色变淡和变暗，则可适当减少对比程度而增强其协调效果。

7.2.2　地图符号

1. 地图符号的特点

地图符号是在地图上用以表示各种空间对象的图形记号，或者还包括与之配合使用的注记。地图符号对表达地图内容具有重要的作用，它是地图区别于其他表示地理环境图像的一个重要特征。高质量的地图符号是丰富地图内容、增强地图的易读性和便于地图编绘的必要前提。使用地图符号不仅能反映制图对象的个体存在、类别及其数量和质量特征，而且通过它们的联系和组合，还能反映出制图对象的空间分布和结构以及动态变化。

地图符号是一种专用的图解符号，它采用便于空间定位的形式来表示各种物体与现象的性质和相互关系。地图符号用于记录、转换和传递各种自然和社会现象的知识，在地图上形成客观实际的空间形象。因此，地图符号可以用来表示实际的和抽象的目标信息，它具有客观的和思维的意义，并与被表示的对象有一定的关系。地图符号有两个基本功能，一是它能指出目标种类及其数量和质量特征；二是它能确定对象的空间位置和现象的分布。

2. 地图符号的分类

随着科学的进步，过去的地图符号分类已经显得片面和不完备了。例如，以往常把地图符号局限于人们目视可见的景物，据其视点位置，将地图符号分为侧视符号和正视符号；根据符号的外形特征，将地图符号分为几何符号、线状符号、透视符号、象形符号、艺术符号等；依据符号所表示的对象，将地图符号分为水系符号、居民地符号、独立地物符号、道路符号、管线符号、垣栅符号、境界符号、地貌符号和土质与植被符号等；根据地图符号的大小与所表示的对象之间的比例关系，将地图符号分为依比例尺符号、不依比例尺符号和半依比例尺符号等。

根据约定性原理，采用演绎的方法，可将地图符号区分为点状符号、线状符号和面状符号(图 7.7)。

(1)点状符号。当地图符号所指代的概念在抽象意义下可认为是定位于几何上的点时，称为点状符号。这时，符号的大小与地图比例尺无关，且具有定位和方向的特征，如控制点、居民点、独立地物、矿产地等符号。

(2)线状符号。当地图符号所指代的概念在抽象意义下可认为是定位于几何上的线时，称为线状符号。这时，符号沿着某个方向延伸，且宽度与地图比例尺可以没有关系，而长度与地图比例尺发生关系，如河流、渠道、岸线、道路、航线、等高线、等深线等符

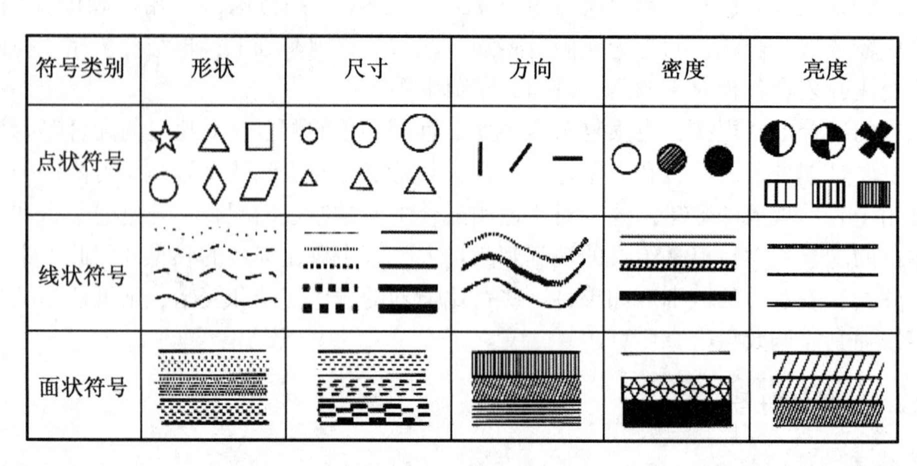

图 7.7 地图符号的类别和图形变量的作用效果

号。但应注意，有一些等值线符号(如人口密度线)尽管几何特征是呈线状的，但并不是线状符号。

(3)面状符号。当地图符号所指代的概念在抽象意义下可认为是定位于几何上的面时，称为面状符号。这时，符号所指代的范围与地图比例尺有关，且不论这种范围是明显的还是隐喻的，是精确的还是模糊的。用面状符号表示的有水域的范围、森林的范围、土地利用分类范围、各种区域范围、动植物和矿藏资源分布范围等。色彩用于面状符号，对于表示制图对象的面状分布有着极大的实用意义。地图上使用的象形图案与透视图案，往往称为艺术符号，这是一种感觉效果更好的符号，这是因为这两种图案与其所表达的实体在结构上相似性，这种相似性就决定了它们的关系是明喻的、无需约定或认为是一种特殊的自动约定形式。

3. *地图符号系统和分类分级编码*

空间的事物是错综复杂的，在地图上不可能逐一表示出它们的个性。通常是先对各种制图对象进行概括(分类、分级)和抽象，然后用抽象的、具有共性的符号表示某类事物。这种具有共性的，且进行了分类、分级和抽象的地图符号的集合，构成了某种地图符号系统。而与之相配合的分类分级，经编码，就是对象的分类分级编码，它与前述数据输入时的分类分级编码相一致。利用地图符号系统，不仅解决了逐一描绘个体的困难，而且也能反映群体特征和本质规律。单个地图符号只具备有限的功能，而由符号的集合构成的地图符号系统还能表达制图对象的空间组合和联系，给出单个符号所不能提供的信息。

地图符号系统明显地反映了所表达现象的层次关系，即顾及到了现象按类、亚类、种、属划分的可能性。很显然，子系统的数量和每一个子系统中地图符号的数量将取决于人们对地球(和其他天球)认识的水平、洞察地理现象的实质的程度、科学的发展和国民经济各部分的划分等。

例如，作为地理内容之一的森林，可以依次被划分为几个层次：第一层次是森林的品种(如针叶林、阔叶林等)；第二层次是森林的树种，即对每个品种又细分成的若干树种(如将针叶林再分为枞、松、杉等)；第三层次反映森林的年龄，即对每个树种再细分为幼林和成林等。将这些层次依次用相互联系而又相互区别的地图符号表示，则构成了森林符号系列。地图符号的逻辑性还可体现在由单个符号及其构成的地图符号系列。例如，用单个竹林符号表示小面积竹林，而由单个竹林符号排列成带状，以表示竹林带，由单个竹林符号散列成面状，以表示大面积竹林，于是，小面积竹林、竹林带、大面积竹林就构成了竹林符号系列。

4. 地图符号的设计

地图主要是通过图形符号来传递信息的。因此，地图符号的设计质量将直接影响地图信息的传递效果。设计地图符号，除优先考虑地图内容各要素的分类、分级的要求外，还应着重顾及构成地图符号的 6 个图形变量，即形状、尺寸、方向、亮度、密度和色彩(图 7.7)。其中，尤以图形的形状、尺寸和色彩最为重要，被传统的地图符号理论称为地图符号的三个基本要素。下面分别从这三个方面讨论地图符号设计的基本内容，同样，它们也是制作符号库的设计原理。

1)符号的形状

从图形角度出发，应使设计的符号图案化和系统化，并充分考虑到制图工艺和屏幕可视化的技术要求。所谓符号图案化，就是要使设计的符号图形，或类似于物体本身的实际形态，或具有象征会意的作用，以便使读图者看到符号就能联想出被描绘的物体或现象。符号图案化的过程，是一个概括抽象和艺术美化的过程。在此过程中，要舍去复杂的物体图形中的细部，突出其重要特征，然后运用艺术的手法，设计出规则、美观的符号图形。图案化的符号图形应具有形象、简单、明显和便于准确定位等特点。设计地图符号图形，应避免孤立、片面地进行单个符号设计，而应顾及彼此之间的联系，并考虑到符号图形与符号含义内在的、有机的联系。也就是说，应使地图内容的分类与分级、主次和大小的变化也相应地反映为符号图形上的变化。

2)符号的尺寸

设计符号尺寸时，必须注意它与地图用途、比例尺、制图区域特点和读图条件、屏幕分辨率大小等方面的联系。此外，设计符号的尺寸，要充分注意与分辨能力、绘图和复制技术能力相适应。可以说，在清楚显示符号结构情况下，尺寸尽量小。一般讲，分辨率大，符号尺寸可大一些，结构可复杂些；反之，尺寸不能大，结构也应简单为好。

3)符号的色彩

在地图符号设计上，使用色彩可以简化地图符号的图形差别、减少符号的数量，加强地图各要素分类分级的概念，有利于提高地图的表现力。在地图符号的色彩设计中，要注意以下原则：

(1)正确利用色彩的象征意义。在地图符号设计时，正确利用色彩的象征意义将有利于加强地图的显示效果，丰富地图内容。例如，在自然地理图上，可用绿色符号或衬底表示植被要素，以反映植被的自然色彩，以蓝色符号并辅以白色表示雪山地貌等。

(2)符合地图上的主题或主要要素的符号，应施以鲜明、饱和的色彩；而对于基础和次要要素之符号，则宜用浅淡的色彩。通过色彩对比，起到突出主题或主要要素的作用。不同用途的地图符号，其色调亦应有所差别。

(3)顾及印刷和经济效果。地图上使用彩色符号虽能收到良好的效果，但并非色数越多越好。色数过多，不仅会使读者感到眼花缭乱、降低读图效果，而且还会提高地图的成本，延长成图时间和增大套印误差。为此，可在地图上运用网点、网线的疏密和粗细变化来调整色调，这样既可减少色数，又可使地图色彩丰富，收到省工、省时、节约成本和提高地图表现力的效果。一般来讲，一个符号采用单纯的颜色，而不采用多色来表现单个符号。

7.3 专题信息与专题地图

在地理信息系统中，空间对象多以矢量数据格式进行存储、管理，这些对象不仅具有空间位置特征，而且还具有非空间的属性。在表现这些对象时，除了要显示空间位置外，有时还需要以特定的方式显示某个或多个相关属性，生成专题地图。

专题地图又称特种地图，是着重表示一种或数种自然要素或社会经济现象的地图。专题地图的内容由两部分构成：其一为专题内容，是图上突出表示的自然或社会经济现象及其有关特征；其二为地理基础，用以标明专题要素空间位置与地理背景的普通地图内容，主要有经纬网、水系、境界、居民地等。

7.3.1 专题信息表现

专题地图除了采用普通地图的某些表示方法外，本身还需要有专门反映各种要素性质、数量、空间分布和时间变化的表示方法，以便读者明确对专题内容要素的科学分析。专题地图按内容可分为三大类：自然地图、社会经济地图和其他专题地图。自然地图表示自然界各种现象的特征、地理分布及其相互关系，如地质图、水文图等；社会经济地图表示各种社会经济现象的特征、地理分布及其相互关系，如人口图、行政区划图等；其他专题地图是指不属于上述两类的专题地图，如航海图、航空图等。

在专题地图中，各种制图对象的基本形状是由点、线、面及其过渡形态组成的，并以此反映现象的分布特点、现象的变化时刻、质量和数量的特征及综合特征。因此，在选择表示方法时，既可以根据专题制图对象的分布方式进行选择，又可以按它们的分布特点进行选择。

1. 专题地图的内容

专题地图的种类很多，但大多是由地理基础和专题内容组成的。

(1)地理基础：即普通地图上的一部分内容要素，如经纬网、水系、居民点、交通线、地势等。地理基础作为编绘专题内容的骨架，表示专题内容的地理位置和说明专题内容与地理环境的关系。专题地图上表示哪些地理基础要素和详细程度如何，根据专题内容的不同而有所不同。

(2)专题内容：从资料来讲，一是将普遍地图内容中一种或几种要素显示得比较完备和详细，而将其他要素放到次要地位或省略，如交通图等；二是内容包括在普通地图上没有的和地面上看不见的或不能直接量测的专题要素，如人口密度图。

2. 专题内容的表示方法

专题地图有多种多样的表示方法，需要通过一定的手段来实现。选择合理的表示方法和表现手段，是提高科学内容表现能力的保证。地面上真正的点状事物很少，一般都占有一定的面积，只是大小不同。点状分布要素指那些占据的面积较小、不能按比例尺表示、要定位的事物。对于点状分布要素的质量特征和数量特征，可以用点状符号表示。在地面上呈线状或带状分布的事物很多，如交通线、河流及边界线等，可以用线状符号表示。面状专题内容的表示方法最常用的有等值线法、质地法、范围法、点值法、定点符号法、运动线法、统计图法等。

1)定点符号法

定点符号法是以不同形态、颜色和大小的符号，表示呈点状分布的地理资源的分布、数量、质量特征的一种表示方法。这种符号在图上具有独立性，能准确定位，为不依图比例尺表示的符号，这种符号可用其大小反映数量特征，可用其形态和颜色相配合反映质量特征，可用虚线和实线相配合反映发展态势，如图 7.8 所示。通常以符号的大小表示数量的差别，形状和颜色表示质量的差别，而将符号绘在现象所在的位置上。

图 7.8　定点符号法

定点符号法的优点是定位准确，表达简明；缺点是符号面积大，有时出现重叠，需移位表示。

2)线状符号法

有许多物体或现象，如道路、河流及境界等，呈线状分布，地图上就用线状符号表示。线状符号既能反映线状地物的分布，又能反映线状地物的数量与质量(图 7.9)。线状符号的定位线是单线的，在单线上；是双线的，在中线上。

3)点值法

点值法是用点子的不同数量来反映地理资源分布不均匀的状况，而每一个点子本身大小相同，所代表的数量也相等。

这种方法广泛用来表示人口、农作物及疾病等的分布。通过点子的数目多少来反映数量特征，用不同颜色或不同形状的点反映质量特征。影响点值法图画效果的主要因素是点子的大小、点值和点子的位置。点子的大小和点值是表示总体概念的关键因子，两者要合

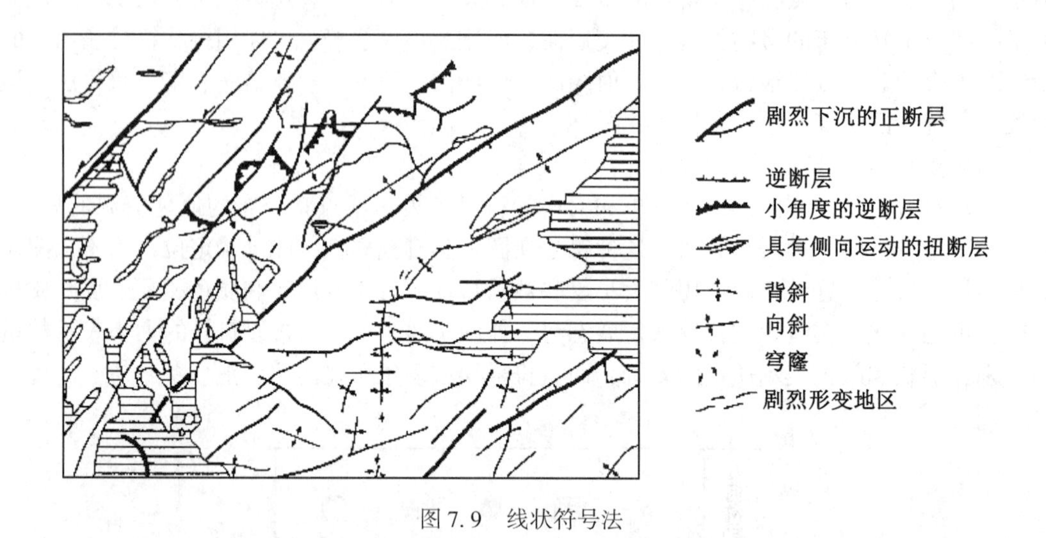

图 7.9 线状符号法

理选择。点子过大或点值过小，易产生点子重叠；反之，则使图面反映不出疏密对比情况。点值法有两种方法：一是均匀布点法，即在一定的区划单位内均匀地布点；二是定位布点法，即按照现象实际所在地布点(图 7.10)。

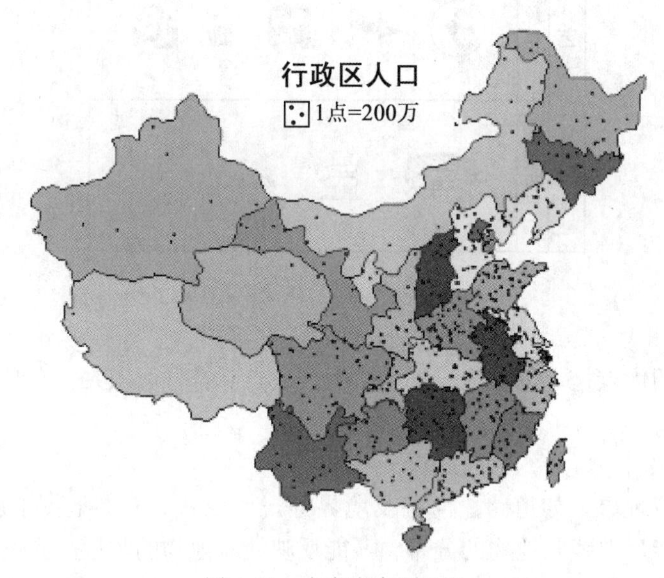

图 7.10 点密度专题地图

4)等值线法

等值线法是指将制图对象中数值相等的各点连接成的光滑曲线。地形图上的等高线就是一种典型的等值线，它是地面上高程相等的相邻点连接成的光滑曲线。等值线间隔的大小首先取决于现象的数值变化范围，变化范围越大(以等高线为例，地貌高程变化越大)，间隔也越大，反之亦然。如果根据等值线分层设色，颜色应由浅色逐渐加深，或由冷色逐渐过渡到暖色，这样可以提高地图的表现力。在图 7.11 中，以等值线法表示出辽宁省 2009 年 2 月份的降雨量。

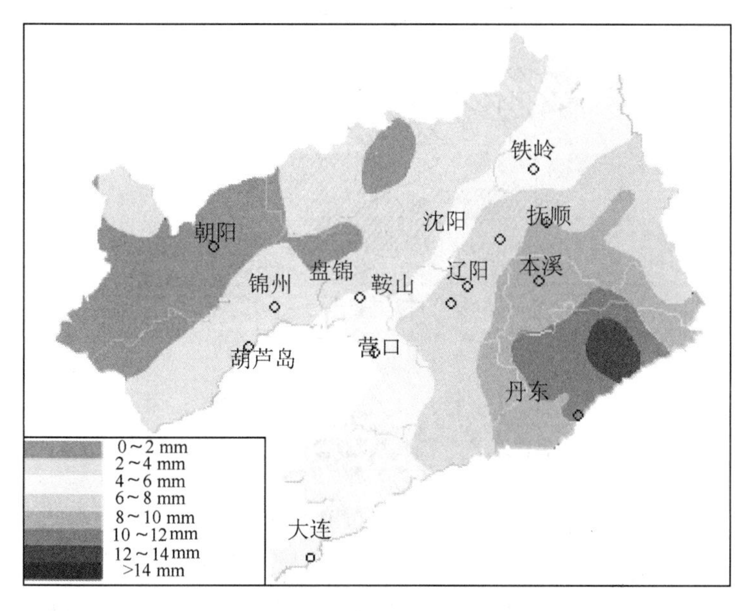

图 7.11　等值线专题地图

5）范围法

范围法主要用来反映具有一定面积、呈片状分布的物体和现象，如森林、煤田、湖泊、沼泽、油田、动物、经济作物和灾害性天气等（图 7.12）。范围法分为精确范围法和概略范围法，前者有明确的界线，可以在界线内着色或填绘晕纹或文字注记；后者可用虚线、点线表示轮廓界线，或不绘轮廓界线，只以文字或单个符号表示现象分布的概略范围。

在地图上表示范围可以采用各种不同的方法：用一定图形的实线或虚线表示区域的范围；用不同颜色普染区域；在不同区域范围内给予不同晕线；在区域范围内均匀配置晕线符号，有时不绘出境界线；在区域范围内加注说明注记或采用填充符号。

6）质底法

质底法就是把整个制图区按某一种指标或几种相关指标的组合，划分成不同区域或类型，然后以特定手段表示它们质的差异（图 7.13）。由于质底法广泛应用各种颜色，所以有时称为底色法。制图时，首先按现象的性质进行分类或分区，制成图例，在地图上绘出各分类界线，然后把同类现象或属于同一区划的现象绘成同一颜色或同一的晕纹。这种方法可以用于表示地表面上的连续面状现象（如气象现象）、大面积分布的现象（如土壤覆盖）或大量分布的现象（如人口）。

质底法的优点是鲜明美观，缺点是不易表示各类现象的逐渐过渡，而且当分类很多时，图例比较复杂。范围法与质底法的区别在于，所表现的现象不布满整个编图区域，不一定有精确的范围界线。

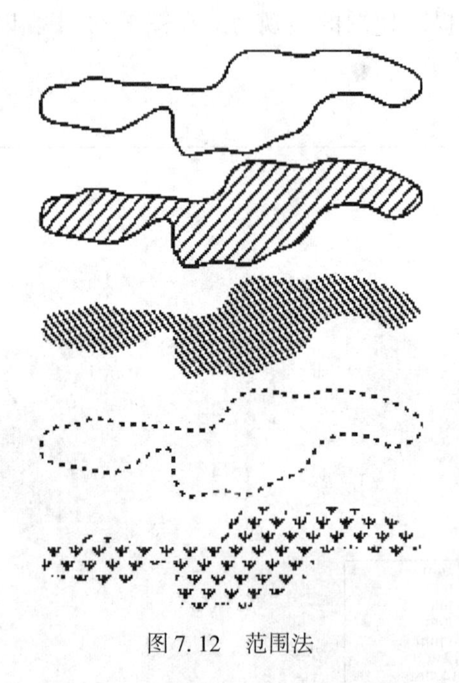

图 7.12　范围法

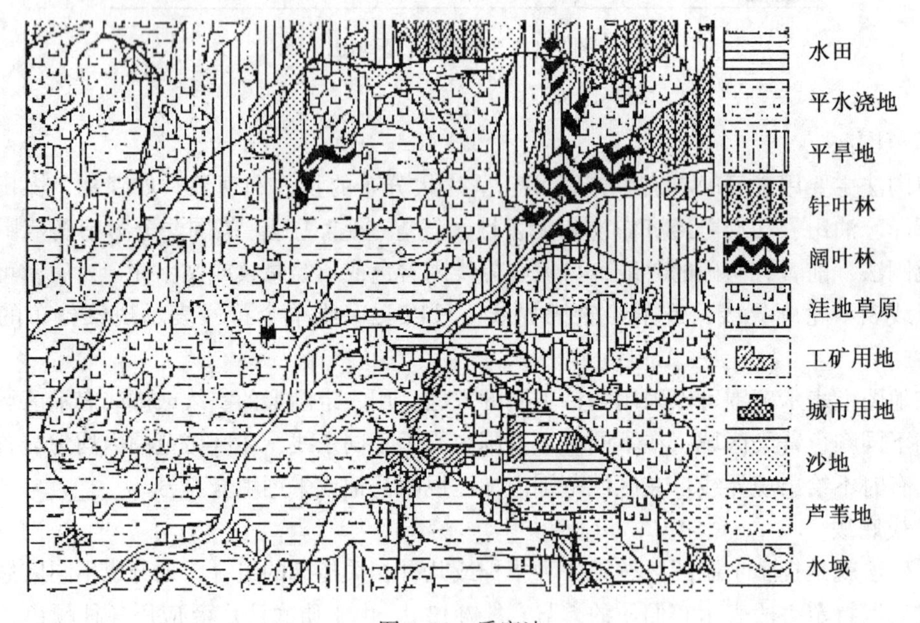

图 7.13　质底法

7) 分级统计图法

分级统计图法按照各区划单位的统计资料，根据现象的密度、强度或发展水平划分等级，然后依据级别高低，在地图上按区划分别填绘深浅不同的颜色或疏密不同的晕线，以显示各区划单位间的差异。分级时，可采用等差的、等比的、逐渐增大的或任意的标准。分级统计图适于表示相对的数量指标(图 7.14)。

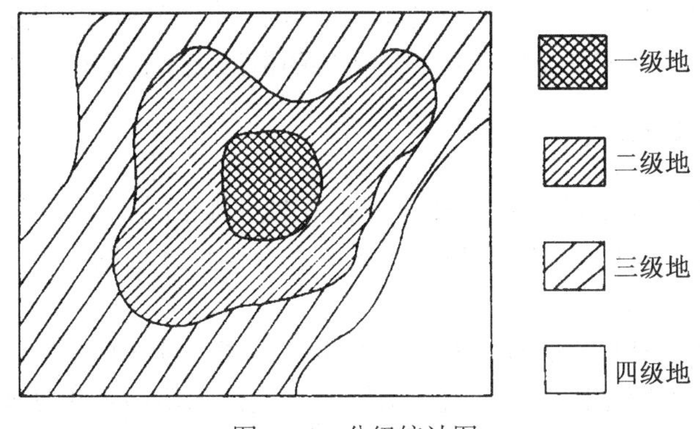

图 7.14　分级统计图

8)定位图表法

定位图表法是把某些地点的统计资料用图表形式绘在地图的相应位置上，以表示该地某种专题要素的变化(图 7.15)。定位图表法常应用于表示周期性发生的专题要素，如气候、水文、客流等季节性变化等。常用的图表有柱状图表、曲线图表、玫瑰图表等。

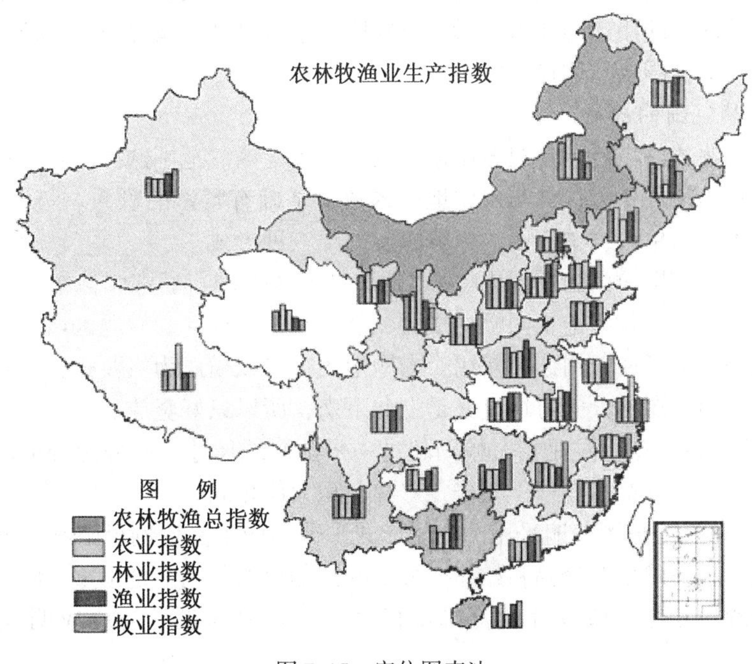

图 7.15　定位图表法

9)运动线法

运动线法用来反映点、线、面状物体的移动。各种图中河流的表示就是一种简单的运动线法。它通常是用箭头等有向符号表示某种现象的移动方向、路线和数量特征等，一切移动的现象都能用运动线法表示。例如，天气预报中的风向符号、气流符号就能表示风和气流的大小与方向，又如人口迁移路线、洋流和货运路线等。箭头和箭体上部的方向应保持一致，箭头的两翼应保持对称。箭形的粗细或宽度表示洋流的速度强度或货运的数量；箭形的长短表示风向、洋流的稳定性；首尾衔接的箭形表示运动的路线。

7.3.2 专题地图总体设计

专题地图的总体设计是指任务和要求明确后初步提出的图幅基本轮廓，包括投影选择、明确比例尺、划定图幅范围、进行图面规划和绘制设计略图等内容。

1. 图幅基本轮廓的设计

专题地图的总体设计比普通地图和国家基本地形图的设计复杂。编制一幅专题地图不仅要学科专业与制图的紧密结合，而且要对图幅的用途和使用者的要求有深入的了解和掌握，在此基础上，才能设计图幅的基本轮廓。具体要了解的内容包括：

(1)该图幅是专用还是多用。专题地图既能专用也可多用，而且越来越向多用方向发展，并相应地产生了一版地图多种式样的做法。

(2)分析已出版的类似专题地图在使用中的优缺点，吸收长处、改进不足，以便更好地满足地图使用者的需要。

(3)明确地图使用者的特殊要求，根据不同的读者对象、不同用途以及不同使用场合等要求，考虑所编制的专题地图是作规划用，还是作参考用或教学用等，并予以满足。

在弄清上述图幅的用途与要求之后，就要明确总体设计的指导思想，拟定专题内容项目，突出重点，提出图幅总体设计的方案。

2. 制图区域范围的确定

专题地图图幅的区域范围是根据用途和内容来确定的。范围选择是否合适，在很大程度上影响着图幅的使用效能，并与专题地图的数学基础有紧密的联系。与普通地图一样，根据图幅范围可分为单幅、单幅图的内分幅、分幅三种形式。

(1)单幅。这是指一幅图的范围能完整地包括专题区域，通常叫截幅。专题区域放置在图幅的正中，它的形状确定了图幅的横放、竖放和长宽尺寸。专题区域与周围地区的关系要正确地处理。为了便于阅读和使用，专题地图一般以横放为主要式样；有些专题区域的形状是长的，而地图的方向习惯上又是上北下南，所以只好竖放。

(2)单幅图的内分幅。这是指一幅图超过一张全开纸尺寸，而分为若干印张。内分幅应按纸张规格，一般分幅不宜过于零碎，分幅面积大体相同。

(3)分幅。这是地形图普遍采用的一种形式。分幅图不受比例尺限制，分幅图的分幅线是根据区域大小采用矩形分幅和经纬线分幅的，分幅图原则上是不重叠的。

此外，图廓内专题区域以外的范围如何确定，在总体设计时也应明确下来，其方法有：

(1)突出专题区域线，区内、区外表示方法相同，只把专题区域边界线加粗，或加彩色晕边，以显示专题区域范围，同时也能与相邻区域紧密联系。

(2)只表示专题区域范围，区域外空白，突出专题区域内容，区内要素与区外要素没有什么联系。

(3)内外有别，即专题区域内用彩色，区域外用单色，且内容从简。这是专题地图普遍采用的方法。

3. 专题地图数学基础的设计

专题地图数学基础包括地图投影、比例尺、坐标网、地图配置与定向、分幅编号和大地控制基础等，其中，地图投影和比例尺是最主要的。

1)影响数学基础设计的因素

(1)专题地图的用途与要求。这是影响数学基础设计的主导因素，因为投影和比例尺都是根据图幅的用途和要求选择设计的。

(2)制图区域的地理位置、形状和大小。该要素是一个重要的因素，位置和形状往往影响投影和比例尺的选择。在设计时，对制图区域的形状和大小要详细研究，并同时设计几个方案，选择一个合理的方案。

(3)地图的幅面及形式。地图的幅面及形式都对数学基础设计有一定的影响，直接关系到使用效果。

2)投影和比例尺的设计

(1)投影设计。在专题地图制图中，采用较多的是等积投影和等角投影，具体设计时采用何种投影，要视专题地图的用途和要求而定。

(2)比例尺设计。专题地图比例尺的设计应考虑图幅的用途和要求，根据制图区域形状、大小，充分利用纸张有效面积，并将比例尺数值凑为整数。在实际设计地图比例尺的工作中，往往还会出现一些特殊的问题，如不要图框或破图框、移图、斜放等。

3)图面设计

专题地图不仅要有科学性，而且要有艺术性。图面设计包括图名、比例尺、图例、插图(或附图)、文字说明和图廓整饰等。

(1)图名。专题地图的图名要求简明，图幅的主题一般安放在图幅上方中央，字体要与图幅大小相称，以等线体或美术体为主。

(2)比例尺。比例尺有两种表示方法：一是用文字(如一比四百万)或数字(如1：4000000)表示(图7.16)；二是用图解比例尺表示。图解比例尺间隔也有两种划分方法：一种是按单位长度划分，表明代表的实际长度；一种是按实地公里数划分，每格是按比例计算在图上的长度。比例尺一般放在图例的下方，也可放置在图廓外下方中央或图廓内上方图名下处。

(3)图例。图例符号是专题内容的表现形式，图例中符号的内容、尺寸和色彩应与图内一致，多半放在图的下方。

(4)附图。附图是指主图外加绘的图件，在专题地图中，它的作用主要是补充主图的不足。专题地图中的附图包括重点地区扩大图、内容补充图、主图位置示意图、图表等。附图放置的位置应灵活。

(5)文字说明。专题地图的文字说明和统计数字要求简单扼要，一般安排在图例中或图中空隙处。其他有关的附注也应包括在文字说明中。专题地图的总体设计一定要视制图区域形状、图面尺寸、图例和文字说明、附图及图名等多方面内容和因素具体灵活运用，使整个图面生动，可获得更多的信息。

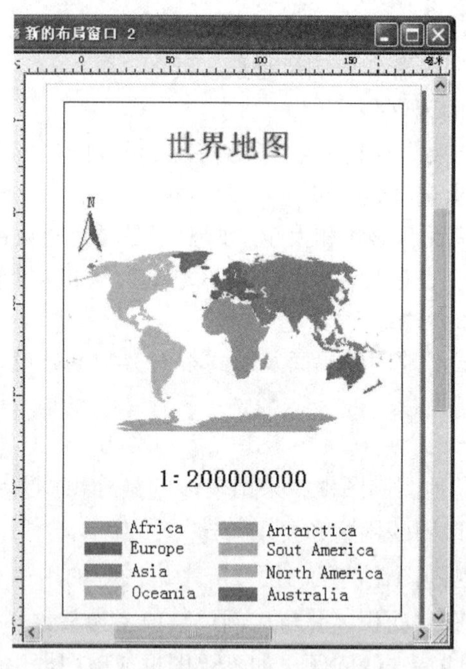

图 7.16 图面设计

7.4 地理信息的可视化技术

7.4.1 地理信息可视化的概念

可视化(Visualization)是指在人脑中形成对某物(某人)的图像，是一个心理处理过程，促使对事物的观察力及建立概念等。地理信息可视化(即空间信息可视化)是指运用地图学、计算机图形学和图像处理技术，将地学信息输入、处理、查询、分析以及预测的数据及结果采用图形符号、图形、图像，并结合图表、文字、表格、视频等可视化形式显示并进行交互处理的理论、方法和技术。采用声音、触觉、嗅觉、味觉等多种媒体方式可以使空间信息的传递、接收更为形象、具体和逼真，但是暂时看来，有的对地理空间信息意义并不大，如嗅觉、味觉、触觉媒体渠道，声音、音频媒体方式也主要起辅助作用，因而有的学者把可听、可嗅、可味、可触也归入可视范畴。测绘学家的地形图测绘编制，地理学家、地质学家使用的图解，地图学家专题、综合制图等，都是用图形(地图)来表达对地理世界现象与规律的认识和理解，都属于地理信息的可视化。

7.4.2 地理信息可视化的主要形式

1. 地图可视化

地图是空间信息可视化的最主要的形式，也是最古老的形式。在计算机上，将空间信息用图形和文本表示的方法，在计算机图形学出现的同时也就出现了。这是空间信息可视化的较为简单而常用的形式。多媒体技术的产生和发展，使空间信息可视化进入一个崭新的时期。可视化的形式也五彩缤纷，呈现多维化的局面，并正在发展，Taylor 强调了计算机技术基础支持下的地图可视化，并认为可视化包括交流与认知分析。由于可视化具有交流与认知分析的两个特点，从而使信息表达交流模型与地理视觉认知决策模型构成了地图可视化的理论，而这两个模型将应用于计算机技术支持的虚拟地图、动态地图、交互地图以及超地图的制作和应用等。

虚拟地图指计算机屏幕上产生的地图，或者利用双眼观看有一定重叠度的两幅相关地图，从而在人脑中构建的三维立体图像。虚拟地图具有暂时性，实物地图具有静态永久性。虚拟地图和人的心智图像相互联系与作用的原理和过程同传统的实物地图是不一样的，需要建立新的理论和方法。

动态地图是由于地理数据存储于计算机内存，可以动态地显示关于地理数据的不同角度的观察、不同方法(如不同颜色、符号等)的表达结果或者地理现象随时间演变的过程，等等。由于地图的动态性，地理现象的表达在时间维上展开。所以，传统的关于纸质静态地图的符号制作、符号注记等制作理论和方法在动态时不再完全适用。另外，人又是如何认知分析动态的信息流等，仍需要进一步的探讨和深入研究。

交互地图是人可以通过一定的途径，例如选择观察数据的角度、修改显示参数等，来改变地图的显示行为，在这个过程中，屏幕地图(或双眼视觉立体地图)即为虚拟地图。

超地图(Hyper-maps)是基于万维网(WWW)且与地理信息相关的多媒体，可以让用户通过主题和空间进行多媒体数据的导航，这与超文本的概念相对应。超地图提出了万维网上如何组织空间数据并与其他超数据(如文本、图像、声音、动画等)相联系的问题。超地图对于地图的广泛传输与使用，即对公众生活、社会决策、科学研究等，产生巨大的作用，具有重要的意义。

2. 多媒体地理信息

为了综合、形象地表观空间地理信息，使文本、表格、声音、图像、图形、动画、音频、视频等各种形式的信息逻辑地联结并集成为一个整体概念，是空间信息可视化的重要形式。

各种多媒体形式能够形象、真实地表示空间信息的某些特定方面，作为全面地表示空间信息的不可缺少的手段。

3. 三维仿真地图

三维仿真地图是基于三维仿真和计算机三维真实图形技术而产生的三维地图，具有仿真的形状、纹理等，也可以进行各种三维的量测和分析(图7.17)。

4. 虚拟现实

虚拟现实是指通过头盔式的三维立体显示器、数据手套、三维鼠标、数据衣、立体声耳机等，使人能完全沉浸于计算机生成创造的一种特殊三维图形环境，并且人可以操作控制三维图形环境，使人有身临其境之感，实现特殊的目的(图7.18)。多感知性(视觉、听觉、触觉、运动等)、沉浸感(Immersion)、交互性(Interaction)、自主感(Autonomy)是虚拟现实技术的四个重要特征，其中，自主感是指虚拟环境中物体依据物理定律动作的程度，如物体从桌面落到地面等。

虚拟现实技术、计算机网络技术与地理信息相结合，可产生虚拟地理环境(Virtual

图 7.17　三维仿真地图

Geographical Environment，VGE）。虚拟地理环境是基于地学分析模型、地学工程等的虚拟现实，它是地学工作者根据观测实验、理论假设等建立起来的表达和描述地理系统的空间分布以及过程现象的虚拟信息地理世界。一个关于地理系统的虚拟实验室，允许地学工作者按照个人的知识、假设和意愿去设计修改地学空间关系模型、地理分析模型、地学工程模型等，并直接观测交互后的结果，通过多次的循环反馈，最后获取地学规律。如图 7.18 所示。

图 7.18　虚拟现实技术

虚拟地理环境特点之一是地理工作者可以进入地学数据中，有身临其境之感；另一特点是具有网络性，从而为处于不同地理位置的地学专家开展同时性的合作研究、交流与讨论提供了可能。

虚拟地理环境与地学可视化有着紧密的关系。虚拟地理环境中关于从复杂地学数据、地理模型等映射成三维图形环境的理论和技术，需要空间可视化的支持；而地理可视化的交流传输与认知分析在具有沉浸投入感的虚拟地理环境中，则更易于实现。地理可视化将集成于虚拟地理环境中。

习题和思考题

1. 地理信息系统产品有哪些输出形式？
2. 地理信息系统产品的输出设备都有哪些？
3. 地图符号可分为哪几类？
4. 面状专题内容常用的表示方法有哪些？
5. 专题地图设计的主要内容有哪些？
6. 地理信息可视化的主要形式有哪些？
7. 什么是虚拟现实？它在可视化中的意义及发展前景如何？

第8章 地理信息系统的应用

☞ 学习目标

学习本章，要求掌握地理信息系统(GIS)、遥感(RS)、全球定位系统(GPS)及其3S集成的基本概念及3S集成技术；WebGIS的概念和技术特点；数字地球和数字城市的概念及框架。理解3S集成技术特点及其实现方式；WebGIS技术实现方案；数字地球和数字城市技术体系。了解GIS在国土资源、城市规划、土地管理及测绘等方面的具体应用。

8.1 3S集成技术及应用

3S集成是指将全球定位系统(GPS)、遥感(RS)和地理信息系统(GIS)技术根据应用需要，有机地组合成一体化的、功能更强大的新型系统的技术和方法。在实际应用中，较为常见的是3S两两之间的集成、如GIS/RS集成、GIS/GPS集成以及RS/GPS集成。

8.1.1 地理信息系统与遥感技术结合

1. 遥感的感念

遥感(Remote Sensing)，通常是指通过某种传感器装置，在不与研究对象直接接触的情况下，获得其特征信息，并对这些信息进行提取、加工、表达和应用的一门科学技术。而遥感技术的基础，是通过观测地表物体发射(反射)的电磁波，达到判读和分析地表的目标以及现象的目的。

作为一个术语，“遥感”出现于1962年，而遥感技术在世界范围内迅速的发展和广泛的使用，是在1972年美国第一颗地球资源技术卫星LANDSAT-1成功发射并获取了大量的卫星图像之后。近年来，随着地理信息系统技术的发展，遥感技术与之紧密结合，发展更加迅猛。

2. GIS与RS集成的实现

RS与GIS集成后，遥感数据是GIS的重要信息来源，GIS则可作为遥感图像分析解译的强有力的辅助工具。GIS作为图像处理工具，可以进行几何纠正和辐射纠正、图像分类和感兴趣区域选取；遥感数据作为GIS的重要信息来源，可以进行地物要素提取、DEM数据生成以及土地利用变化和地图更新等。

1)GIS作为图像处理工具

将GIS作为遥感图像的处理工具，可以在以下几个方面增强对图像的处理功能：

(1)几何纠正和辐射纠正。在遥感图像的实际应用中，需要首先将其转换到某个地理坐标系下，即进行几何纠正。通常的几何纠正方法是利用采集地面控制点，建立多项式拟合公式。在纠正完成后，可以将矢量点叠加在图像上，以判断纠正的效果。

一些遥感影像，会因为地形的影响而产生几何畸变，如侧视雷达图像的叠掩、阴影、前向压缩等，进行纠正、解译时，需要使用 DEM 数据以消除畸变。

(2)图像分类。对于遥感图像分类，与 GIS 集成最明显的好处是训练区的选择，通过矢量/栅格的综合查询，可以计算多边形区域的图像统计特征，评判分类效果，进而改善分类方法。

(3)感兴趣区域的选取。在一些遥感图像处理中，常常需要对某一区域进行运算，以提取某些特征，这需要栅格数据和矢量数据之间进行相交运算(图 8.1)。

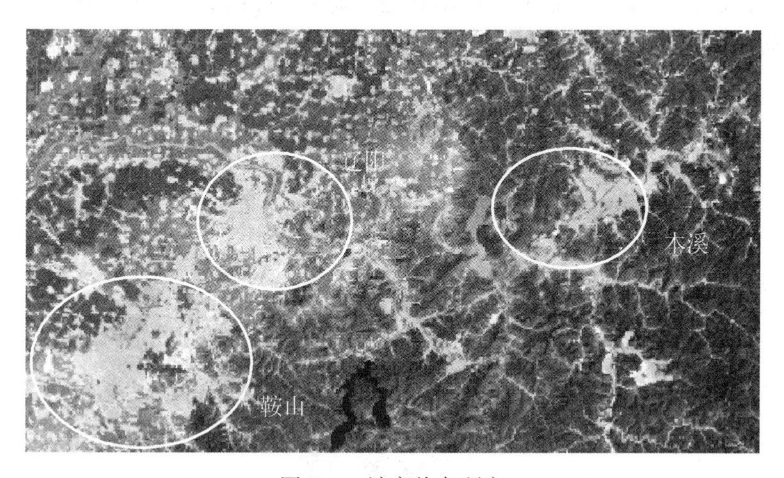

图 8.1　城市热岛研究

2)遥感数据作为 GIS 的信息来源

数据是 GIS 中最为重要的成分，而遥感提供了廉价的、准确的、实时的数据，目前如何从遥感数据中自动获取地理信息依然是一个重要的研究课题，包括：

(1)线形以及其他地物要素的提取。在图像处理中，有许多边缘检测(Edge Detection)滤波算子，可以用于提取区域的边界(如水陆边界)以及线形地物(如道路、断层等)，其结果可以用于更新现有的 GIS 数据库，该过程类似于扫描图像的矢量化。

(2)DEM 数据的生成。利用航空立体像对(Stereo Images)以及雷达影像，可以生成较高精度的 DEM 数据。

(3)土地利用变化以及地图更新。利用遥感数据更新空间数据库，最直接的方式就是将纠正后的遥感图像作为背景底图，并根据其进行矢量数据的编辑修改。而对遥感图像数据进行分类，得到的结果则可以添加到 GIS 数据库中。因为图像分类结果是栅格数据，所以通常要进行栅格转矢量运算；如果不进行转换，可以直接利用栅格数据进行进一步的分析，则需要 GIS 系统提供栅格/矢量相交检索功能。

8.1.2　地理信息系统与全球定位系统集成技术

1. 全球定位系统的概念

全球定位系统(Global Positioning System，GPS)是利用人造地球卫星进行点位测量导航技术的一种，其他的卫星定位导航系统有俄罗斯的 GLONASS、欧洲空间局的 NAVSAT、国际移动卫星组织的 INMARSAT 等。GPS 由美国军方组织研制建立，从 1973 年开始实施，到 20 世纪 90 年代初完成。

2. GIS 与 GPS 集成的实现

作为实时提供空间定位数据的技术，GPS 可以与地理信息系统(GIS)进行集成，以实现不同的具体应用目标：

(1)定位。主要在诸如旅游、探险等需要室外动态定位信息的活动中使用。通过将 GPS 接收机连接在安装 GIS 软件和该地区空间数据的便携式计算机上，可以方便地显示 GPS 接收机所在位置，并实时显示其运动轨迹，进而可以利用 GIS 提供的空间检索功能，得到定位点周围的信息，从而实现决策支持(图 8.2)。

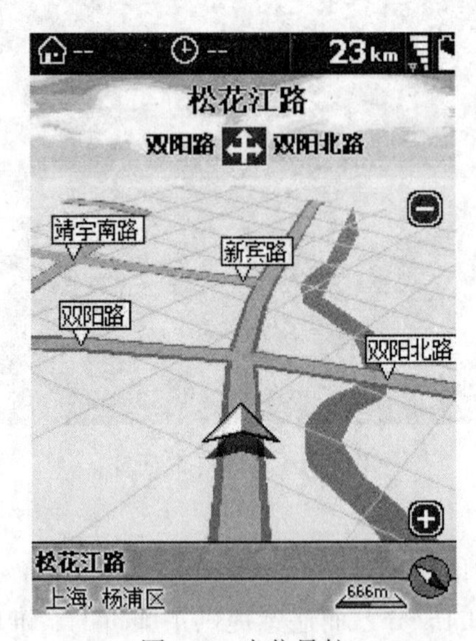

图 8.2 定位导航

(2)测量。主要应用于土地管理、城市规划等领域，利用 GPS 和 GIS 的集成，可以测量区域的面积或者路径的长度。该过程类似于利用数字化仪进行数据录入，需要跟踪多边形边界或路径、采集抽样后的顶点坐标，并将坐标数据通过 GIS 记录，然后计算相关的面积或长度数据。

在进行 GPS 测量时，要注意以下一些问题：首先，要确定 GPS 的定位精度是否满足测量的精度要求，如对宅基地的测量，精度需要达到厘米级，而要在野外测量一个较大区域的面积，米级甚至几十米级的精度就可以满足要求；其次，对不规则区域或者路径的测量，需要确定采样原则，采样点选取的不同，会影响到最后的测量结果。

(3)监控导航。主要应用于车辆、船只的动态监控，在接收到车辆、船只发回的位置数据后，监控中心可以确定车船的运行轨迹，进而利用 GIS 空间分析工具，判断其运行是否正常，如是否偏离预定的路线、速度是否异常(静止)等。在出现异常时，监控中心可以提出相应的处理措施，包括向车船发布导航指令。

图 8.3 描述了 GIS 与 GPS 集成的系统结构模型，为了实现与 GPS 的集成，GIS 系统必

须能够接收 GPS 接收机发送的 GPS 数据(一般是通过串口通信)，然后对数据进行处理，如通过投影变换，将经纬度坐标转换为 GIS 数据所采用的参照系中的坐标，最后进行各种分析运算，其中，坐标数据的动态显示以及数据存储是其基本功能。

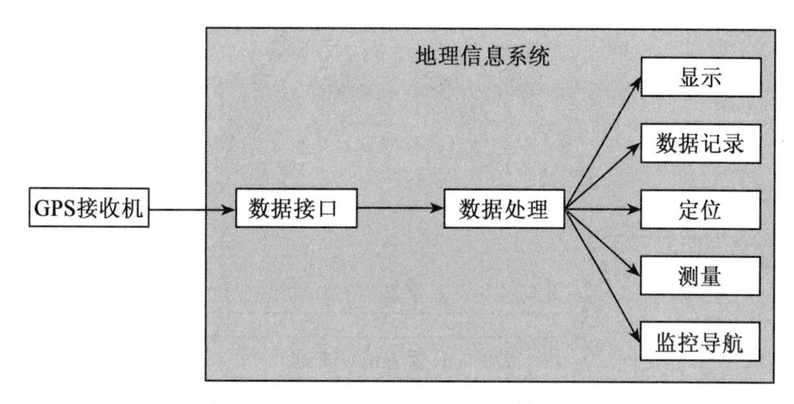

图 8.3　GIS 与 GPS 集成的系统结构模型

8.1.3　全球定位系统与遥感技术的结合

全球定位系统与遥感技术相结合的应用主要表现在以下几个方面：

(1)为遥感图像几何校正提供地面控制点。遥感影像的几何校正需要地面控制点(GCP)，地面控制点应选用图像上易分辨、较精细、容易目视辨别的特征，如道路交叉点、河流弯曲或分叉处、海岸线弯曲、湖泊边缘、飞机场及城廓边缘等。GPS 可以实时、准确、快速地测出地面控制点的坐标，为遥感影像的几何校正服务，这是传统测绘方法无法做到的。

(2)航空遥感中航线的控制。航空遥感中，飞机的姿态、飞行路线的控制对遥感任务是非常重要的。尤其是在多航线的面状遥感任务中，航线与航线之间的影像拼合主要取决于飞行路线的控制。

全球定位系统可提供精确导航，使得航线之间平行，为遥感影像的高精度拼接和几何校正提供保证。

(3)GPS 气象遥感技术。利用 GPS 气象遥感技术(利用 GPS 卫星和接收机之间无线电讯号在大气电离层和对流层中的延迟时间)，了解电离层中电子浓度和对流层中温度湿度，获得大气参数及其变化情况，因此，目前建立和正在建立的全球许多 GPS 观测网将对天气预报、尤其是短期天气预报发挥巨大作用。

8.1.4　3S 集成技术及应用

3S 技术为科学研究、政府管理、社会生产提供了新一代的观测手段、描述语言和思维工具。3S 结合的应用，取长补短，是一个自然的发展趋势，三者之间的相互作用形成了“一个大脑，两只眼睛”的框架，即 RS 和 GPS 向 GIS 提供或更新区域信息以及空间定位，GIS 进行相应的空间分析(图 8.4)，以从 RS 和 GPS 提供的浩如烟海的数据中提取有用信息，并进行综合集成，使之成为决策的科学依据。

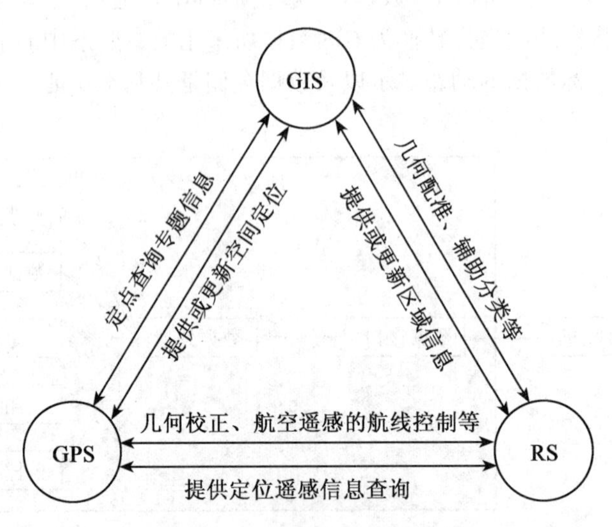

图 8.4 3S 的相互作用与集成

1. 3S 集成的应用

近年来，3S 集成的应用已经遍及环保、防震减灾、交通、水利、电信、电力、农业、地矿等行业，并得到了广泛应用，在城市管理信息系统、农业管理信息系统、环境及生态管理信息系统及土地退化、沙漠化治理等方面，也有着成功的应用经验。

1）环境动态监测与环境保护

遥感技术是环境动态监测的重要手段，通过地球观测卫星或飞机，从高空观测地球，监测的区域范围大，获取环境信息快速准确，能够及时发现陆地淡水和海水的污染、大面积空气污染、南北极冰雪覆盖范围的变化、森林大火、火山喷发、洪水淹没区域等。由此获得的环境动态观测数据，通过地理信息系统快速处理和分析，能够及时发现环境的变化，同时利用 GPS 的快速定位功能，便于采取措施控制环境污染，最大限度避免环境危害，达到保护环境的目的。

2）防灾、减灾、救灾

在地震预报中，应用 GPS 技术进行精密的大地测量基准研究，以此为地球动力学研究、地壳形变和地震预报服务。

用遥感方法监测地温变化，已成为很有发展前途的地震预报手段之一。

地理信息系统可以对自然灾害信息进行查询分析，尤其在自然灾害损失评估中具有重要作用。

RS、GIS 和 GPS 的集成将为灾害预测预报、制定防灾救灾预案、灾期应急行动指挥、灾后损失评估和治灾工程规划提供现代化的科学手段。

3）车辆导航与监控系统

车辆导航与监控系统是一项融 GPS、GIS、RS 及通信技术为一体的复杂系统，它通过对车辆（移动目标）的导航、动态跟踪、监控、检查与服务等机制，来完成对车辆的综合管理与控制。目前，这类系统已经在国内外不少城市使用，它备受公安、银行、保安、出租车管理等部门的青睐。系统中，遥感的数字图像方式提供了城市范围内道路与相关因子动态变化信息，在 GIS 中作为电子数字地图使用，也可用遥感图像更新道路数据库。

GPS 提供了车辆目前所处的精确位置，在 GIS 支持下，可在显示器上以“点”状符号的形式直观地为司机指明当前车辆位置，并可以通过无线集群通信网将位置信息接入控制中心局域网，车辆导航与监控系统服务器接收各个移动车辆的位置信息，并分发给与其相连的各个操作台(图 8.5)。

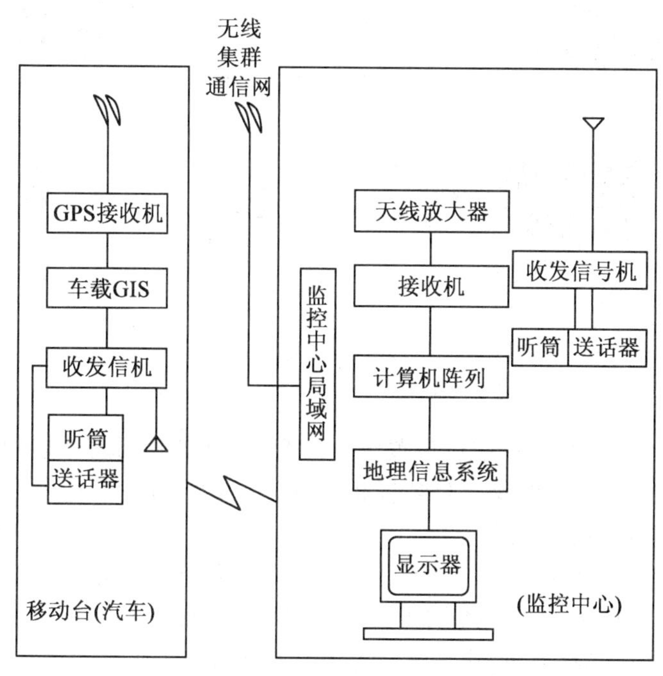

图 8.5　车辆导航与监控系统结构图

GIS 安装在管理操作台与监视操作台上，可把 GPS 定位信息表现在电子地图相应位置上，进而实现各种车辆信息的管理、显示和分析，为管理人员和司机提供辅助决策，在有突发事件时，它可以快速在地图上准确标出各个移动车辆的当前位置，为公安快速反应、交通调度管理、车辆报警求援提供帮助(图 8.6)。以上各项技术各有侧重，相互补充，共同完成车辆导航与监控系统承担的各项任务。

4)精细农业发展

目前，国内外关于精细农业的研究主要内容仍然集中在 3S 技术利用上。可以说，精细农业的发展起步不久，3S 技术在精细农业示范应用中预示了良好的发展前景。在 3S 技术支持下的精细农业具有技术性强、定量化、定位化等特点。

全球定位系统的优势是精确定位，地理信息系统的优势是管理与分析，遥感的优势是快速提供各种作物生长与农业生态环境在地表的分布信息，它们可以做到优势互补，促进精细农业的发展。其中，GPS 和 GIS 的结合提供了科学种田需要的定位、定量的田间操作和田间管理的技术手段；GPS 确定拖拉机和联合收割机在田间作业中的精确位置；GIS 对各种田间数据进行处理和定量分析。

例如，GIS 能够根据地块中土壤特性(土壤结构和有机质含量)和土地条件(土地平整

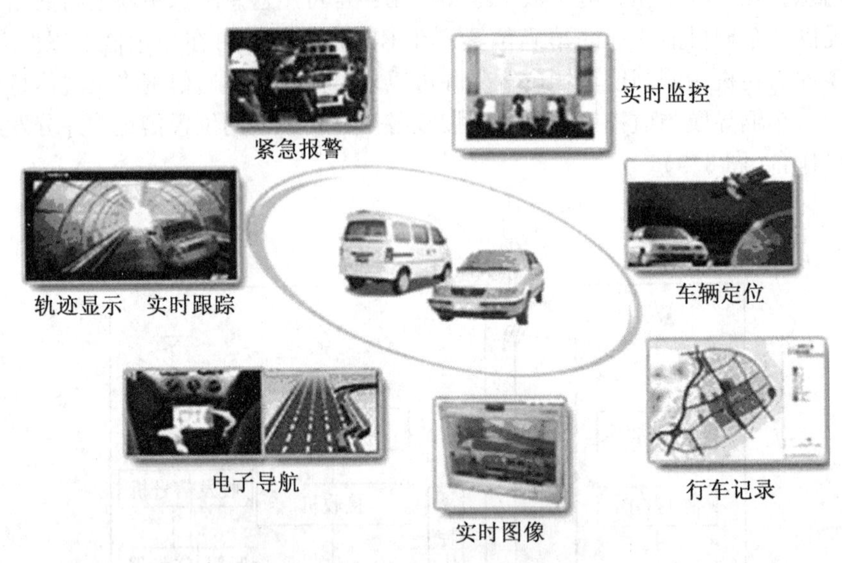

图 8.6　车辆导航与监控系统

度和灌溉)，结合 GPS 接收机提供的位置数据，指挥播种机进行定量播种，播种的疏密程度与土地肥力和土壤质地等作物生长环境相适应。在 GIS 和 GPS 指挥下，农药喷洒机可以在病虫害发生地自动喷洒农药。

RS 和 GIS 的结合能提供建立农田基础数据库所需的多种数据源。搭载在拖拉机和联合收割机上的 GIS 可以记录各种农田操作过程中获得的数据，如作物品种、播种深度、喷洒农药类型、施肥和灌溉以及收获产量，同时记录下田间作业时的位置与范围、灌溉量、化肥使用量、农药喷洒量、喷施部位、使用时间、当时天气状况，这些都可以记录在数据库内，日积月累，形成农田基础数据库，作为辅助决策支持系统的重要科学依据。

2. 3S 集成的意义

3S 集成技术的发展形成了综合的、完整的对地观测系统，提高了人类认识地球的能力；相应地，它拓展了传统测绘科学的研究领域。同时，它也推动了其他一些相联系的学科的发展，如地球信息科学、地理信息科学等，它们成为“数字地球”这一概念提出的理论基础。

8.2　网络地理信息系统及应用

8.2.1　网络 GIS(WebGIS)概述

1. 互联网

互联网(Internet)或称因特网是全球最大的、开放的、由众多位于世界各地的计算机和计算机网络利用高速通信线路连接在一起进行各种信息交换的计算机网络，它的核心是开放的 TCP/IP 协议。Internet 被认为是未来信息高速公路的雏形，它能提供多种信息服务，主要有电子邮件(E-mail)、远程登录(Telnet)、文件传送协议(FTP)、电话拨号连接

(Dial-up Connection)等。Internet 网络的特点可归纳如下：

(1)跨地域性。Internet 网络的发展速度非常惊人，基本覆盖了全世界绝大部分国家。

(2)Internet 是通信技术、计算机技术和信息技术发展的完美结合。

(3)信息资源共享。信息数据库将被每个上网的人共享使用，大大提高了信息资源的利用率。

(4)通信协作。Internet 网上数据的传送需要多台服务器的共同协作才能完成。

世界各国目前对互联网的发展都极为重视，互联网已经在世界各地普及和使用。例如，互联网在新西兰已经成为一种公认的、通用的数据交换手段，政府、商业机构和教育团体均积极地发展网页；国际南极信息中心的主页允许浏览者获得大量有价值的臭氧层信息、天气变化模式等信息；在北美，当人们需要某些地理数据，了解 GIS 有关技术的发展，寻找各种服务，甚至找工作的时候，首先去查找的地方就是互联网。

2. 万维网

万维网(World Wide Web，WWW)又称环球网。万维网的历史很短，1989 年 CERN(欧洲粒子物理实验室)的研究人员为了研究的需要，希望能开发出一种共享资源的远程访问系统，这种系统能够提供统一的接口来访问各种不同类型的信息，包括文字、图像、音频、视频信息等。1990 年完成了最早期的浏览器产品，1991 年开始在内部发行 WWW，这就是万维网的开始。目前，大多数知名公司都在 Internet 上建立了自己的万维网站。

万维网的出现，具有划时代的意义，它使 Internet 的应用走出专业化，进入千家万户。万维网是基于 Internet 的一种网络应用模式，是一种分布式多媒体超文本系统，它将不同的但彼此相关的信息通过链接以超文本的形式组织在一起。万维网服务是目前 Internet 上最重要也是发展最迅速的应用，网络用户可以通过一个网络浏览器(如 Microsoft Internet Explorer)来阅读文字、观看图像、欣赏音乐，通过万维网，可以得到世界各地各种各样的信息。

万维网对文件有特殊的要求：

(1)文件都必须有一个被称为全球资源定位器(Universal Resource Locator)的唯一地址。

(2)文件是用超文本标记语言(Hypertext Markup Language)专门构建的。

(3)文件中可包含超级链接(Hyper Link)，即从一个文件直接跳到其他文件，可以在文件之间跳跃。

因此，网络浏览器可以通过超级链接方式来存取互联网中任何一台计算机中的由 URL 定位的信息。基于 Web 实施信息管理、发布、服务已成为企业步入信息化时代的必经之路。

3. WebGIS 技术介绍

互联网的迅速崛起和在全球范围内的飞速发展，使万维网成为高效的全球性信息发布渠道。

随着 Internet 技术的不断发展和人们对地理信息系统的需求，利用 Internet 在 Web 上发布和出版空间数据，为用户提供空间数据浏览、查询和分析的功能，已经成为 GIS 发展的必然趋势。于是，基于 Internet 技术的地理信息系统——WebGIS 就应运而生。

互联网地理信息系统是 Internet 技术应用于 GIS 开发的产物，是一种基于 Internet 的开放地理信息系统。GIS 通过网络使功能得以扩展，真正成为一种大众使用的工具。从万维网的任意一个节点，Internet 用户可以浏览 WebGIS 站点中的空间数据、制作专题图以及进行各种空间检索和空间分析，从而使 GIS 进入千家万户。以 Web 作为 GIS 的用户界面，将一改以往 GIS 软件用户界面呆板生硬的面孔，更利于 GIS 大众化。

传统 GIS 大多为独立的单机结构，空间数据采用集中的方式处理，而 WebGIS 采用了基于 Internet 网的 Client/Server(客户/服务器)体系结构，不同部门数据可以分别存储在不同地点的 Server 上，每个 GIS 用户作为一个 Client 端通过互联网与 Server 交换信息，可以与网上其他非 GIS 信息进行无缝连接和集成。WebGIS 可以实现对各种传统 GIS 系统数据的相互操作和共享，以便充分利用现有的数据资源。WebGIS 还可以用于 Intranet(局域网)，以建立各部门内部的网络 GIS、实现局部范围内的数据共享。WebGIS 不但改变了传统 GIS 的设计、开发和应用方法，而且完全改变了空间数据的共享模式。万维网地理信息系统最终目标是实现 GIS 与网络技术的有机结合，GIS 通过网络成为大众使用的技术和工具。

4. WebGIS 的特点

与传统的地理信息系统相比，WebGIS 不同之处主要表现在：

(1)它是基于网络的客户机/服务器系统，而传统的 GIS 大多数为独立的单机系统。

(2)它利用因特网来进行客户端和服务器之间的信息交换，这就意味着，信息的传递是全球性的。

(3)它是一个分布式系统，用户和服务器可以分布在不同地点和不同的计算机平台上。

万维网地理信息系统是地理信息系统在万维网上的实现，是利用万维网技术对传统地理信息系统的改造和发展。与传统的基于桌面或局域网的 GIS 相比，WebGIS 具有以下优点：

(1)更广泛的访问范围。客户可以同时访问多个位于不同地方的服务器上的最新数据，而这一 Intranet 所特有的优势大大方便了 GIS 的数据管理，使分布式的多数据源的数据管理和合成更易于实现。

(2)平台独立性。无论服务器/客户机是何种机型，无论 WebGIS 服务器端使用何种 GIS 软件，由于使用了通用的 Web 浏览器，用户就可以透明地访问 WebGIS 数据，在本机或某个服务器上进行分布式部件的动态组合和空间数据的协同处理与分析，实现远程异构数据的共享。

(3)可以大规模降低系统成本和减少重复劳动。普通 GIS 在每个客户端都要配备昂贵的专业 GIS 软件，而用户使用的经常只是一些最基本的功能，这实际上造成了极大的浪费。WebGIS 在客户端通常只需使用 Web 浏览器(有时还要加一些插件)，其软件成本与全套专业 GIS 相比明显要节省得多，同时也可减少不同部门因数据的重复采集而带来的重复劳动。另外，由于客户端的简单性而节省的维护费用也不容忽视。

(4)更简单的操作。要广泛推广 GIS，就要降低对系统操作的要求，使 GIS 系统为广大的普通用户所接受，而不仅仅局限于少数受过专业培训的专业用户。

8.2.2 WebGIS 设计思想

目前有多种技术方法被应用于研制 WebGIS，包括 CGI(Common Gateway Interface，通用网关接口)方法、服务器应用程序接口(Server API)方法、插件(Plug-ins)法、Java Applet 方法以及 Active X 方法等。

1. CGI 方法

CGI 是较早应用于 WebGIS 开发的方法，它建立了 Internet 服务器与应用程序之间的接口。基于 CGI 的 WebGIS 是按照如下方式实现 WWW 交互的：用户发送一个请求到服务器上，服务器通过 CGI 把该请求转发给后端运行的 GIS 应用程序中，由应用程序生成结果交还给服务器，服务器再把结果传递到用户端显示。

这种技术的优势表现在：所有的操作、分析由服务器完成，因而客户端很小；有利于充分利用服务器的资源，发挥服务器的最大潜力；客户机使用的支持标准 HTML 的 Web 浏览器，因此客户端与平台无关。

劣势表现在：用户的每一步操作，都需要将请求通过网络传给 GIS 服务器，GIS 服务器将操作结果形成新的栅格图像，再通过网络返回给用户，这大大增加了网络传输的负担；所有的操作都必须由 GIS 服务器解释执行，服务器的负担很重；对每个客户机的请求，都要重新启动一个新的服务进程，当有多用户同时发出请求时，系统的功能将受到影响；浏览器上显示的是静态图像，要在浏览器上实现原有的许多操作变得很困难，影响 GIS 资源的有效使用。

2. Server API 方法

Server API 的基本原理与 CGI 类似，所不同的是，CGI 程序是可以单独运行的程序，而基于 Server API 的程序则必须在特定的服务器上运行，如微软的 ISAPI 只能在 Windows 平台上运行。基于 Server API 的动态连接模块启动后一直处于运行状态，而不像 CGI 那样每次都要重新启动，所以其速度较 CGI 快得多。

因此，它的优点是速度要比 CGI 方法快得多，缺陷在于它依附于特定的服务器和计算机平台。

3. Plug-in 方法

基于 CGI 和 Server API 的 WebGIS 系统传给用户的信息是静态的，用户的 GIS 操作都需要由服务器来完成。当互联网流量较高时，系统反应会很慢。解决这一问题的方法之一是把一部分服务器的功能移到用户端，这样不仅可以大大加快用户操作的反应速度，而且也减少了互联网上的流量和服务器的负载。插件方法(Plug-in)是由美国网景公司(Netscape)开发的增加网络浏览器功能的方法。

Plug-in 克服了 HTML 的不足，比 HTML 更灵活，用户端可直接操作矢量 GIS 数据，无缝支持与 GIS 数据的连接，实现 GIS 功能。由于所有的 GIS 操作都是在本地由 GIS 插件完成，因而运行的速度快。服务器仅需提供 GIS 数据服务，网络也只需将 GIS 数据一次性传输，服务器的任务很少，网络传输的负担轻。

这种模式的不足之处是：GIS 插件与客户端平台、GIS 数据类型密切相关，即不同的 GIS 数据、不同的操作系统、不同的浏览器需要有各自不同的 GIS 插件支持；插件需要先下载安装在客户机的浏览器上再使用。

4. ActiveX 方法

微软公司的 ActiveX 是一种对象链接与嵌入技术(OLE)，可应用于 Internet 的开发，它的基础是 DCOM(Distributed Common Object Model，分布式组件对象模型)，DCOM 本身并不是一种计算机编程语言，而是一种技术标准。组件对象模型 DCOM 和 ActiveX 控件技术方法具备构造各种 GIS 系统功能模块的能力，利用这些技术方法和与之相应的 OLE(对象链接与嵌入)、SDE(空间数据引擎)技术方法相结合，可以开发出功能强大的 WebGIS 系统。

利用 ActiveX 构建 WebGIS 的优点是执行速度快。由于 ActiveX 可以用多种语言实现，这样就可以复用原有 GIS 软件的源代码，提高了软件开发效率。缺点是：目前只有 IE 全面支持，在 Netscape 中必须有特制的 Plug-in 才能运行，兼容性差；只能运行于 MS-Windows 平台上，需要下载，占用客户端机器的磁盘空间；由于可以进行磁盘操作，其安全性较差。

5. Java Applet 方法

Java 语言是美国 Sun 公司推出的基于网络应用开发的面向对象的计算机编程语言，具有跨平台、简单、动态性强、运行稳定、分布式、安全、容易移植等特点。Java 程序有两种，一种可以像其他程序语言编写的程序一样独立运行；另一种称为 Java Applet，只能嵌入在 HTML 文件中，在网络浏览器下载该 HTML 时，Java 程序的执行源代码也同时被下载到用户端的机器上，由浏览器解释执行。

JavaApplet 的优点是：体系结构中立，与平台和操作系统无关；动态运行，无需在用户端预先安装；服务器和网络传输的负担轻，服务器仅需提供 GIS 数据服务，网络只需将 GIS 数据一次性传输；GIS 操作速度快。缺点是：使用已有的 GIS 操作分析资源的能力弱，处理大型的 GIS 分析能力(空间分析等)的能力有限，无法与 CGI 模式相比；GIS 数据的保存、分析结果的存储和网络资源的使用能力受到限制。

8.2.3 WebGIS 应用前景

WebGIS 使 GIS 应用走向公众，通过网络，可以将空间信息传至千家万户，如美国纽约州某县通过电视有线网，向公众发布城市和土地等信息；中国香港旅游局建立的旅游信息系统，其基础数据直接来源于香港地政署的大型空间数据库，旅游信息则由旅游协会提供，在尖沙咀等旅游热点安装触摸屏，游客可以通过它直接了解香港地理环境和查询旅游信息。

WebGIS 的数据传输量很大，目前 Internet 的速度还不能完全满足需求。1997 年 2 月，美国总统克林顿提出“建立快 1000 倍的第二代互联网络，让 12 岁以上的青少年人人都上互联网”。微软正在实施的一项计划中准备发射 840 多颗人造地球卫星，这些卫星将用于取代光纤进行 Internet 数据传输。可以预见，随着 Internet 技术的发展，WebGIS 应用终将走上普通人的办公桌、走进千家万户的家用电脑，与 Internet 本身一样成为人们日常生活必不可少的实用工具。

WebGIS 还可以应用于 Internet 建立企业/部门内部的网络 GIS，可以在科研机构、政府职能部门、企事业单位得到广泛应用。WebGIS 提供了一种易于维护的分布式 GIS 解决方案。尽管目前的 WebGIS 软件提供的空间分析功能很难满足专业应用的需要，但是随着技术的发展，WebGIS 终将取代传统的 GIS。

8.3　地理信息系统在国土、测绘等行业中的应用

由于 GIS 是用来管理、分析空间数据的信息系统，所以几乎所有的使用空间数据和空间信息的部门都可以应用 GIS，如资源管理、城乡规划、测绘制图、灾害监测、环境保护、政府宏观决策等部门。本节介绍了一些 GIS 应用实例，可以对相关领域的 GIS 建设提供借鉴。

8.3.1　城市规划、建设管理

城市是人类活动高度集中的区域，同时也是信息、物质高度集中的区域。随着科技的进步和经济的发展，城市系统越来越复杂，数据和信息越来越多，服务要求越来越高，城市管理面临着新的挑战。为了城市的现代化、生态平衡和持续发展，城市需要全面的规划，而地理信息系统给城市的规划和管理带来了新的工具。

城市建设规划涉及的因素非常多，开发新城要征用土地，改建旧城要拆迁安置，同时需要基础设施、公共服务设施的配套。在开发建设活动中，如果不注意各工程项目之间的协调，就可能造成混乱，而采用 GIS 对各种信息进行管理，并基于此进行分析和辅助决策，可以有效地防止这种混乱局面的出现。由于城市在不断地建设发展，所以需要随时更新城市基础数据库，这就要求应用 GIS 管理日常城市建设活动，以保证信息的时效性。

城市地理信息系统在很多方面发挥了作用，主要可以分为三个方面的活动。

1. 地图更新

城市建设中常用地图分为三种：

(1)地籍房产图，由政府税务部门负责编制。当地块边界或地块权属发生变化、地块内再划分、公共道路的拓宽、小地块合并等情况发生时，需要地图的更新。

(2)一般的测绘图，由政府市政工程部门负责编制。通常在下列情况下，需要更新地面重要物体边界变化；重新测量，纠正过时的内容；更新道路打通、拓宽等变化；更新地块的合并或重划分；更新街道名称改变；更新地图上的错误纠正等。

(3)土地使用图，这种地图反映土地的实际用途，也反映了主要的地块边界，一般由城市规划部门负责编制，主要为城市规划服务。当发生诸如房屋的拆除和重建、房屋改变用途、地块边界改变、地块重新划分、地块兼并、道路变化、道路名称的修改、地图错误纠正等情况时，需要地图的更新。

以上三种地图由三个相互独立的部门各自负责，在信息上存在很多重复内容，在地图更新时也需要大量的重复工作。在建立城市地理信息系统之后，三种地图上各类信息的更新工作明确地分配到三个部门，三种数字化地图集中地存放于数据库中，实现数据共享，每个部门对数据的修改内容可以被其他部门得到，减少了数据冗余和重复工作。

2. 土地区划管理

土地区划管理一般先由城市规划部门编制土地使用规划，经批准后再制定区划。区划的形式为文本和图件，它是城市建设和审批修建申请的依据。图 8.7 所示为 GIS 应用于城市规划管理。

土地区划图分为用途图、范围图和高度图。用途图用于限制和规定相冲突的土地利用，如不准贴近主要交通干道修建大型商业设施等；范围图对建筑之间的距离以及建筑后退道路等做出了规定；高度图则规定了建筑本身的高度、相邻建筑在高度上的相互关系的限制。

在采用GIS后，这三种区划图分为三个图层进行管理，并可以叠加在一起显示，避免各个部门数据不一致的情况。此外，可以很方便地检查规划图的错误，避免法律上的纠纷，也便于税收部门查询地产信息，调整对土地所有者的税收。

图 8.7

3. 建筑审批处的内部工作管理

每个建筑物在修建之前，必须经过政府主管部门批准，由于申请非常多，并且需要实地勘察，工作繁重，于是，如何分配并确定每个经办人员的工作，以充分调动每个人的积极性，成为一个难题。在建立地理信息系统后，修建项目申请卡片被记录到属性数据库中，其中的建筑物地址属性与地块空间数据相关联，这样可以很方便地将一定时期内所有的修建申请的位置分布显示在地图上，可以方便地根据申请量的多少、到市中心的距离、前往勘察的边界程度，划分每个工作人员的负责范围，提高了工作效率，改善了建筑审批处的内部管理。

8.3.2 地震灾害和损失估计

对地震灾害以及地震次生灾害的评估，对于一个区域的危险降低、资源分配以及紧急响应规划具有重要的意义。而通过存储和分析地质构造信息，利用GIS可以预测地震发生的“场景”，并估计该区域由于地震引发的潜在损失。此外，GIS也提供了有力的工具。使得在地震实际发生时，分析灾害严重程度的空间分布，帮助政府分配紧急响应资源。

进行地震灾害评估时要综合考虑地质构造等各种信息的空间分布，通常包括以下内容(图8.8)：

1. 估计地表震动灾害

需要识别地震源点，然后建立在该点发生地震以及地震波传播的模型，最后根据地表的土壤条件得到最终的震动强度。

2. 估计次生的地震灾害

次生的地震灾害包括液化、滑坡、断裂等。评估这些灾害，需要收集相应区域的地质构造信息，计算地表运动的强度和持续时间以及在以前的地震发生过程中这些灾害发生的情况。

3. 估计对于建筑物的损害

需要收集地震区域内建筑和生命线的分布状况，然后对每种建筑建立损害模型，该模型是一个函数，与地表震动强度以及潜在的次要灾害有关。

4. 估计可以用金钱衡量和不可以用金钱衡量的损失

可以用金钱衡量的损失包括受损建筑的修复和重建，而不可以用金钱衡量的损失包括人员伤亡，估算这些损失需要相应的社会经济信息。此外，清除垃圾和重新安置费用、失业、精神影响以及其他长期或短期的影响，需要建立不同的模型，分别加以确定。

在地震损失评估中，用到了多种空间信息，如地质构造，建筑等，因此 GIS 成为非常理想的进行地震损失评估的工具(图 8.8)。

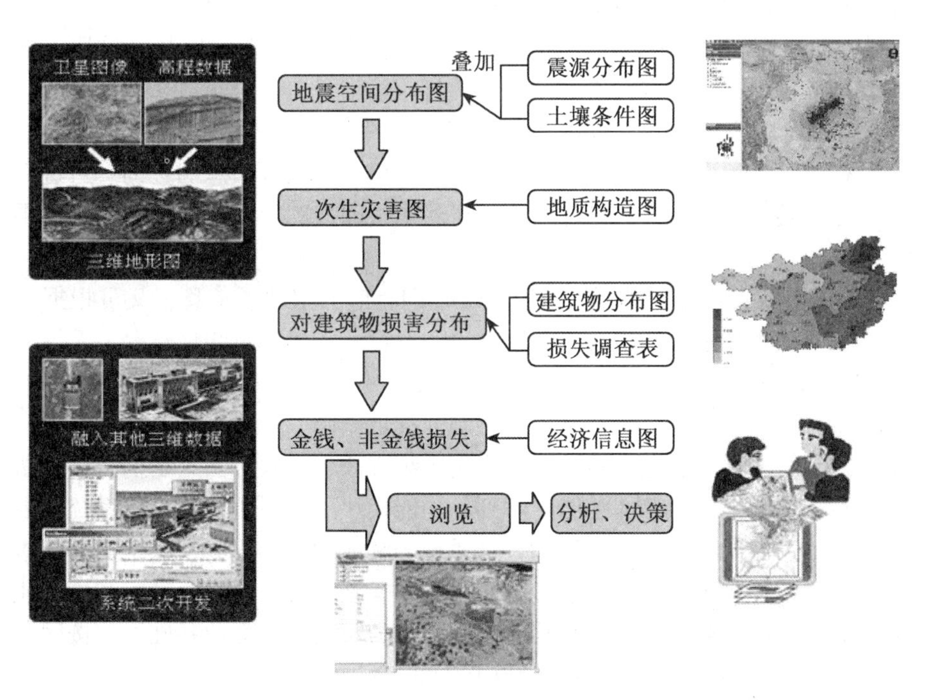

图 8.8　基于 GIS 的地震损失评估过程

通常，地表震动强度可以根据震源位置以及地震波传播公式计算，而次生灾害以及建筑物的损害则要根据相关的图件进行计算，并基于上述计算的结果来评估金钱损失和非金钱损失。在分析过程中，由于地震强度以及破坏程度随着到震源的距离增大而衰减，所以要采用缓冲区计算模型；而在计算金钱损失以及非金钱损失时，因为要综合考虑多个因素，所以要使用叠加复合模型。

8.3.3 地籍管理信息系统

将GIS技术应用于地籍管理而生成的地籍管理系统，具有对地籍信息进行采集输入、加工处理、存储管理、空间综合分析、辅助决策、信息交换和输出等功能，提高了土地管理部门工作效率，使其从传统的手工操作过渡到微机化、信息化管理。

1. 系统目标

系统设计时，应充分考虑地籍管理工作的特点，要求系统的实用性、可操作性及可靠性强，以简单性、实用性、可扩充性以及可靠性为系统设计的目标和考核指标，能将本部门的管理事务纳入新的技术领域，使信息查询、检索、显示、更新和图形、表格、文字输出实现自动化，提高土地管理事务的水平。

2. 系统分析

根据地籍管理工作的要求和地籍管理信息系统的特点，地籍管理信息系统按行政区域可分为四级，即县(市)级、地市级、省级和国家级。地籍管理工作的业务要求土地管理部门必须按国家统一规定进行，保证地籍资料的可靠性和精确性，保证地籍工作的连续性，保证地籍工作的概括性和完整性，因此，各功能模块的设计要能满足各种工作要求。

地籍信息管理的业务要求对系统的总体功能提出严格的层次要求：

(1)利用初始登记与变更登记功能，可完成申请受理、调查、审核、注册、颁证、归档等日常管理工作，并适时进行表、证、卡的打印输出。

(2)利用查询、统计功能，可按一个或多个条件的组合进行所需宗地信息，如使用者、地类、街道、宗地面积、统编号、宗地位置、单位性质等信息的查询。可进行分区面积汇总、土地分类面积统计，并用柱状图、饼状图、曲线图等形式对统计汇总结果进行直观表示。

(3)利用图数互查功能，既可根据宗地号查询相应的宗地图信息，又可根据图形查询宗地的属性信息，包括宗地的申请表、审批表、登记卡、界址点线信息等。

(4)利用输出功能，可打印输出初始登记表、变更登记表、宗地图以及其他证、卡等，另外，还可打印、查询、统计结果和绘制标准地籍图。

为了更好地解决这一问题，需要进一步用系统方法、层次方法、结构分析方法、功能分析方法进行分析归纳，将总体功能分解到各功能模块。用系统方法分析系统各要素之间的关系，揭示信息流向；用层次方法把整个系统分解成功能不同的子系统，并分析各子系统间的关系；用结构分析方法研究系统的整体结构、子系统结构，并进行结构优化；用功能分析方法研究系统的输入、输出和其他的操作行为与结果。在此基础上，按照综合集成的思想，设计地籍管理信息系统的功能结构(图8.9)。

3. 系统组成及结构

1)数据来源及数据预处理

原始数据来源不同、结构复杂，其基础数据主要包括区域背景数据的基础底图、行政区划图、土地利用图以及城市规划图等，以及地籍基础资料的宗地界址点、坐标、界址点号、宗地号、界址线、地籍图等空间数据和相应的文本数据。而系统的数据采集，主要是完成地籍调查数据的输入、成图与维护等工作。

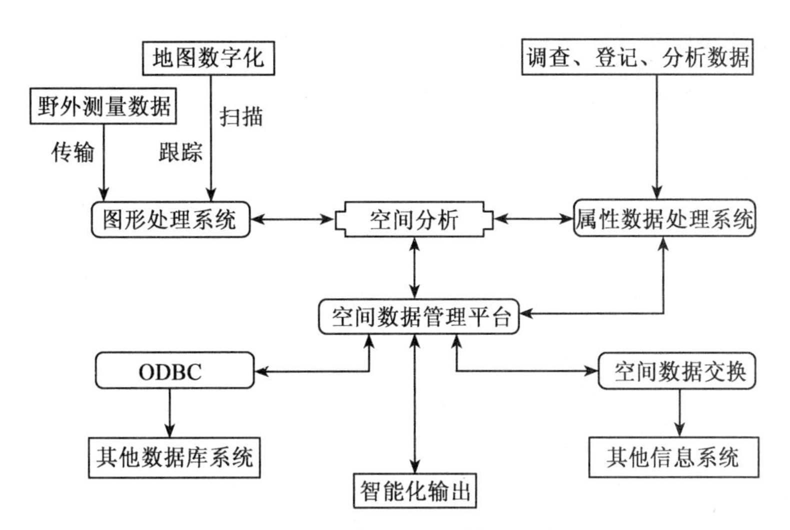

图 8.9　地籍管理信息系统总体功能结构框架

为保证数据的唯一性和完备性，在录入前要进行预处理：

(1)制定规范的编码体系，建立标准、规范的空间控制点文件，建立每一数据层与控制点间的对应关系，空间信息分层数字化，建立图形编辑及空间拓扑关系，通过坐标转换将所有空间数据层转换到共有的坐标系下，空间属性信息汉化处理。

(2)属性数据的标准化。

(3)图片的标准化。

2)数据库的建立

对任何信息系统而言，其核心模块都是面向不同服务对象的数据库，数据库质量的优劣直接影响着系统目标的成败。系统将数据的存储与管理分割为属性数据库与空间数据库，并采用一个共同的关联项将它们链接起来。原始数据经过预处理，变成系统基础数据。系统数据库主要包括界址点线数据库、图形数据库、文本数据库等。此类数据库可归结为两类：属性数据库与空间数据库。属性数据库中一个数值数据包括三方面信息性质：一是从属性，即数据归属于某部门、某单元等；二是特征性质；三是时间性，也就是数据是哪一时间段的度量值。对于地籍资料数据，缺少了任何一个特征都将大大降低这一数据的使用价值。

3)功能模块的设计

地籍管理信息系统是一个集科学研究及技术应用为方向的地理信息系统，它以地籍管理与决策分析为系统目标，因而对信息的采集、组织、管理、应用及应用成果的输出是系统功能的主体，系统的功能设计能支持各种模型的生成。

系统的功能模块应从以下方面考虑：

(1)数据采集功能。采集的数据包括几何数据、属性数据和管理数据；采集方式有手扶跟踪数字化、图纸扫描数字化、测量仪器及外部数据文件接口和键盘输入矢量数据等(图 8.10)。

(2)图形处理与制图功能。图形数据在输入后，实现对图形进行显示、查询、编辑、

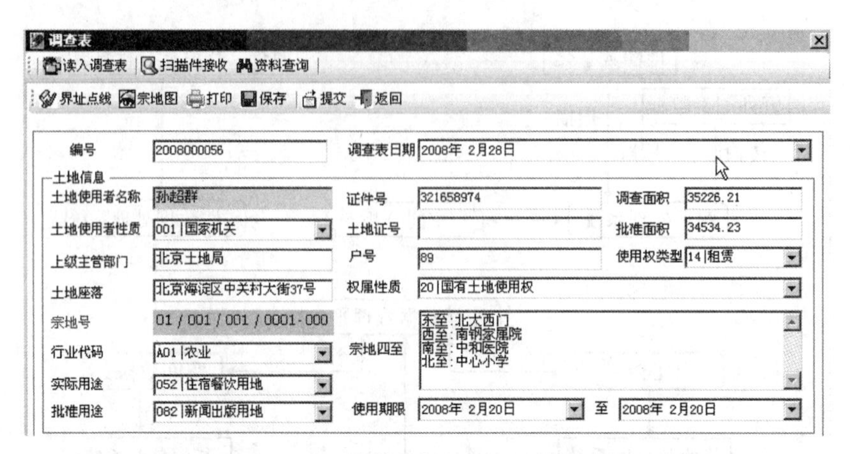

图 8.10 地籍管理信息系统的数据采集

修改、管理等工作，并为用户提供矢量图、栅格图、全要素图和各种专题图(图 8.11)。

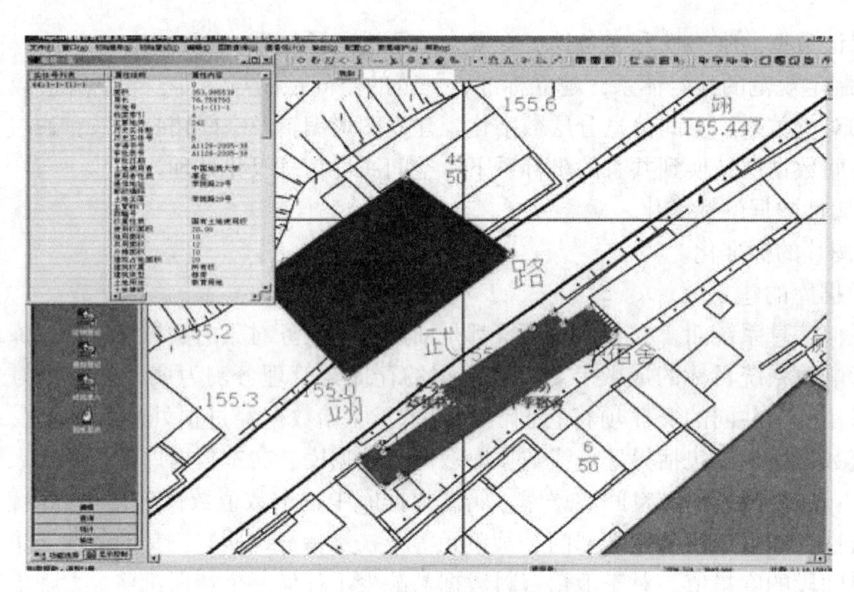

图 8.11 地籍管理信息系统的制图

(3)属性数据的管理功能。在信息系统中，对于属性数据一般都采用表格表示，采用关系型数据库管理系统(RDBMS)来管理(图 8.12)。

(4)空间查询与分析功能。查询功能包括属性查图形、SQL 查询、从属性表直接查询目标对象、根据图形查属性、空间关系查询；分析功能包括叠置分析、缓冲分析、空间几何分析、地学分析等(图 8.13)。

4. 系统技术特点

(1)具有较强的数据处理功能。能够根据业务的不同要求选择不同功能的模块处理，高速高效地完成工作。

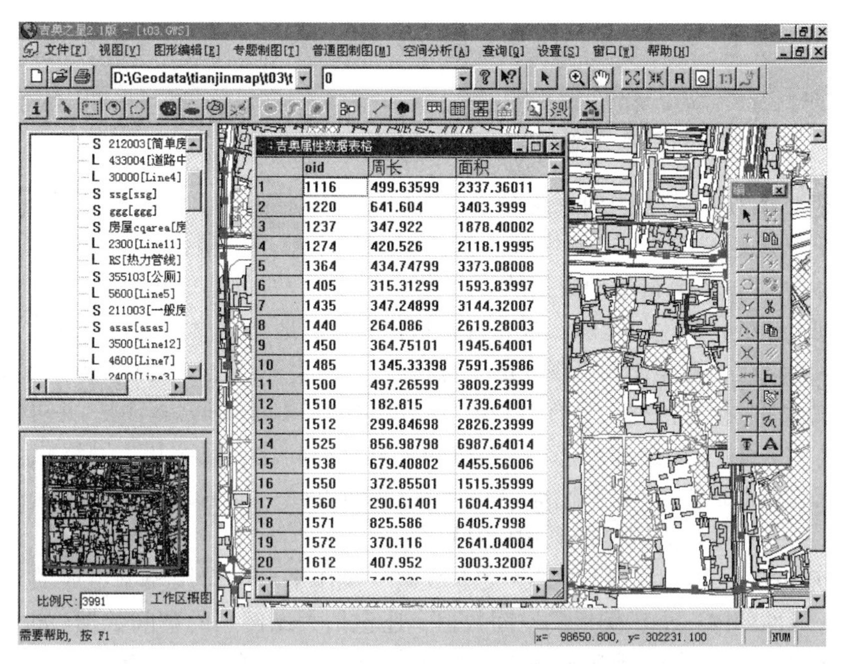

图 8.12　地籍管理信息系统的图形与属性管理

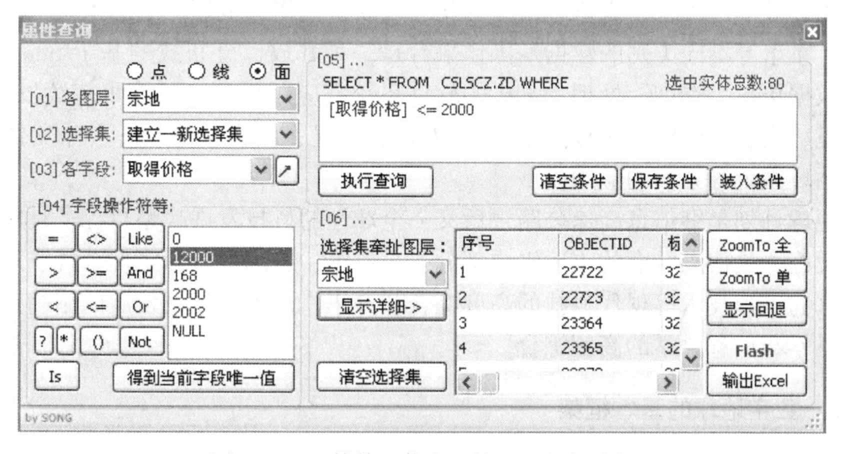

图 8.13　地籍管理信息系统的查询与分析

(2)结构合理，功能齐全，性能良好。能根据部门的业务要求进行文字或图形的查询，可以实现文字、符号、地图和图像等多种形式数据的同时显示，具有图文并茂的显著特色。

(3)系统具有友好的界面。采用弹出式中文菜单，配有详细、直观的中文和图形提示信息，增强了系统的透明度。

(4)系统的分析共享功能。该系统数据的分析可提供给其他部门，如土地规划、城市建设、环境保护、农业区划等部门使用，有利于数据的共享，方便此类部门进行科学决策。

8.4 数字地球

8.4.1 数字地球的基本概念

1998 年 1 月 31 日，美国副总统戈尔在美国加利福尼亚科学中心发表了题为“数字地球：21 世纪认识地球的方式”的讲演。正式提出数字地球的概念。戈尔指出：“数字地球”，即一种可以嵌入海量地理数据的、多分辨率的和三维的地球的表示。

数字地球是指数字化的地球，或者说是指信息化的地球。信息化是指以计算机为核心的数字化、网络化、智能化和可视化的全部过程。详细一点说，数字地球是指以地球作为对象的、以地理坐标为依据，具有多分辨率、海量的和多种数据融合的，并可用多媒体和虚拟技术进行多维(立体的和动态的)表达的，具有空间化、数字化、网络化、智能化和可视化特征的技术系统。“数字地球”核心思想有两点，一是用数字化手段统一性地处理地球问题，另一点是最大限度地利用信息资源。

“数字地球”主要是由空间数据、文本数据、操作平台、应用模型组成的。这些数据不仅包括全球性的中、小比例尺的空间数据，还包括大比例尺的空间数据(如大比例尺的城市空间数据)；不仅包括地球的各类多光谱、多时相、高分辨率的遥感卫星影像、航空影像、不同比例尺的各类数字专题图，还包括相应的以文本形式表现的有关可持续发展、农业、资源、环境、灾害、人口、全球变化、气候、生物、地理、生态系统、水文循环系统、教育、军事等不同类别的数据。操作平台是一种开放、分布式的基于 Internet 网络环境的各类数据更新、查询、处理、分析的软件系统。应用模型包括在可持续发展、农业、资源、环境、灾害(水灾、旱灾、火灾)、人口、气候、生物、地理、全球变化、生态系统、水文循环系统等方面的应用模型。

数字地球计划是继信息高速公路之后又一全球性的科技发展战略目标，是国家主要的信息基础设施，是信息社会的主要组成部分，是遥感、遥测、全球定位系统、互联网、万维网、仿真与虚拟技术等现代科技的高度综合和升华，是当今科技发展的制高点。数字地球是地球科学与信息科学的高度综合。

8.4.2 数字地球的基本框架

数字地球已经具备了形成新学科的要求，作为一门新的学科分支，它由三部分组成：

(1)基础理论。数字地球的基础理论研究的内容主要包括地球信息的特征、地球空间系统特征、地球系统的非线性与复杂性特征，这三个方面密切相关，以信息为主线。

(2)技术系统。数字地球技术系统包括数据获取技术，以多种分辨率的卫星遥感为主；数据传输技术，以宽带光纤和宽带卫星通信网为主；数据存储与管理技术，以分布式数据库及共享技术为主，包括互操作和标准、规范、法规等；数据应用技术，以仿真与虚拟技术为主，包括为应用目的服务的实验和试验。

数字地球的技术系统的特点是速度快，精度高，实现共享；从局部扩大到全球，即全球化，包括资源、环境、经济、社会、人口等各种数据，以地球坐标进行组织和整合，提高了数据的应用水平和应用价值。

(3)应用领域。数字地球技术系统既可以应用于局部地域、地区和全球范围，又应用于不同行业与专业，如农业、林业、牧业、渔业、交通、建筑、矿业、工业、城市、环境、减灾等。

8.4.3　数字地球的技术基础

要在电子计算机上实现数字地球，不是一件很简单的事，需要诸多学科，特别是信息科学技术的支撑，其中主要包括信息高速公路和计算机宽带高速网络技术、高分辨率卫星影像、空间信息技术、大容量数据处理与存储技术、科学计算以及可视化和虚拟现实技术。

(1)信息高速公路和计算机宽带高速网。一个数字地球所需要的数据已不能通过单一的数据库来存储，而需要由成千上万的不同组织来维护。这意味着，参与数字地球的服务器将需要由高速网络来连接。

(2)高分辨率卫星影像。现阶段的遥感卫星影像，分辨率已经有了飞快的提高，空间分辨率从遥感形成之初的80m，已提高到30m、10m、5.8m，乃至2m，军用甚至可达到10cm；光谱分辨率可以达到5～6nm(纳米)量级，400多个波段。

(3)空间信息技术与空间数据基础设施。空间信息是指与空间和地理分布有关的信息。经统计，世界上的事情有80%与空间分布有关。当人们在数字地球上进行处理、发布和查询信息时，将会发现大量的信息都与地理空间位置有关。例如，查询两城市之间的交通连接，查询旅游景点和路线等，都需要有地理空间参考。由于尚未建立空间数据参考框架，致使目前在万维网上制作主页时还不能轻易将有关的信息连接到地理空间参考上。因此，国家空间数据基础设施是数字地球的基础。

国家空间数据基础设施主要包括空间数据协调、管理与分发体系和机构，空间数据交换网站、空间数据交换标准及数字地球空间数据框架。这是美国克林顿总统在1994年4月以行政令下发的任务，并于20世纪末初步建成。我国也开始建立我国基于1∶50000和1∶10000比例尺的空间信息基础设施。

(4)大容量数据存储及元数据。数字地球将需要存储大量的信息。美国NASA的行星地球计划EOS-AM1 1999年上天，每天产生1000GB(即1TB)的数据和信息，1m分辨率影像覆盖我国广东省，大约有1TB的数据，而广东才占我国的1/53，所以要建立起我国的数字地球，仅仅影像数据就有53TB，这还只是一个时刻的，多时相的动态数据，其容量就更大了。

另外，为了在海量数据中迅速找到需要的数据，元数据(Metadata)库的建设是非常必要的，它是关于数据的数据，通过它，可以了解有关数据的名称、位置、属性等信息，从而大大减少用户寻找所需数据的时间。

(5)科学计算。地球是一个复杂的巨系统，地球上发生的许多事件，其变化和过程又十分复杂而呈非线性特征，时间和空间的跨度变化大小不等，差别很大，只有利用高速计算机，利用数据挖掘(Data Mining)技术，我们才能够更好地认识和分析所观测到的海量数据，从中找出规律和知识。科学计算将使我们突破实验和理论科学的限制，建模和模拟可以使我们能更加深入地探索所搜集到的有关我们地球的数据。

(6)可视化和虚拟现实技术。可视化是实现数字地球与人交互的窗口和工具，没有可视化技术，计算机中的一堆数字是无任何意义的。

虚拟现实(Virtual Reality，VR)是近年来出现的高新技术，也称灵境技术。虚拟现实是利用电脑模拟产生一个三维空间的虚拟世界，提供使用者关于视觉、听觉、触觉等感官的模拟，让使用者如同身临其境一般，可以及时、无限制地观察三度空间内的事物。

数字地球的一个显著的技术特点是虚拟现实技术。建立了数字地球以后，用户戴上显示头盔，就可以看见地球从太空中出现，使用“用户界面”的开窗放大数字图像，随着分辨率的不断提高，可以看见大陆，然后是乡村、城市，最后是私人住房、商店、树木和其他天然和人造景观；当用户对商品感兴趣时，可以进入商店内，欣赏商场内的衣服，并可根据自己的体型，构造虚拟自己试穿衣服。

8.4.4 数字地球的应用——数字城市

数字地球的研究对象是带有地理坐标的空间信息。除了资源、环境具有明显的分布坐标以外，经济和社会也应具有空间分布特征。电子商务、电子金融、电子社会似乎与数字地球没有关系，其实这种观点是不全面的。例如，人们可以通过网络选择厂家或商场及其需要的货物，厂家、商场给多个客户送货时，也可以利用数字地球技术系统，实现路径选择、全导航等功能。同样，电子金融、电子社会也不能离开数字地球技术。因此，数字地球的信息应用具有广阔的前景。

1. 数字城市的概念

数字城市是指城市规划建设与运营管理以及城市生产与生活活动中，利用数字化信息处理技术和网络通信技术，将城市的各种数字信息及各种信息资源加以整合并充分利用。城市是社会经济的中心，数字城市(Digital City)不仅是信息社会的主要组成部分，而且也是数字地球技术系统的集中表现。戈尔综合了很多教授、专家、企业家及政府管理人员的意见，于1998年9月提出了“数字化舒适社区建设”，即数字城市建设的倡议。近年来，一些发达国家已经相继进行了数字小区和数字城市的实验。我国在21世纪初进行了数字城市的建设，并取得了良好的效果。

2. 数字城市的关键技术

数字城市的关键技术除了和数字地球相同外，还应侧重强调以下几点：

(1)真三维地理信息系统(3D-GIS)研究。人们普遍认为3D-GIS是数字城市首先要解决的问题。国际上已经专门成立了3D-GIS研究组织，主要为城市研究服务。德国的Stuttgart大学等研究机构在3D-GIS方面做了很多工作，并建立了模拟系统，对一些城市进行了研究。

(2)仿真和虚拟技术或虚拟地理信息系统(VR-GIS)技术已成为公认的数字城市的关键术。

(3)数字城市的信息模型与体系结构研究，如城市建筑设施、交通设施、能源设施、通信设施、服务设施、文化设施和行政管理设施的信息模型及体系结构(包括逻辑及运行)以及信息组织和管理等研究。

(4)数字城市的运行管理技术研究，如通信网络系统及其管理、数据组织及数据转换、决策模型管理、城市信息安全保障机制等研究。

(5)数字城市的功能系统研究，包括数据交换中心、公用信息平台、专业信息平台等研究。

3. 数字城市的建设内容

数字化城市的内容包括了数字化、网络化、智能化与可视化等几个方面。

(1)城市设施数字化。在统一的标准与规范基础上，实现设施的数字化，这些设施包括城市基础设施、交通设施、金融业、文教卫生、安全保卫、政府管理、城市规划与管理等(图8.14)。

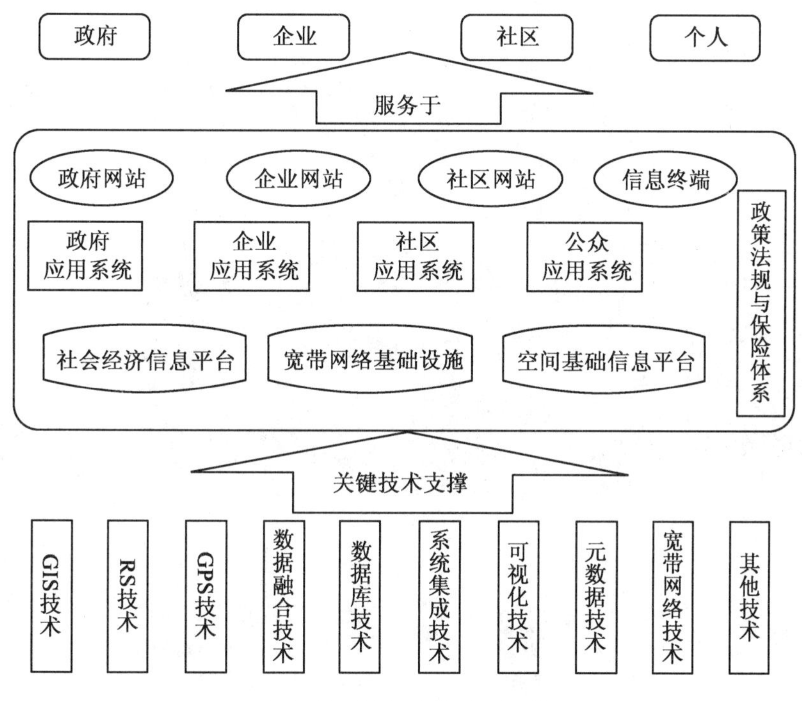

图8.14 数字城市基本框架

(2)城市网络化。三网链接即电话网、有线电视网与Internet网实现互联互通；通过网络将分散的分布式数据库、信息系统链接起来，建立互操作平台；建立数据仓库与交换中心、数据处理平台、多种数据的融合与立体表达、仿真与虚拟技术、数据共享平台。

(3)城市智能化。城市智能化包括：

电子商务：网上贸易、虚拟商场、网上市场管理；

电子金融：网上银行、网上股市、网上期货、网上保险；

网上教育：虚拟教室、虚拟实验、虚拟图书馆；

网上医院：网上健康咨询、网上会诊、网上护理；

网上政务：网上会议等。

另外，城市规划的虚拟、城市生态建设或改造虚拟实验等，也属于城市智能化的内容，它们不仅可以提高城市规划或城市生态建设的科学性，同时还能缩短设计时间。

数字城市、信息城市或智能城市的目的都是将城市的部分或大部分的基础设施、功能设施进行数字化，建立数据库，并用计算机高速通信网络连接，实现网络化管理和调控，并具有高度自动化、智能化的技术系统。

从数字家庭到数字大厦、数字小区、数字城市、数字国家，这些并不是科学幻想，而是活生生的现实，是未来的人类社会的发展模式和人类的生存方式(图8.15)。

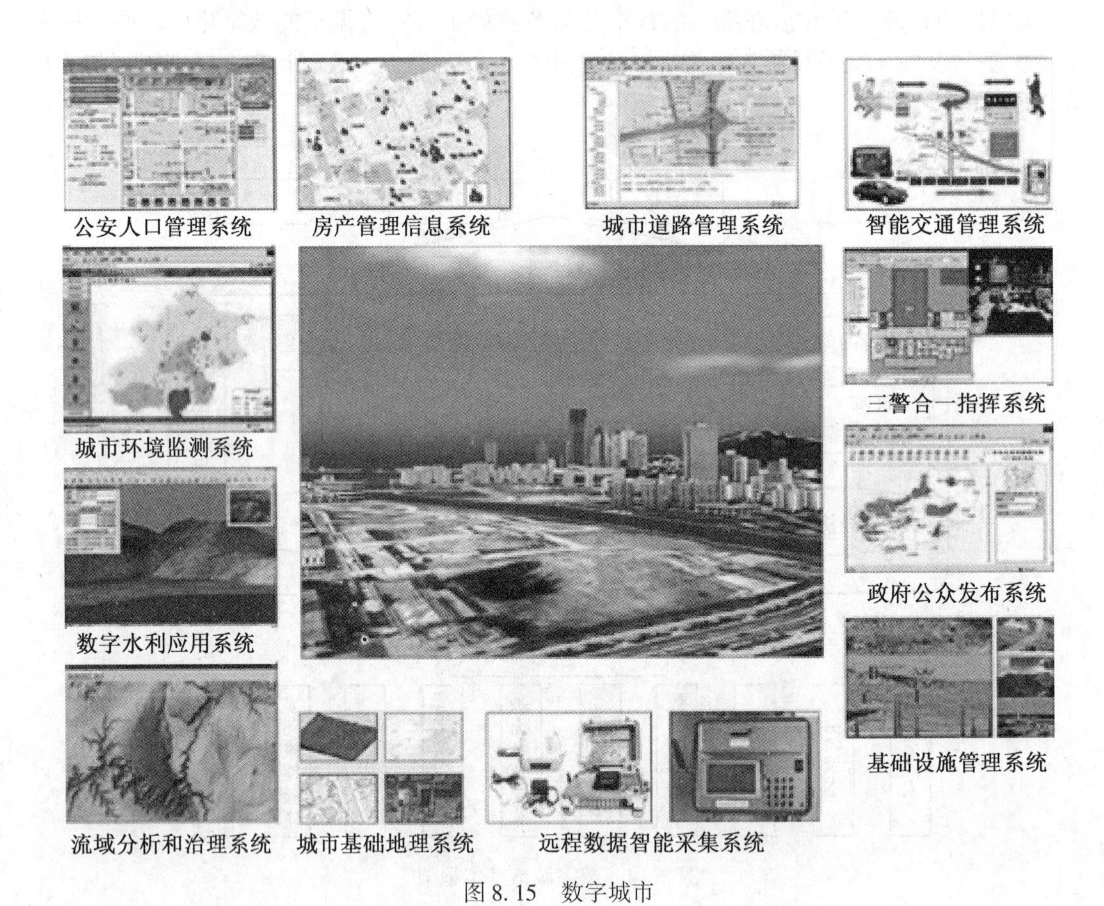

图8.15 数字城市

习题和思考题

1. 什么是3S集成？请给出例子。
2. GIS与RS是怎样结合起来的？请举例说明。
3. 什么WebGIS？WebGIS有什么特点？
4. 地理信息系统在社会中最重要的几个应用领域是什么？请给出一些例子。
5. 城市规划中应用GIS的意义有哪些？
6. 什么是数字地球？简述数字地球的基本框架。
7. 什么是数字城市？
8. 结合自己的专业，谈谈GIS技术在自己专业的应用。

第9章 地理信息系统设计与评价

☞ 学习目标

学习本章，需要了解地理信息系统设计的目的；掌握地理信息系统设计的流程以及对地理信息系统进行评价的指标与方法；理解地理信息标准化的内容和作用。

9.1 地理信息系统的设计

9.1.1 地理信息系统设计的目的

地理信息系统，按其功能和内容，可以分为工具型地理信息系统和应用型地理信息系统。这里的系统设计是指应用型地理信息系统的设计。所谓应用型地理信息系统，是指在工具型或基础型地理信息系统的基础上，经过二次开发，建成满足专门为用户解决一类或多类实际问题的地理信息系统。因此，应用型地理信息系统的主要特点是，它具有特定的用户和应用目的，具有为满足用户专门需求而开发的地理空间实体数据库和应用模型，它继承工具型地理信息系统开发平台提供的大部分功能和软件，以及具有专门开发的用户应用界面等。

应用型地理信息系统，根据其应用层次的高低，又可分为空间事务处理系统(STPS)、空间管理信息系统(SMIS)和空间决策支持系统(SDSS)。STPS的主要目的是通过应用GIS的数据库技术，实现由传统的事务处理向计算机处理的转换，在房产、地籍等部门有着广泛的应用。SMIS的主要目的是实现空间信息管理的高效率、模型开发和空间数据的动态更新，其不但具有数据的查询和统计，还具有专业模型的分析应用等功能，它在城市规划、土地利用、道路交通管理、管网规划管理等领域具有广泛的应用。SDSS主要用于解决半结构化和非结构化的决策问题，除了需要利用地理信息系统的数据库和空间分析技术外，模型库及其管理系统也是决策支持系统的核心，它在宏观决策、行业发展规划等领域具有广泛的应用需求。

建立这些应用型的地理信息系统，要求系统的功能能够满足需求，系统运行要稳定可靠，系统应用能达到高效益，能实现业务操作的手工模式向信息化模式的根本转变，从而提高管理和决策的高效率和科学化。

9.1.2 地理信息系统设计的流程

应用型地理信息系统的设计大致可以分为四个主要阶段：系统分析、系统设计、系统实施、系统运行及维护。系统分析阶段的需求功能分析、数据结构分析和数据流分析是系统设计的依据，系统分析阶段的工作是要解决“做什么”的问题，它的核心是对地理信息系统进行逻辑分析，解决需求功能的逻辑关系及数据支持系统的结构以及数据与需求功能之间的关系。系统设计阶段的核心工作是要解决“怎么做”的问题，研究系统由逻辑设计向物理设计的过渡，为系统实施奠定基础。

地理信息系统设计要满足三个基本要求，即加强系统实用性、降低系统开发和应用的成本、提高系统的生命周期。在系统实施和测试过程中，发现软件开发领域内的错误大部分是由于系统设计不完善而引起的。

系统设计可分为地理信息系统设计方法、管理信息系统的设计方法和软件工程的设计方法，所有这些设计都要根据设计原理并采用结构化分析方法。其中，最有用的理论是模块理论及其有关的特性，如内聚性和连通性。所谓结构化，就是有组织、有计划和有规律的一种安排。结构化系统分析方法就是利用一般系统工程分析法和有关结构概念，把它们应用于地理信息系统的设计，采用自上而下划分模块，逐步求精的系统分析方法。这种结构化分析和设计的基本思想包括如下要点：

(1)在研制地理信息系统的各个阶段都要贯穿系统的观点。首先从总体出发，考虑全局的问题，在保证总体方案正确，解决接口问题的条件下，然后按照自上而下，一层一层地完成系统的研制，这是结构化思想的核心。

(2)地理信息系统设计的基本原则是首先进行调查研究，掌握必要的数据，否则就不可能进行系统分析。只有设计出合理的逻辑模型，才有可能很好地进行物理设计。事实上，地理信息系统的开发是一个连续有序、循环往复、不断提高的过程，每一个循环就是一个生命周期，要严格划分工作阶段，保证每个阶段任务很好地完成。

(3)用结构化的方法构筑地理信息系统的逻辑模型。在系统的逻辑设计中，包括分析信息流程，绘制数据流程图；根据数据的规范，编制数据字典；根据概念结构的设计，确定数据文件的逻辑结构；选择系统执行的结构化语言以及采用控制结构作为地理信息系统的设计工具等。

(4)结构化分析和设计还包括系统结构上的变化和功能上的改变，以及面向用户的观点等。

1. 系统分析

“系统分析”(System Analysis)一词源自美国的兰德公司，其基本思想是从系统观点出发，通过对事物进行分析与综合，找出各种可行的方案，为系统设计提供依据。它的任务是对系统用户进行需求调查和可行性分析，最后提出新系统的目标和结构方案。系统分析是使设计达到合理、优化的重要步骤，其工作深入与否，直接影响到将来新系统的设计质量和实用性，因此必须予以高度重视。

用户需求调查即调查系统用户对开发的GIS系统的功能要求和信息需求情况。具体调查的主要内容有：

(1)Who，即谁使用该系统，该系统的用户结构如何，哪些是直接用户，哪些是间接用户，哪些是最终用户，哪些是潜在用户，以及当前用户部门的组织机构、人员分工和职能情况，现有的业务流程和工作效率等。

(2)What，即新系统是做什么用的，它需要具备哪些功能，它应能解决和处理哪些类型的问题，因此需要具有哪些设备、资源、数据等。

(3) Why，即为什么需要具有这些功能和条件，具有这些功能以后，与常规的业务流程有哪些不同点和优越性，对现行系统和建立的新系统从功能、效率、效益等方面做详细调查及对比研究等。

(4) Where，即建立新系统所需要的资源从哪里获取，特别是数据资源能否得到保障，以及解决系统硬件和软件的途径等。

(5) Quality，即具体的技术指标、性能要求和可靠性要求，如数据精度、运行速度、系统安全保障机制等，要认真听取用户的意见和要求。

用户调查一般采用访问、座谈等方法。在调查前，应拟定出需求调查提纲。在调查中，重点应弄清用户对所要开发系统的功能、数据内容、应用范围等方面的要求，并详细考察用户原来的业务范围、工作流程以及部门之间的联系等。在调查后，需撰写用户需求调查报告，内容包括：用户对系统的要求，用户目前的业务范围、工作流程和存在的问题，可用的数据源情况，现有的技术力量、设备条件等。同时，要对这些需求进行可行性分析，着重从社会、技术和经济三大要素分析开发新系统的可行性，确定哪些需求可以实现，哪些需求需要调整和简化，哪些需求作为近期目标或远期目标等。用户需求和可行性分析报告，是系统设计的重要依据，要用文字和图表详细阐述。用户需求和可行性分析报告经过审批，表示系统开发项目得到立项，才能转入系统设计阶段。

2. 系统设计

系统设计是新建GIS的物理设计过程，在需求分析规定的“做什么”的基础上解决系统“如何做”的问题，即按照对建设GIS的逻辑功能要求考虑具体的应用领域和实际条件，进行各种具体设计，确定GIS建设的实施方案。按照GIS规模的大小，可将设计任务划分为总体设计和详细设计两个阶段。

1) 总体设计

总体设计又称为逻辑设计，其任务是根据系统研制的目标来规划系统的规模和确定GIS系统各子系统或各模块的划分、各个组成部分(子系统或模块)之间的相互关系以及确定系统的软硬件配置，规定系统采用的技术规范，并做出经费预算和时间安排，以保证系统总体目标的实现。最后撰写系统总体设计方案，作为重要的技术文件提供论证和审批。总体设计的主要内容包括：

(1) 用户需求。阐明系统的用户构成、不同用户对系统的要求、系统应具备的功能等。

(2) 系统目标。阐明该系统的应用目标——属于演示系统或运行系统、单机运行系统或分布式运行系统、事务处理系统或信息管理系统等。

(3) 总体结构。根据系统功能的聚散程度和耦合程度，将系统划分为若干子系统或功能模块，构成系统总体结构图。例如，深圳市规划国土管理信息系统的总体结构如图9.1所示。

(4) 系统配置。这是指系统运行的设备环境，包括计算机、存储设备、输入和输出设备以及网络等，并说明其型号、数量和内存等性能指标，画出硬件设备配置图(图9.2)。软件包括计算机系统软件、网络管理软件、地理信息系统基础软件、数据库管理系统软件、应用软件等，并说明其版本、数量和性能等特点。

系统配置应遵循技术上稳定可靠、投资少、见效快、立足现在和顾及发展的原则。技

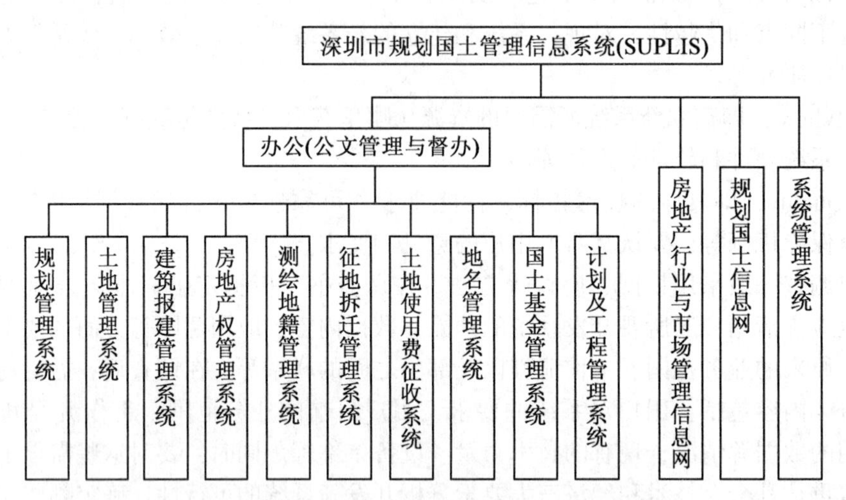

图 9.1 深圳市规划国土管理信息系统的总体结构

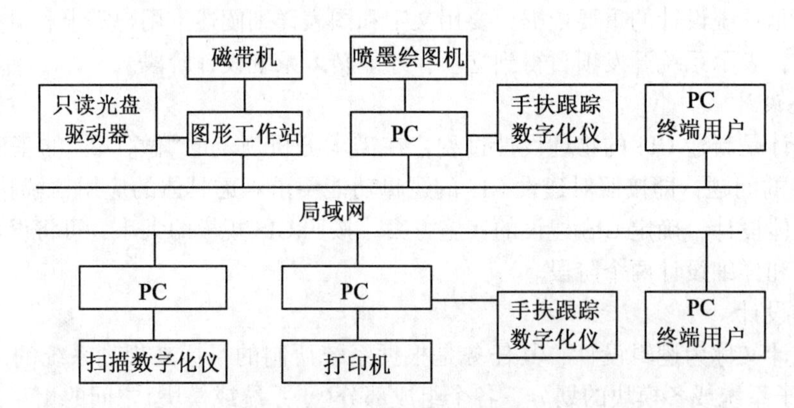

图 9.2 系统硬件配置图

术上稳定可靠是指采用国内外经过实践检验证明其为成熟的硬件和软件，同时以满足本系统的技术和性能指标为准则，不单纯追求最高档设备与昂贵的软件；投资少、见效快，即根据经济实力和技术力量，选择合适的配置，能较快地收到实际效果；立足现在、顾及发展是指应以完成目前的要求为主，并顾及系统的可扩充性和将来的发展。由于系统具体目标和服务范围不同，系统配置方案也有很大差异，如多用户的系统为实现资源共享、协同工作和并行处理，客户/服务器结构、分布式数据库和网络化等配置方案便是该类系统的基本要求。因此，系统配置方案的确定具有动态变化的特征。

(5)数据库设计。数据库是系统的核心组成部分，一个系统可以具备一个或多个数据库。按信息内容，可将数据库分为基础数据库和专题数据库；按数据类型，可将数据库分为空间数据库和属性数据库。数据库设计要确定空间数据与属性数据的管理模式，集中式或分布式的建库方案，采用的数据结构类型和数据库管理系统以及数据分类等。

(6)系统功能。由于应用型地理信息系统继承了开发平台所提供的大部分功能，因此其设计任务不在于解决基本功能，而在于解决用户所需的特定功能。例如，以一个地下管线信息系统为例，其系统功能包括：

①数据录入与查错。能够实时地将普查数据转换为满足地下管线信息系统要求的数据，以保障地下管线的综合管理与应用。

②综合查询与统计。能够提供按图号、道路名、单位名查询任意范围的管线，并统计计算各类管线的长度、面积、体积等。

③网络分析和诊断。在分析各类地下管线发生事故或故障(如漏水、漏气等)时，分析受影响区域的范围、涉及哪些阀门需要关闭和维修等。

④断面生成与分析。断面分析是道路与管线工程规划设计、管理的基础，也是地下管线工程综合的主要依据。断面分析分为纵断面与横断面两种，系统应能生成和分析任意位置和方向的横断面以及生成和分析连续管线的纵断面。

⑤管线工程辅助设计。以国家有关管线工程的最小覆土深度、管线最小水平净距、管线交叉时的最小垂直净距等规范为准则，在地形图库、现状管线库、规划管线库、规划道路红线库等地图数据库的基础上，通过计算机及系统实现对设计信息的处理，完成管线设计计算、分析、绘图及方案的比较，从技术上避免规划管线与现状管线的矛盾和重复设计。

因此，应用型地理信息系统的功能不同于开发平台的基本功能，具有自己的特殊性。但是，应用系统的这些特殊功能主要应该依靠基础GIS提供的基本功能来开发和实现。

(7)经费和管理。由于系统开发是一项复杂的系统工程，为保证系统开发工作的顺利进行，必须拟定好系统开发计划、系统管理措施、投资经费概算以及最后应提交的成果等。

2)详细设计

详细设计又称为实际设计，其任务是根据总体设计方案确定的目标和阶段开发计划，紧密结合特定的硬件、基础软件和规范标准，进行子系统和数据库的详细设计，用于具体指导系统的开发。详细设计的主要内容包括：

(1)子系统设计。子系统设计以对用户需求的进一步详细调查为依据，分别完成各个子系统的逻辑结构设计、数据库设计、功能模块设计、用户界面设计等。每个子系统设计的内容大体类似于总体设计的内容，但应更加详细和具体，作为各个子系统实施的指导性文件。

(2)数据库设计。主要内容包括：数据源的分析与选择；数据分类与分层的确定；数据获取方案的规定；数据编码设计；实体属性表与属性关系的设计；属性数据类型的建立；数据质量标准的规定；地理定位控制的确定及其他有关问题的规定等。

(3)功能模块设计。详细描述各功能模块的内容，实现的技术和算法，输入输出的数据项和格式等的设计。

(4)用户界面设计。用户界面是人机对话的工具，它与功能模块一一对应，做到各模块之间界面的形式一致，相同功能要用相同的图标显示。界面可以分为若干层，便于逐层调用。根据功能模块的不同，可以分别采用菜单式、命令式或表格式的界面。所有界面应体现以人为本的原则，做到界面友好、美观，并随时提供丰富的帮助信息，使用户易懂、易学、易掌握。

3. 系统实施

系统实施是在系统设计的原则指导下，按照详细设计方案确定的目标、内容和方法，分阶段、分步骤完成系统开发的过程。系统实施的内容包括如下几方面：

(1)系统软、硬件的引进及调试。实施的步骤如图 9.3 所示。

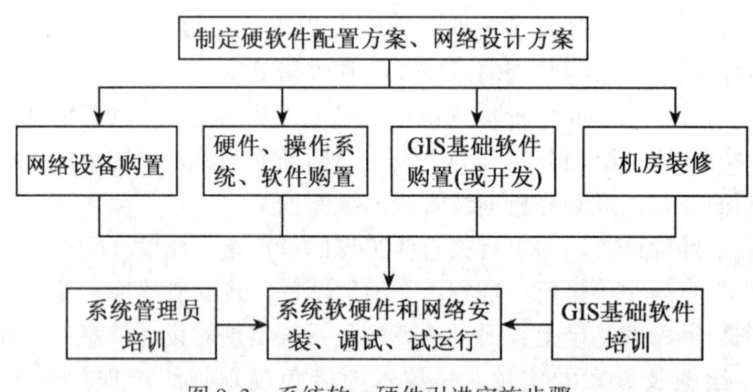

图 9.3　系统软、硬件引进实施步骤

(2)系统数据库建立。实施内容包括数据源的选择、数据源的现势更新和处理、数据格式的定义和转换、数据采集方法的确定、数据编辑处理、数据质量控制、建立数据库实体等。

(3)应用管理系统的开发。这是指在地理信息系统基础软件的基础上进行二次开发，建立应用管理系统。内容包括利用基础软件提供的开发语言进行编程、以各种菜单形式建立用户应用界面、应用模块的开发、建立图形符号库、编写用户操作手册等。

(4)系统测试和联调。对系统开发完成的每一个模块，均应进行测试。将模块组装成系统时，也应进行联调和测试。系统测试是指利用人工或自动的方法测试和评价各个模块，验证模块是否满足规定的要求，检查设计指标与实际结果是否一致，做到及时发现问题，及时改正，直至符合设计要求，并编写系统测试报告。

(5)系统验收和鉴定。系统验收的内容包括文档、软件、数据库等。对于文档，要详细说明系统的文档资料是否齐全和规范及其质量情况等。对于软件，要详细说明系统的软件功能和性能是否达到计划任务书、合同或设计的要求，软件运行是否稳定可靠，是否满足用户的需求，等等。对于数据库，要详细说明数据库的内容是否完整、数据的安全性和现势性以及数据的标准化和质量情况等。在通过验收的基础上，对系统开发的技术水平、质量和特点做出恰如其分的技术鉴定。

4. 系统运行和维护

系统运行是指系统经过调试和验收以后，交付用户使用。为了保证系统正常运行，必须要认真制定并严格遵守操作规则。系统维护是为保证系统正常工作而采取的一切措施和实际步骤，例如数据的维护，使系统数据始终处于相对最新的状态；软件的维护，使软件能适应运行环境和用户需求的不断变化；硬件的维护，使硬件能经常保持完好和正常运行的状态等。

9.2　地理信息系统的标准化

随着GIS技术的发展，特别是网络技术应用到地理信息系统建设中，与它有关的标准化也成为一个必须解决的问题。一个好的标准是促进、指导和保证高效率、高质量地理信息交流不可缺少的部分。

9.2.1　地理信息系统标准化的意义和作用

地理信息系统标准化的直接作用是保障地理信息系统技术及其应用向规范化发展，指导地理信息系统相关的实践活动，拓展地理信息系统的应用领域，从而实现地理信息系统的社会及经济价值。地理信息系统的标准体系是地理信息系统技术走向实用化和社会化的保证，对于促进地理信息共享、实现社会信息化具有巨大的推动作用。

地理信息的标准化，将从如下几方面影响地理信息系统的发展及其应用：

1. 促进空间数据的使用及交换

地理信息系统直接处理的对象就是反映地理信息的空间数据。空间数据的生成及其操作具有非常复杂性，这是造成在地理信息系统研究及其应用实践中遇到的许多具有共性问题的重要原因。

进行地理信息系统标准化研究最直接的原因就是为了解决在地理信息系统研究及其应用中遇到的这些问题。

(1)数据质量。对数据质量的影响来自两个方面：一方面是由于生产部门数字化作业人员水平参差不齐，各种航摄及解析仪器、各种数字化设备的精度不同，导致最终对地理信息系统数据的精度进行控制的难度；另一方面是对地理属性特征的识别质量。由于没有经过严格校正的属性数据存在误差，从而导致人们使用数据的错误。

(2)数据库设计。在地理信息系统实践中，数据库设计是至关重要的一个方面，它直接关系到数据库应用上的方便性和数据共享。一般地，数据库设计包括三方面的内容：数据模型设计、数据库结构和功能设计、数据建库的工艺流程设计，这三个方面可能带来的一些问题见表9.1。

表9.1　**不规范的数据库设计可能带来的问题**

数据模型设计	术语不一致，数据语义不稳定，数据类型不一致，数据结构不统一
数据库结构和功能设计	结构不合理，术语不一致，功能不符合用户要求
数据建库的工艺流程设计	整个工艺流程不统一，术语不一致，用户调查方式不统一，设计文本不统一

要解决这些问题，就需要针对数据库的设计问题，建立相应的标准，如数据语义标准、数据库功能结构标准、数据库设计工艺流程标准等。

(3)数据档案。对数据档案的整理及其规范化，其中代表性的工作就是对地理信息系统元数据的研究及其标准的制定工作。明确的元数据定义以及对元数据方便地访问，是安全地使用和交换数据的最基本要求。一个系统中如果不存在元数据说明，很难想象它能被除系统开发者之外的第二个人所正确地应用。因此，除了空间信息和属性信息以外，元数据信息也是地理信息的一个重要组成部分。

(4)数据格式。在地理信息系统发展初期，地理信息系统的数据格式被当成一种商业秘密，因此对地理信息系统数据的交换使用几乎是不可能的。为了解决这一问题，通用数据交换格式的概念被提了出来。并且，有关空间数据交换标准的研究发展很快。在地理信息系统软件开发中，输入功能及输出功能的实现必须满足多种标准的数据模式。

(5)数据的可视化。空间数据的可视化表达，是地理信息系统区别于一般商业化管理信息系统的重要标志。地图学在几百年来的发展过程中，为数据的可视化表达提供了大量的技术储备。在地理信息系统技术发展早期，空间数据的显示基本上直接采用了传统地图的方法及其标准。但是，由于地理信息系统的面向空间分析功能的要求，空间数据的地理信息可视化表达与地图的表达方法具有很大的区别。传统的制图标准并不适合空间数据的可视化要求，例如，利用已有的地图符号无法表达三维地理信息数据。解决地理信息可视化表达的一般策略是：与标准的地图符号体系相类似，制定一套标准用于显示地理数据的符号系统。地理信息标准符号库不但应包括图形符号、文字符号，还应当包括图片符号、声音符号等。

2. 促进地理信息共享

地理信息的共享是指地理信息的社会化应用，就是地理信息开发部门、地理信息用户和地理信息经销部门之间以一种规范化、稳定、合理的关系，共同使用地理信息及相关服务的机制。

地理信息共享深受信息相关技术的发展(包括遥感技术、GPS技术、地理信息系统技术、网络技术等)、相关的标准化研究及其所制定的各种法规保障制度的制约。现代地理信息共享以数字化形式为主，并已步入了模拟产品、数据产品和网络传输等多种方式并存的数字化时代。因此，数据共享几乎成为信息共享的代名词。在数据共享方式上，专家们的观点是，未来的数据共享将以分布式的网络传输方式为主。例如，我国有关部门提出以两点一线、树状网络、平行四边形网络、扇状平行四边形网络四种设计方案作为地理信息数据共享的网络基础。

从信息共享的内容上来看，地理信息的共享并不只是空间数据之间的共享，它还是其他社会、经济信息的空间框架和载体，是国家以及全球信息资源中的重要组成部分。因此，除了空间数据之间的互操作性和无误差的传输性之外，空间数据与非空间数据的集成也是地理信息共享的重要内容。后一种数据共享方式具有更大的社会意义，因为它为某些社会、经济信息的利用提供了一种新的方法。

地理信息共享有三个基本要求：正确地向用户提供信息；用户无歧义、无错误地接收并正确使用信息；保障数据供需双方的权利不受侵害。在这三个要求中，数据共享技术的作用是最基本的，它将在保障信息共享的安全性(包括语义正确性、版权保护及数据库安全性等方面)和方便灵活地使用数据方面发挥重要的作用。数据共享技术涉及四个方面：面向地理系统过程语义的数据共享概念模型；地理数据的技术标准；数据安全技术；数据的互操作性。

1)面向地理系统过程语义的数据共享的概念模型

在地理信息系统技术发展过程中，由于制图模型对地理信息系统技术的深刻影响，关于现实地理系统的概念模型大多集中于对地理系统空间属性的描述。例如，对地理实体的分类，以其几何特性点、线、面等为标志，由于这一局限，地理信息系统只能显式地描述一种地理关系——空间关系，这种以几何目标为主要模拟对象的模拟方法不但存在于传统的关系型地理信息系统中，而且也存在于各种面向对象的地理信息系统模型研究中。以几何目标特性为主，模拟地理系统的思想几乎成为一种标准，而基于地理系统过程思想的概念模型则很少出现。

实际的数据共享是一种在语义层次上的数据共享，最基本的要求是供求双方对同一数据集具有相同的认识，只有基于同一种对现实世界地理过程的语义抽象才能保证这一点。因此在数据共享过程中，应有一种对地理环境的模型作为不同部门之间数据共享应用的基础。面向地理系统过程语义的数据共享的概念模型包括一系列的约定法则：地理实体几何属性的标准定义和表达；地理属性数据的标准定义和表达；元数据定义和表达等。这种模型中的内容和描述方法有别于面向地理信息系统软件设计或地理信息系统数据库建立的面向计算机操作的概念建模方法。为了数据共享的无歧义性及用户正确地使用数据，面向数据共享的概念模型必须遵循 ISO 为概念模型设计所规定的“100% 原则”，即对问题域的结构和动态描述达到 100% 的准确。

2) 地理数据的技术标准

地理数据的技术标准为地理数据集的处理提供空间坐标系、空间关系表达等标准，它从技术上消除数据产品之间在数据存储与处理方法上的不一致性，使数据生产者和用户之间的数据流畅通。

地理数据技术标准的一项重要工作是利用标准的界面技术完整地表达数据集语义的标准数据界面。随着对数据共享的进一步认识，科学家们越来越重视对地理信息系统人机界面的标准化。在有关用户界面的标准化的讨论中，两个观点占了主流：一个观点主张采用现有 IT 标准界面，这是计算机专家们的观点；另一个观点提出要以能表达数据集的语义作为用户界面标准的标准。经过多年的讨论及实践，已逐渐形成两种策略，它们是建立标准的数据字典和建立标准的特征登记，这两种策略的理论基础都是基于对现实世界的概念性模拟以及概念模式规范化的建立。

在数据库领域，“数据字典”是一个很老的概念，它的初始含义是关于数据某一抽象层次上的逻辑单元的定义。应用于地理信息系统领域后，其含义有了变化，它不再是对数据单元简单的定义，而且还包括对值域及地理实体属性的表达，它已走出元数据的范畴，而成为数据库实体的组成部分之一。建立一个标准数据字典，实际上也就是建立相应地理信息系统数据库的一种外模式，可以方便地对数据库进行查询、检索及更新服务。特征登记是一种表达标准数据语义界面方法，它产生于面向地理特征的信息系统设计思想。

3) 数据安全技术

数据使用过程中，为了保证数据的安全，必须采用一定的技术手段。在网络数据传输状况下更是如此。从技术上解决数据安全问题，主要考虑在数据使用和更新时要保持数据的完整性约束条件保护数据库免受非授权的泄露、更改或破坏。在网络时代，还要注意网络安全，防止计算机病毒等。

数据的完整性体现了数据世界对现实世界模拟的需求，在关系型数据库中，存在着实体完整性和关系完整性两种约束条件；数据库中数据的安全性一般通过设置密码、利用用户登记表等方法来保证。

4)数据互操作性

从技术的角度，数据共享强调数据的互操作性。数据的互操作性体现在两个方面：一是，在不同地理信息系统数据库管理系统之间数据的自由传输；二是，不同的用户可以自由操作使用同一数据集，并且保证不会导致错误的结论。数据的互操作性在数据共享所有环节中是最重要的，技术要求也是最高的。

9.2.2 地理信息标准化的内容

在地理信息系统建设过程中，地理信息的标准化是一项十分重要的工作，它关系到地理信息资源的开发、利用和共享。地理信息系统标准化的基本内容有以下几方面：

1. 统一的名词术语内涵

由于地理信息系统涵盖的学科领域广泛以及自身技术的不断发展变化，人们对许多名词术语在使用和理解上可能存在很大的差异，所以研究并筛选出与 GIS 关系密切的名词术语，如测绘基本术语、摄影测量与遥感术语、地图制图术语等。给出规范的释义和标名，不仅具有理论意义，而且具有实用价值，是地理信息标准化的一项基础工作。

2. 统一的数据采集原则

GIS 数据库涉及的数据种类多、数据量大，在数据采集时，应遵循统一的数据采集原则。例如，各级统计部门提供的数据为最基本数据，当其他部门提供的数据与它有矛盾时，以统计部门为准；统计部门未规定统计的指标，以各地最直接的业务部门提供的数据为准。通常只采集和存储基本的原始数据，不储存派生数据，要采集的是具有权威性、科学性、现势性的数据。在数据采集时，必须遵照已经颁布的规范标准，例如我国制定的1∶500～1∶2000 地形图航空摄影规范、1∶5000～1∶10 万地形图航空摄影规范、全球定位系统(GPS)的测量规范等。

3. 统一的空间定位框架

统一的空间定位框架是为各种数据信息的输入、输出和匹配处理提供共同的地理坐标基础。这种坐标基础可以归化为地理坐标、网格坐标和投影坐标这三种坐标系统。当数据信息的来源不同时，必须将它们统一到这三种坐标形式之一的基础上来。

根据我国地理信息系统国家规范研究组的建议，我国地理信息系统所配置的投影应与国家基本图系列所采用的投影相一致，即1∶1 万～1∶50 万的比例尺图幅采用高斯-克吕格投影为其输入、输出的基础；1∶100 万及更小比例尺的图幅采用等角圆锥投影。高斯-克吕格投影在每一幅图范围内可以看成无角度变形，在整个国土范围内的长度变形也不超过0.14%，面积变形不超过0.28%，精度可以满足使用的要求。

关于格网系统的选择，提出基本格网、加密格网、合并格网和辅助格网四种划分方法，其具体划分的方案如下：

(1)基本格网。被分为三级：

①一级格网，$\Delta\lambda=6^\circ$，$\Delta\varphi=4^\circ$(相当于1∶100 万图幅)；

②二级格网，$\Delta\lambda=30'$，$\Delta\varphi=20'$(相当于1∶10 万图幅)；

③三级格网，$\Delta\lambda=3'45''$，$\Delta\varphi=2'34''$(相当于1∶1 万图幅)。

(2)加密格网。它是在基本格网基础上再细分为六级：

①1/2 格网，相当于1：5000图幅，实地约6.5km^2；

②1/4 格网，相当于1：2500图幅，实地约1.6km^2；

③1/8 格网，相当于1：1000图幅，实地约0.4km^2；

④1/16 格网，相当于1：500图幅，实地约0.1km^2；

⑤1/96 格网，相当于1：100图幅，实地约2 800m^2；

⑥1/384 格网，相当于1：25图幅，实地约175m^2。

(3)合并格网。它以基本格网为基础，按需要进行格网整倍数的合并表示，分为五级：

①2倍格网，1：2.5万图幅；

②4倍格网，1：5万图幅；

③16倍格网，1：20万图幅；

④24倍格网，1：25万图幅；

⑤48倍格网，1：50万图幅。

(4)辅助格网。是指对于从1：1万～1：5万比例尺的数据文件，通过采用平面直角坐标作为辅助格网，如格网的边长可以为1km×1km，250m×250m等。除辅助格网外，三种类型的格网均以经纬度的细分作为格网划分的依据，与我国基本比例尺地形图分幅系列一致，容易实施分幅检索和区域拼接。

4. 统一的数据分类标准

数据分类的目的是为了计算机存储、编码、检索等的需要。分类体系划分是否合理，直接影响到地理信息系统数据的组织、系统间数据的连接、传输和共享以及地理信息系统产品的质量。因此，它是系统设计和数据库建立的一项极为重要的基础工作。

国家规范研究组建议，信息分类体系采用宏观的全国分类系统与详细的专业系统之间相递归的分类方案，即低一级的分类系统必须能归并和综合到高一级的分类系统之中。为此，首先按照社会环境、自然环境、资源与能源三大类，作为第一层。其次，根据环境因素和资源类别的主要特征与基本差异，再划分为十四个二级类，作为第二层。第三，按每一个二级类包括的最主要的内容，作为第三级类别。最后，按照各个区域的地理特点和用户的需求，拟订区域的分类系统和每一专业类型的具体分类标准。

5. 统一的数据编码系统

地理信息系统存储的空间要素具有时、空、属性的复杂特征，需要通过计算机能够识别的代码体系来提供数据信息的地理分类和特征描述，同时需要制定统一的编码标准，以实现地理要素的计算机输入、存储以及系统间数据的交换和共享。我国现有的信息编码系统已经施行《GB-2260—80编码》、《GB-2659—81编码》和《中华人民共和国邮政分区编码》等。对于地理信息及其属性的编码系统和标准尚在研究中，但是一般要求：

(1)凡国家已施行的编码规范和标准，均按国家规定的执行。

(2)科学编码系统的设计必须可靠地识别数据信息的分类，以较少的代码提供丰富的参考信息，根据代码结构能进行数据间关系的逻辑推理和判别。

(3)编码不宜过长，一般为4～7位，以减少出错的可能性和节省存储空间。对于多要素的数据信息，通过设置特征位来有效地压缩码位的长度。

(4)编码标准化，其内容包括统一的码位长度、一致的码位格式和明确的代码含义，不能出现代码的多义性等。

6. 统一的数据组织结构

数据结构是地理实体的数据组织形式及其相互关系的抽象描述。描述地理实体的空间数据应包含空间位置、拓扑关系和属性三个方面的内容。例如，矢量数据结构的点状实体应表示统一序号的唯一标识码、实体类型的分类、实体位置的(x，y)坐标以及与点相联的有关属性等；线状实体应表示唯一标识码、线的类型码、起始节点、终止节点、空间位置坐标串以及与线相联的有关属性等；面状实体应表示每个多边形的封闭边界或弧段、每个多边形的邻接关系或拓扑关系、岛的结构及有关属性等。不说明数据结构或数据结构不规范，不仅用户无法应用，计算机程序也无法正确处理。对于影像栅格数据、地理名称数据、三角网数据、三维数据、属性数据等，都应建立相应的数据模型和结构标准，以便不同系统的数据兼容和不同软件的计算机处理及应用。

7. 统一的数据记录格式

数据记录格式是指地理信息系统的原始数据和输出数据在磁性介质内的记录方式。对不同来源(地图、遥感、社会统计等)和不同形式(点、线、面等)的数据，都必须按照标准的记录格式记录，以保证系统对各种数据信息或资源的接纳、处理和共享。

地理信息系统采用的数据记录格式包括矢量、影像和格网三种空间数据及其元数据的记录格式，其数据类型及文件名后缀见表9.2。

表9.2 空间数据记录格式的文件名后缀

数据类型	文件名后缀
矢量数据	. VCT
影像数据	. TIF/BMF
影像数据的附加信息	. IMC
格网数据	. GRD
元数据	. MAT

空间矢量数据交换文件由四部分组成：第一部分为文件头，它包含了该文件的基本特征数据，如图幅范围、坐标维数、比例尺等；第二部分为地物类型参数及属性数据结构，地物类型参数包括地物类型代码、地物类型名称、几何类型、属性表名等，属性数据结构包括属性表定义、属性项个数、属性项名、字段描述等；第三部分为几何图形数据及注记，图形数据包含了目标标识码、地物类型码、层名、坐标数据等，注记包含了字体、颜色、字型、尺寸、间隔等；第四部分为属性数据，它包含了属性表、属性项等。

影像数据的交换格式原则上采用国际工业标准无压缩的TIFF或BMP格式，但需将大地坐标及地面分辨率等信息添加到TIFF或BMP文件中。

格网数据交换文件由文件头和数据体组成。文件头包含该空间数据交换格式的版本号、坐标单位(米或经纬度)、左上角原点坐标、格网间距、行列数、格网值的类型等；数据体包含该格网的地物类型编码或高程值等。

元数据文件应为纯文本文件，其记录格式包含元数据项和元数据值。

8. 统一的数据质量含义

地理信息系统数据质量是指该数据对特定用途的分析、操作和应用的适宜程度。因此，数据质量的好坏是一个相对的概念，但它具有明确的内容。其具体的含义包括：

(1)数据完整性，指要素的完整性和属性的完整性，可用非定量的方法进行评定。

(2)数据一致性，指逻辑的一致性和拓扑的一致性，可用非定量或定量的方法进行评定。

(3)位置精度，包括绝对精度、相对精度、像元位置精度、形状的相似性等，其中，像元精度用分辨率表示，其他精度用非定量方法表示。

(4)时间精度，主要指数据的现势性，可用数据采集时间和数据更新的时间和频度来表示。

(5)属性精度，指连续值、有序值、标准值的精度等，包括要素分类与代码的正确性、要素属性值的正确性及名称的正确性，通常用非定量的方法表示。

以上数据质量的含义涵盖了空间数据的空间维、时间维和专题维的内容，可以作为评定数据质量的依据。

9.2.3　地理信息标准化的制定

随着信息革命在全球的兴起，地理信息标准化的工作日益受到关注。据调查，目前正在制订标准和规范的重要单位有：①ISO/TC211：国际标准化组织 TC211 专题组；②FGDC：美国联邦地理数据委员会；③CEN/TC287：欧洲标准化委员会；④OGC：美国 Open GIS 协会；⑤MEGRIN：欧洲地图事务组织；⑥CGSD：加拿大标准委员会。

以欧洲标准化委员会为例，其标准化制订工作分为参考模型标准、数据描述定义标准、数据描述技术标准、数据应用模式标准、数据几何标准、数据质量标准、数据传输标准、数据定位标准等专题小组，负责专题标准的制订工作。国际标准化组织 ISO 的 TC211 专题组，其主要任务是制订地理信息领域的标准化，并由五个工作组分别制订出以下一套结构化的相关标准：

第一工作组负责框架和参考模型，承担地理信息的参考模型、综述、概念图解语言、术语、一致性测试等项目。这些项目主要是设计地理信息标准的总体结构框架，设计概念图解语言，定义名词术语，确定测试各项标准是否达到一致性的判断指标和方法。因此，该工作组是对 ISO/TC211 的标准化工作进行总体规划，并提供基本原则和概念设计工具等。

第二工作组负责地理空间数据模型和算子，承担地理信息的空间算子、空间子模式、时间子模式、应用模式规则等项目。这些项目的任务是确定地理空间数据的存取、查询、管理和处理操作的算子，定义地理空间目标空间特征的概念关系和时间特征的概念关系，定义地理信息应用模式的规则，包括应用模式的地理空间目标分类、分级原理及其关系等。

第三工作组负责地理空间数据管理，承担地理信息的分类、大地参考系统、间接参考系统、质量、质量评价方法、元数据等项目。这些项目的任务是确定地理空间目标、属性和关系的分类方法，研究制订一套单一的国际多种语言分类目录的可能性，研制大地参考系统和间接参考系统的概念模式和参考手册，确定地理空间数据质量指标及质量评价方法，确定说明地理信息及其应用服务的元数据模式。

第四工作组负责地理空间数据服务，承担地理信息的空间定位服务、地理信息描述、编码、服务等项目。这些项目主要是确定空间定位系统 GPS 与 GIS 标准接口，使空间定位信息与地理信息的各项应用相集成，以人们能够理解的形式描述地理空间信息，选择与地理信息所应用的概念模式相兼容的编码规则，识别和定义地理信息的服务界面，确定与开放系统环境模型之间的关系等。这些项目基本涵盖了地理空间数据应用和信息服务所急需的标准化内容。

第五工作组负责专用标准，目前只承担专用标准一个项目。主要任务是确定在 ISO/TC211 制订的全部标准的基础上，针对某项具体应用，提取出专用标准子集的方法和参考手册。

我国地理信息标准化的制订工作由国家质量技术监督局负责，由国家测绘局牵头，吸收了生产、科研与教育部门参加，成立了全国基础地理信息标准化技术委员会，致力于标准的制订、协调工作。他们紧密跟踪国外基础地理信息标准化工作的进展，积极参与 ISO/TC211 工作，结合中国实际情况，制订出相当数量的与地理有关的国家和行业标准，为我国基础 GIS 的共享建设提供了保障。

9.3 地理信息系统评价

地理信息系统评价是指对 GIS 的性能进行估计、检查、测试、分析和评审，最后针对评价结果形成系统评价报告，它包括用实际指标和计划指标进行比较以及评价系统目标实现的程度。

9.3.1 系统评价指标

1. 系统效率

地理信息系统的各种职能指标、技术指标和经济指标是系统效率的反映，如系统能否及时地向用户提供有用信息、所提供信息的地理精度和几何精度如何、系统操作是否方便、系统出错如何以及资源的使用效率如何等。

2. 系统可靠性

系统可靠性是指系统在运行时的稳定性，要求一般很少发生事故，即使发生事故也能很快修复。可靠性还包括系统有关的数据文件和程序是否妥善保存以及系统是否有后备体系等。

3. 可扩展性

任何系统的开发都是从简单到复杂的不断求精和完善的过程，特别是地理信息系统，常常是从清查和汇集空间数据开始，然后逐步演化到从管理到决策的高级阶段。因此，一个系统建成后，要使在现行系统上不做大改动或不影响整个系统结构，就可在现行系统上增加功能模块，这就必须在系统设计时留有接口；否则，当数据量增加或功能增加时，系统就要推倒重来，这就是一个没有生命力的系统。

4. 可移植性

可移植性是评价地理信息系统的一项重要指标。一个有价值的地理信息系统的软件和数据库，不仅在于它自身结构合理，而且在于它对环境的适应能力，即它们不仅能在一台机器上使用，而且能在其他型号设备上使用。要做到这一点，系统必须按国家规范标准设计，包括数据表示、专业分类、编码标准、记录格式等，都要按照统一的规定，以保证软件和数据的匹配、交换和共享。

5. 系统的效益

系统的效益包括经济效益和社会效益。GIS 应用的经济效益主要产生于促进生产力与产值的提高，减少盲目投资，降低工时耗费，减轻灾害损失等方面。目前地理信息系统还处于发展阶段，可着重从社会效益上进行评价，如信息共享的效果、数据采集和处理的自动化水平、地学综合分析能力、系统智能化技术的发展、系统决策的定量化和科学化、系统应用的模型化、系统解决新课题的能力以及劳动强度的减轻、工作时间的缩短、技术智能的提高，等等。

总的来看，地理信息系统的经济效益是长时间逐渐体现出来的，随着新课题的不断解决，经济效益也就不断提高。但是，从根本上来说，只有地理信息系统的建设走以市场为导向的产业化发展道路，商品经济的发展导致信息活动的激增、信息广泛而及时的交流，形成信息市场，才能为地理信息系统的发展提供契机。这时，地理信息系统的经济效益才能进一步体现，评价目标也就自然地转向经济效益方面。目前，一批以开发地理信息系统为目标的经济实体正在筹备和组建，地理信息系统的经济、科学和技术三者统一的发展趋势，是肯定无疑的。

9.3.2　系统评价报告

系统评价报告一方面是对已成系统开发工作的验收总结，另一方面也是将来进一步系统维护和改进的依据及规则，再一方面将是新系统开发工作的新起点，必须认真对待。

系统评价的结果理应形成正式的书面文件，并辅以必要的用户证明、性能评测和鉴定意见等，一般应包括如下内容：

(1)新系统的设计目标、结构、功能和主要性能指标；

(2)系统研制的文档资料；

(3)系统性能评价和证明材料、鉴定材料；

(4)系统经济效益评价和测算数据；

(5)系统综合评价和用户意见；

(6)结论。

习题和思考题

1. 地理信息系统设计的目的是什么？
2. 地理信息系统设计分为哪几个阶段？各阶段的主要任务是什么？
3. 简述地理信息系统标准化的内容。
4. 地理信息系统的评价指标有哪些？
5. 地理信息系统评价报告的主要内容有哪些？

第 10 章 MapGIS 应用基础

☞ 学习目标

本章从 MapGIS 软件的图形输入、编辑、处理、分析、输出等整个数据处理流程入手，详细介绍了软件的基本功能和具体操作方法。通过学习本章，需了解 MapGIS 软件的基本概念和功能特点，掌握 MapGIS 软件的基本操作和具体应用的方法。

10.1 MapGIS 概述

MapGIS 是武汉中地信息工程有限公司研制的具有自主版权的大型基础地理信息系统软件平台。它是在地图编辑出版系统 MapCAD 基础上发展起来的，可对空间数据进行采集、存储、检索、分析和图形表示的计算机系统。MapGIS 是集当代最先进的图形、图像、地质、地理、遥感、测绘、人工智能、计算机科学于一体的大型智能软件系统，是集数字制图、数据库管理及空间分析为一体的空间信息系统。该平台适用于地质、矿产、土地、地理、测绘、水利、石油、煤炭、铁道、交通、城建、规划等行业，已开发了一系列的应用系统。

10.1.1 MapGIS 系统的总体结构

与众多的 GIS 软件一样，MapGIS 主要实现制图、空间分析、属性管理等功能，分为输入、编辑、输出、空间分析、库管理、实用程序六大部分，其系统结构如图 10.1 所示。由于地学信息来源多种多样、数据类型多、信息量庞大，该系统采用矢量和栅格数据混合的结构，力求矢量数据和栅格数据形成一个整体的同时，又考虑栅格数据既可以和矢量数据相对独立存在，又可以作为矢量数据的属性，以满足不同问题对矢量、栅格数据的不同需要。

10.1.2 MapGIS 系统的主要功能

1. 数据输入

在建立数据库时，我们需要将各种类型的空间数据转换为数字数据，数据输入是 GIS 的关键之一。MapGIS 提供的数据输入有数字化仪输入、扫描矢量化输入、GPS 输入和其他数据源的直接转换等。

(1)数字化输入。数字化输入也就是实现数字化过程，即实现空间信息从模拟式到数字式的转换，一般数字化输入常用的仪器为数字化仪。

(2)扫描矢量化输入。MapGIS 通过扫描仪输入扫描图像，然后通过矢量追踪，确定

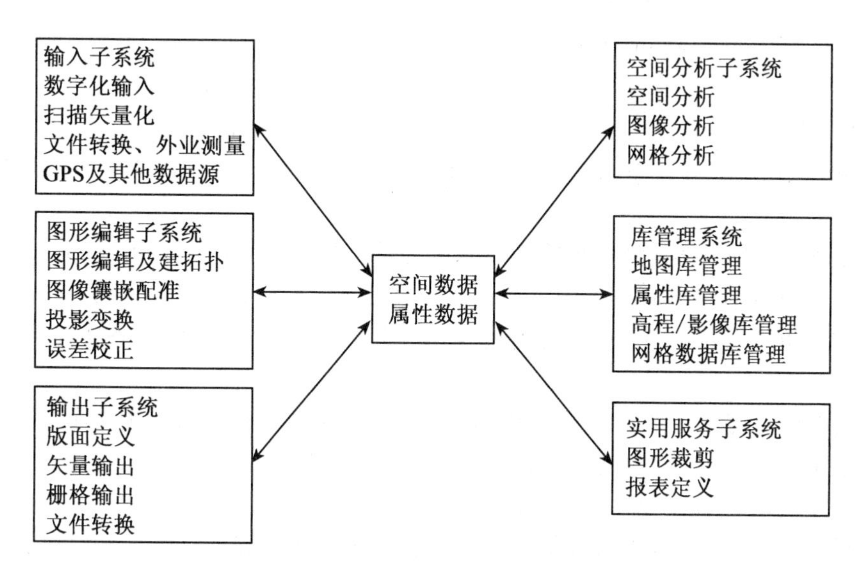

图 10.1 MapGIS 系统的总体结构图

实体的空间位置。对于高质量的原资料，扫描是一种省时、高效的数据输入方式。

(3)GPS 输入。GPS 测定的三维空间位置以数字坐标表示，因此不需作任何转换，可直接输入数据库。

(4)其他数据源输入。MapGIS 还可以接收 AutoCAD、Arc/Info、MapInfo 等软件的公开格式文件。同时提供了外业测量数据直接成图功能，从而实现了数据采集、录入、成图一体化，大大提高了数据精度和作业流程。

2. 数据处理

输入计算机后的数据及分析、统计等生成的数据在入库、输出的过程中常常要进行数据校正、编辑、图形整饰、误差消除、坐标变换等工作。MapGIS 通过图形编辑子系统及投影变换、误差校正等系统来完成。

(1)图形编辑。图形编辑子系统是对图形数据库中的图形进行编辑、修改、检索、造区等，从而使输入的图形更准确、更丰富、更漂亮。

(2)投影变换。地图投影的基本问题是如何将地球表面(椭球面或圆球面)表示在地图平面上。方法有多种，在进行图形数据处理中很可能要从一个地图投影坐标系统转换到另一个投影坐标系统，MapGIS 系统就是为实现这一功能服务的。MapGIS 系统共提供了 20 种不同投影间的相互转换及经纬网生成功能。

(3)误差校正。图件在输入过程中，如扫描矢量化或数字化仪跟踪数字化，往往存在着变形或畸变，必须经过数据校正消除输入图形而产生的变形。通过 MapGIS 系统即可实现图形的校正，达到实际需求。

(4)镶嵌配准。图像镶嵌就是对若干幅互为邻接的数字图像通过彼此间的几何镶嵌、色调调整、去重叠等数字处理，镶嵌拼接成一幅统一的新图像。图像配准就是使地面上的目标点(GCP)与图像上所对应的像点具有相同的平面坐标的过程，也就是进行几何校正。

(5)符号库编辑。系统库编辑子系统是为图形编辑服务的，它将图形中的文字、图形符号、注记、填充花纹及各种线型等抽取出来，单独处理。经过编辑、修改，生成子图库、线型库、填充图案库和矢量字库，自动存放到系统数据库中，供用户编辑图形时使用。

3. 数据库管理

MapGIS 数据库管理分为网络数据库管理、地图库管理、属性库管理和影像库管理四个子系统。

(1)地图库管理。图形数据库管理子系统是地理信息系统的重要组成部分。在数据获取过程中，它用于存储和管理地图信息；在数据处理过程中，它既是资料的提供者，也可以是处理结果的归宿；在检索和输出过程中，它是形成绘图文件或各类地理数据的数据源。

(2)属性库管理。该系统能根据用户的需要，方便地建立一动态属性库，从而成为一个有力的数据库管理工具。其主要功能有动态建库功能、属性定义功能、记录编辑功能、多媒体属性库定义功能、专业库生成功能等。

(3)影像库管理。该系统支持海量影像数据库的管理、显示、浏览及打印；支持栅格数据与矢量数据的叠加显示；支持影像库的有损压缩和无损压缩。

4. 空间分析

地理信息系统与机助制图的重要区别就是它具备对空间数据和非空间数据进行分析和查询的功能，它包括矢量空间分析、数字高程模型(DTM)、网络分析、图像分析、电子沙盘五个子系统。

(1)矢量空间分析。空间分析系统是 MapGIS 的一个十分重要的部分，它通过空间叠加分析方法、属性分析方法、数据查询检索等，来实现 GIS 对地理数据的分析和查询。

(2)数字高程模型分析。该系统主要由离散数据网格化、绘制等值线图、绘制彩色立体图、剖面分析、面积体积量算、专业分析等功能。

(3)网络分析。MapGIS 网络分析子系统提供方便地管理各类网络(如自来水管网、煤气管网、交通网、电信网等)的手段、丰富有力的网络查询检索及分析功能；系统提供网络应用中具有普遍意义的最短路径、最佳路径、资源分配、最佳围堵方案等功能，从而可以有效支持紧急情况处理和辅助决策。

(4)图像分析。多源图像处理分析系统能处理栅格化的二维空间分布数据，包括各种遥感数据、航测数据、航空雷达数据、各种摄影的图像数据以及通过数据化和网格化的地质图、地形图、各种地球物理、地球化学数据和其他专业图像数据。

(5)电子沙盘。本系统提供了强大的三维交互地形可视化环境，利用 DEM 数据与专业图像数据，可生成近实时的二维和三维透视景观，通过交互地调整飞行方向、观察方向、飞行观察位置、飞行高度等参数，就可生成近实时的飞行鸟瞰景观。本系统还提供了强大的交互工具，可实时调节各三维透视参数和三维飞行参数；此外，本系统也允许预先精确地编辑飞行路径，然后沿飞行路径进行三维场景飞行浏览。

5. 数据的输出

如何将 GIS 的各种成果变成产品，满足各种用途的需要，或与其他系统进行交换，是 GIS 中不可缺少的一部分。GIS 的输出产品是指经系统处理分析，可以直接提供给用户使用的各种地图、图表、图像、数据报表或文字报告。MapGIS 的数据输出可通过输出子系统、电子表定义输出系统来实现文本、图形、图像、报表等的输出。

(1)输出。MapGIS输出子系统可将编排好的图形显示到屏幕上或在指定的设备上输出，具有版面编排、矢量或栅格数据处理、不同设备的输出、光栅数据生成、光栅输出驱动、印前出版处理功能。

(2)报表定义输出。电子表定义输出系统是一个强有力的多用途报表应用程序。应用该系统，可以方便地构造各种类型的表格与报表，并在表格内随意地编排各种文字信息，并根据需要打印出来。它可以实现动态数据连接，接收由其他应用程序输出的属性数据，并将这些数据以规定的报表格式打印出来。

(3)数据转换。数据文件交换子系统的功能为MapGIS系统与其他CAD、CAM软件系统间架设了一道桥梁，实现了不同系统间所用数据文件的交换，从而达到数据共享的目的。输入输出交换接口提供AutoCAD的DXF文件、ARC/INFO文件的公开格式，标准格式，E00格式，DLG文件与本系统内部矢量文件结构相互转换的能力。

10.1.3　MapGIS系统的主要优点

(1)图形输入操作比较简便、可靠、能适应工程需求。

(2)可以编辑制作具有出版精度的地图。

(3)可以实现图形数据与应用数据的一体化管理。

(4)可以实现多达数千幅的地图无缝拼接。MapGIS既可以自动拼接大比例尺的矩形图幅、小比例尺的梯形图幅，还可以自动或半自动地消除图幅之间图元的接边误差，以及跨图幅进行图形检索与属性数据检索，并且跨图幅进行图形裁剪。

(5)具有高效的多媒体数据库管理系统。

(6)具有图形与图像的混合结构。MapGIS不仅能够处理图形数据，还能处理分析遥感图像数据和航片影像数据，二者可以互相叠加，用遥感图像修编地图，或者用来制作影像地图。

(7)具有功能较齐全的空间分析与查询功能。它基本包括了通用的地理信息系统的空间分析功能，如网格状或三角网的数字地面模型分析、空间叠加分析、缓冲区分析、统计分析等；它具有灵活方便的查询功能，如区域检索、图示点检索、综合条件检索等；它还可生成彩色等值线图、网状立体图、等值立体图、叠加分析图等各种三维图形。

(8)具有很好的数据可交换性。MapGIS可以接收AUTOCAD、ARC/INFO、INTERGRAPH等常用的GIS软件的数据文件，同时它又能提供明码格式的数据交换文件。

(9)提供开发函数库，可方便地进行二次开发。该系统提供了最基本的开发函数库，用户可以利用VC++语言或VB语言调用这些函数，设计用户界面，开发应用模型，实现系统的二次开发。

(10)可在网络上应用。

10.1.4　MapGIS系统常用文件类型

MapGIS的主要文件类型包括：

*.WL　MapGIS线文件；

*.WT　MapGIS点文件；

*.WP　MapGIS 区文件；

*.WN　MapGIS 网文件；

*.MSI　MapGIS 图像文件；

*.MPJ　MapGIS 工程文件。

10.2　MapGIS 基础功能操作

MapGIS 图形编辑器提供分别对点、线、面三种图元的空间数据和图形属性进行编辑的功能，是一个功能强大的图形编辑系统。通过编辑，能够改善绘图精度，更新图形内容，丰富图形表现力，实现图形综合。MapGIS for Windows 的图形编辑器，以"所见即所得"的工作方式面向用户，提供多级的 Undo(后悔)，以避免误操作，使用方便简单。

10.2.1　基本概念

MapGIS 把矢量地图要素根据基本几何特征分为三类：点数据、线数据和区数据(即面数据)，与之相应的文件也分为三个基本类型：点文件(*.WT)、线文件(*.WL)和区文件(*.WP)。一幅地图或几个地区的地理信息数据可以由上述的一类或几类数据叠加组成。为了将几类数据有机地结合起来、统一管理这些数据，引入了"工程"的概念，采用工程文件(*.MPJ)来描述管理各种数据。为了有效地管理和利用空间数据，在 MapGIS 中还引入了"图层"的概念。

(1)点：是地图数据中点状物的统称，是由一个控制点决定其位置的符号或注释。点包括各种注释(英文、汉字、数字等)和专用符号(包括圆、弧、直线、五角星等各类符号)等。所有的点图元数据都保存在点文件(*.WT)中。

(2)线：是地图中线状物的统称。MapGIS 将各种线型(如点画线、省界、国界、等高线、道路等)以线为单位，作为线图元来编辑。所有的线图元数据都保存在线文件(*.WL)中。

(3)区：通常也称面，它是由首尾相连的弧段组成封闭图形，并以颜色和花纹图案填充封闭图形所形成的一个区域，如湖泊、居民地等。所有的区图元数据都保存在区文件(*.WP)中。

(4)工程：对 MapGIS 要素层的管理和描述的文件，它提供了对 GIS 基本类型文件和图像文件的有机结合的描述。它可由一个以上的点文件、线文件、区文件或图像文件(*.MSI)组成。在工程管理中，它还提供了对工程所使用的不同的线型、符号等图例以及图例参数、符号的管理和描述。

(5)图层：通常我们将具有相同属性的地理要素分为一层，如等高线、公路、铁路、河流等地理要素可以分别存放到不同的层中。每一种要素还可以细分为若干层，如公路可以细分成高速公路、一级公路、普通公路、乡村公路等。

10.2.2　MapGIS 界面与参数设置

在进行空间数据输入前，必须对系统进行初始设置，具体而言，就是配置相应的工作路径、字库、系统库及系统临时目录，如图 10.2 所示。

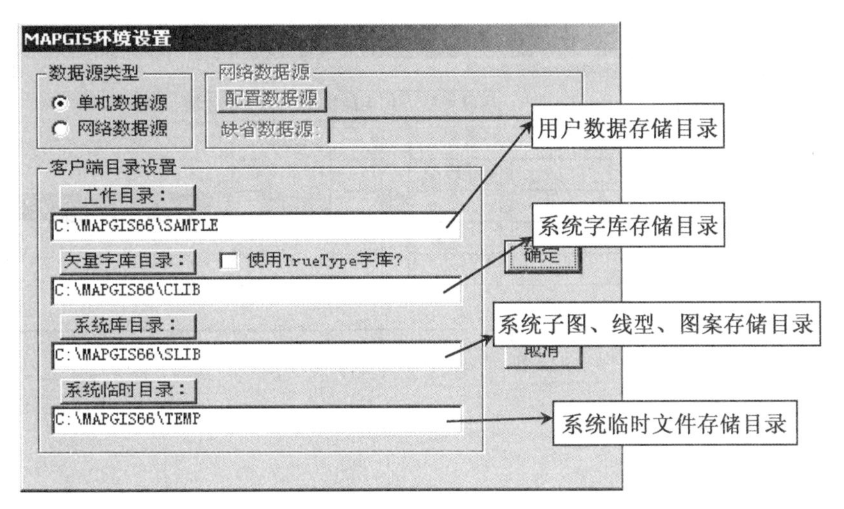

图 10.2　MapGIS 参数设置

10.2.3　新建(打开)工程文件

一幅地图或工程项目输入到计算机后，可能被分成多个文件(要素层)来进行编辑、处理和分析，当文件太多时，不易查找和记忆，因此我们要建立一个工程文件来描述这些信息，管理这些内容，而且在编辑处理同一工程时，不必装入每一个文件，只需装入工程文件即可，这样，既方便装入，也方便编辑处理。

工程文件的操作功能包括打开工程、新建工程、工程的编辑、图例板编辑。

1. 新建工程

(1)点击“输入编辑”子系统，在弹出的菜单中有 3 个供选项：“新建文件”、“新建工程”、“打开工程”，选择“新建工程”。

(2)在弹出的“设置工程的地图参数”对话框设置地图参数。直接点“确定”按钮，将使用默认参数；点“从文件导入”，将使用已经设置好的文件参数；点“编辑工程中的地图参数”，用户将自己设置地图参数。

(3)设置好地图参数，将进入“定制新建项目”对话框，用户可以有三种方式新建工程：

①选择“不生成可编辑项”，则生成没有文件的空工程。

②选择“自动生成可编辑项[NEWPLY＊.W＊]”，则会生成包括 3 个缺省项的工程。

③选择“自定义生成可编辑项”，用户可以自定义文件的路径、文件名以及文件的属性结构。

在有新建文件的情况下，可以定义文件的属性结构，如图 10.3 所示。

2. 打开工程

(1)点击“输入编辑”子系统，在弹出菜单的 3 个选项中选择“打开工程”，或在“编辑子系统中”，点击“打开工程”菜单。

(2)在弹出的对话框中选择要打开的工程。

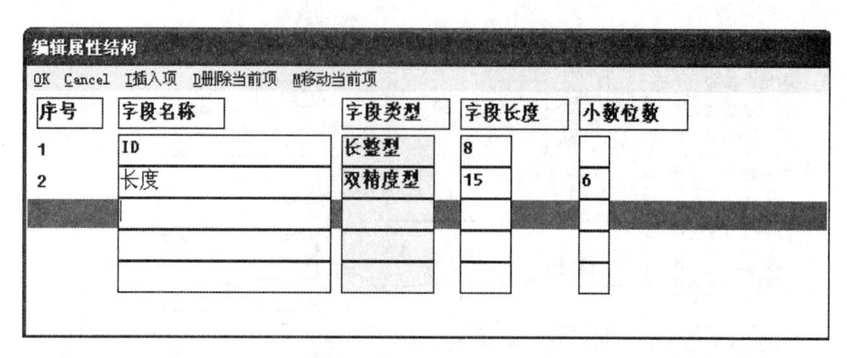

图 10.3 “编辑属性结构”对话框

10.2.4 新建工程图例

将光标放在文件或要素层以外位置，按右键，在弹出的对话框中可以实现图例的操作。

录入数据时，在输入另一类图元之前，要进入菜单修改此类图元的缺省参数，这样无疑是重复操作，并且影响工作效率。为此，用户可以生成含有固定参数工程图例，系统将其放到图例板中。在数据输入时，可直接拾取图例板中某一图元的固定参数，这样就可以灵活输入了。

1. 新建工程图例

创建工程图例，会弹出如图 10.4 所示的对话框。生成图例的具体步骤如下：

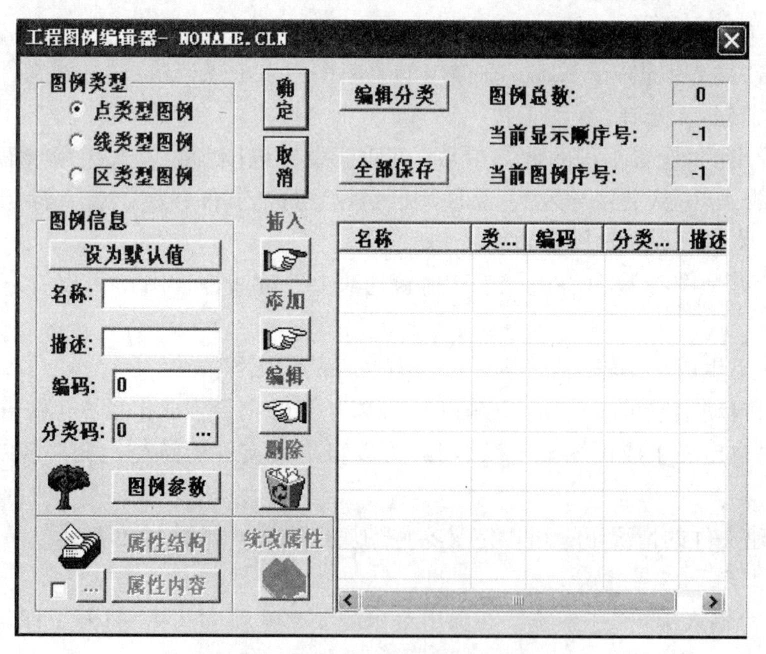

图 10.4 “工程图例编辑”对话框

(1)选择图例类型，不同类型的图元对应不同类型的图例；

(2)输入图例的名称和描述信息的分类码；

(3)设置图例参数，首先选择图元类型，然后输入图元的各种参数；

(4)修改属性结构和属性内容，在这里的属性结构和属性内容与点、线、区菜单下的有所不同，当用户对图例的属性结构和属性内容进行修改时，并不影响在文件中的属性结构及属性内容；

(5)按“添加”按钮，将图例添加到右边的列表框中；

(6)如果要修改某图例，先用光标激活图例，再按“编辑”按钮，或者用光标双击列表框中的图例，这样系统马上切换到图例的编辑状态，于是就可以对图例参数及属性结构、内容进行修改了。修改后，按“确定”按钮，由于此时在图例编辑状态，按“确定”按钮只是对所修改的内容进行确认。当输入了其他类型的图例后，再次按“确定”按钮，此时系统要求保存图例文件。

2. 关联工程图例

一个 MPJ 工程只能有一个工程图例文件，关联工程图例是使当前 MPJ 工程文件与指定的工程图例相匹配。

3. 创建分类图例文件

在制作图件时，为了便于他人阅读，常常需要附带图例，可以利用已编辑好的工程图例，直接添加到工程文件中，作为图幅的组成部分。步骤如下：

(1)选择 CLN 图例文件，将它添加到工程中，作为图幅的图例；

(2)设置 CLN 图例文件出现在工程文件中的文件名和路径；

(3)选择图例边框；

(4)确定图例集合在图幅中的位置和大小，缺省位置在图幅的左下角；

(5)选择图例的排列方式，“以行优先”是指图例从左到右排列，“以列优先”是指图例从上到下排列；

(6)输入合适的图例显示参数；

(7)设置标题及脚注的位置、内容、参数；

(8)设置完毕，按“预示”按钮，预示一下结果，满意后，再按“创建”按钮，这样就把图例添加到工程中，成为了图幅的组成部分。

10.2.5　图形编辑

1. 点编辑

利用点编辑，我们可以修改点元图形的空间数据，包括增删点、改变点的空间位置等。在“输入子图”、“输入注释”、“输入圆”、“输入弧”、“输入版面”、“插入图像”等功能中，每个功能都有“使用缺省参数”和“不使用缺省参数”两种选择。如果选择“使用缺省参数”，那么所输入的点图元的参数都为缺省参数；如果选择“不使用缺省参数”，那么每次输入完一个点图元后就要输入这个点图元的参数。

编辑指定图元：是用户输入将要编辑的点号，编辑器将此点黄色加亮，然后用户可再进入其他点编辑功能，对该点进行编辑。例如，在图形输出过程中，输出系统报告出错图元的图元号，利用此功能将出错图元定位，便可对出错图元进行修改。

输入点图元：点图元有六种类型，即注释、子图、圆、弧、图像、版面，每一种图元对应着几种相应的输入方式。选择图元类型时，系统会自动显示图元的输入方式。①标定角参数缺省：是用光标定义点图元的角度，而其他的参数是缺省的。②标定角参数输入：是用光标定义点图元的角度，而其他的参数是通过键盘输入的。③光标定义参数：可分解为两个拖动过程，第一个拖动过程定义图元的位置和角度，第二个拖动过程定义图元的高度，然后编辑器弹出图元参数板，其中的参数除图元号和颜色外，均已赋值，用户此时输入图元号和颜色号，可直接输入，也可利用选择板进行选择。④键盘定义参数：按鼠标左键定义图元位置，编辑器弹出图元参数板，用户此时输入图元参数。⑤使用缺省参数：按鼠标左键定义子图位置，编辑器将缺省参数赋予该点。

点定位：将指定的点移到指定的位置。用鼠标左键来捕获点图元，捕获要定位的点后，按系统提示依次输入这些点的准确位置坐标，这些点就移到了坐标指定的位置。

对齐坐标：用一拖动过程定义一窗口来捕获一组点图元，将捕获的所有点在垂直方向或水平方向排成一直线，分为“垂直方向左对齐”、“垂直方向右对齐”和“水平方向对齐”三项功能。

剪断字串：是将一个字串剪断，使之成为两个字串。用鼠标左键来捕获一个需剪断的字串后，编辑器弹出“需剪断的字串”对话框，可按“增”、“减”按钮来确定剪断位置。

连接字串：是将两个字串连接起来，使之成为一个字串。用鼠标左键来捕获第一个字串后，再用鼠标左键来捕获第二个字串，系统自动地将第二个字串连接到第一个字串的后面。

修改图像：用鼠标左键来捕获图像，修改插入图像的文件名。

修改文本：用鼠标左键来捕获注释或版面，修改其文本内容。

子串统改文本：系统弹出“统改文本”对话框，用户可输入“搜索文本内容”和“替换文本内容”，系统即将包含有“搜索文本内容”的字串替换成“替换文本内容”，它的替换条件是只要字符串包含有“搜索文本内容”即可替换。

全串统改文本：系统弹出“统改文本”对话框，用户可输入“搜索文本内容”和“替换文本内容”，系统即将符合“搜索文本内容”的字串替换成“替换文本内容”，它的替换条件是只有字符串与“搜索文本内容”完全相同时才进行替换。

改变角度：用鼠标左键来捕获点，再用一拖动过程定义角度来修改点与 X 轴之间的夹角。

2. 线编辑

线编辑与点编辑类似。

编辑指定的线：用户输入将要编辑线的序号，编辑器将此线闪烁，然后用户可再进入其他线编辑功能，对该线进行编辑。

删除线：①删除一条线：捕获一条线将之删除。②删除一组线：在屏幕上开一个窗口，将用窗口捕获到的所有曲线全部删除。

移动线：①移动一条线：单击鼠标左键捕获一条线，移动鼠标将该线拖到适当位置，按下左键即完成移动操作。②移动一组线：移动一组线操作过程可分解为两个过程，第一个拖动过程确定一个窗口，落入此窗口的所有线为将要被移动的线；第二个拖动过程确定移动的增量。

移动线坐标调整：在屏幕上，用窗口（拖动过程）捕获若干线，按下鼠标左键，拖动鼠标光标到指定的位置松开鼠标后，屏幕弹出具体移动的距离，供用户修改。

推移线：移动光标指向要移动的线，按下鼠标左键捕获该线，拖动鼠标光标到指定的位置松开鼠标后，屏幕弹出具体移动的距离，供用户修改。

复制线：捕获一条线，移动鼠标将该线拖到适当位置按下左键将之复制。继续按左键，将连续复制，直到按右键为止。

阵列复制线：在屏幕上捕获若干曲线，将它们作为阵列一个元素进行拷贝，我们把这个元素称为基础元素。然后按系统提示输入拷贝阵列的行、列数（基础元素在纵向、横向的拷贝个数）和元素在 X、Y 方向的距离。

剪断线：在屏幕上将曲线在指定处剪断，将一条曲线变成两条曲线。该功能在图形编辑中很重要。在输入子系统中我们曾说过，区域可以按线图元输入，然后将这些线图元拼成区域。在拼区中，对于有些连续曲线需要剪断。在数字化采集时，游标跟踪有时过头而多出一点线头，我们可以在多出的地方剪断，然后将多余的线头删除。

钝化线：对线的尖角或两条线相交处倒圆。操作时，在尖角两边取点，然后系统弹出橡皮筋弧线，此时移到合适位置点按左键，即将原来的尖角变成了圆角。

连接线：将两条曲线连成一条曲线。移动光标到第一条被连接曲线上某点，按下鼠标左键，当捕获成功，该曲线即变成闪烁，然后捕获第二条被连接曲线，连接时，系统把第一条线的尾端和第二条线的最近的一端相连。

延长缩短线：由于数字化误差，个别线某端点需要延长（缩短）一些，才能到达它所应该连接的节点位置。另外，有时我们还希望某线端点正好延长到另一线上，例如，在交通图中的道路的十字路口，则可使用本选项中靠近线功能。

线上加点：在曲线上增加数据点，改变曲线形态。首先选中需要加点的线，移动光标指向要加点的线段的两个原始数据点之间，用一拖动过程插入一个点。重复这个过程，可连续插点。按鼠标右键，结束对此线段的加点操作。

线上删点：删除曲线上的原始数据点，改变曲线的形状。首先选中需要删除点的线，移动光标指向将被删除的点的附近，按鼠标左键，该点即被删除。重复这个过程，可连续删点。按鼠标右键，结束对此线段的删点操作。

线上移点：在曲线上移动数据点，改变曲线形态。本功能有三个选项，即鼠标线上移点、鼠标线上连续移点和键盘线上移点。

鼠标线上移点：首先选中需要移点的线，移动光标指向将被移动的点的附近，用一拖动过程移动一个点。重复这个过程，可移动多点。按鼠标右键，即可结束对此线段的移点操作。

鼠标线上连续移点：首先选中需要移点的线，移动光标指向将被移动的点的附近，用一拖动过程移动一个点。移动完毕一点，系统自动跳到下一点。移动完毕，按鼠标右键，结束对此线段的移点操作。

键盘线上移点：首先用鼠标选中需要移点的线，编辑器弹出“线坐标输入”对话框，鼠标选中的点的坐标出现在对话框中，用户可对它进行修改。此功能也可用来查找坐标点的值、线号、点号。

造平行线：在屏幕上对选定曲线按给定距离形成平行线。平行线产生在原曲线行进方向的右侧；如要产生另一侧的曲线，可以通过选择负的距离实现。产生平行线有“与线同方向”和“与线反方向”两种不同方式可供选择。“与线同方向”即所产生的平行曲线与原曲线方向相同，“与线反方向”即所产生的平行曲线与原始曲线方向相反。执行这项功能时，系统会提示您输入产生的平行线与原线的距离，距离以 mm 为单位。

光滑线：利用 Bezier 样条函数或插值函数对曲线进行光滑。选择该功能后，系统即弹出“光滑参数选择”窗口，由用户选择光滑类型，并设置光滑参数。光滑类型有二次 Bezier 光滑、三次 Bezier 光滑、三次 B 样条插值、三次 Bezier 样条插值四种可供用户选择，前两种不增加坐标点。该功能分为：①分段光滑线：选中需要光滑的线，然后在曲线上选出两点，对两点间的部分曲线进行光滑；②整段光滑线：捕捉一条线或在屏幕上开一个窗口，将用窗口捕获到的所有曲线全部光滑。

抽稀线：选择合适的抽稀因子对“一条线”或“一组线”进行数据抽稀，从而在满足精度要求的基础上达到减少数据量的目的。

改线方向：改变选定的曲线的行进方向，变成它的反方向。

线节点平差：①取圆心值：落入平差圆中的线头坐标将置为平差圆的圆心坐标，操作和“圆心，半径”造圆相同；②取平均值：是一拖动过程，落入平差圆中的线头坐标将置为诸线头坐标的平均值，操作和开窗口相同。

放大线：可以放大一条线及一组线。选中线，然后确定放大中心点，系统随即弹出对话框允许输入放大比例及中心点坐标，修改后点“确认”，即将所选线放大。

旋转线：可以旋转一条线及一组线。选中线，然后确定旋转中心并拖动鼠标，所选线即跟着转动，到合适位置后放开鼠标，即得到旋转后的结果。

镜像线：可镜像一条或一组，分别可对 X 轴、Y 轴、原点进行镜像，选好以上基本要求后，即可选择欲镜像的线，然后确定轴所在的具体位置，系统即在相关位置生成新的线。

3. 区编辑

在面元编辑子菜单中，提供了由线元多边形生成面元的“造区”，确定区嵌套关系的“选子区”，修改一个区属性参数的“编辑参数”，一次性修改工作区所有相同属性区的“统改参数”以及“删除”区等功能。

编辑指定区图元：用户输入将要编辑区的号码，编辑器将此区黄色加亮，然后用户可再进入其他区编辑功能，可对该区进行编辑。例如，在图形输出过程中，输出系统报告出错图元的图元号，利用此功能将出错图元定位，便可对出错图元进行修改。

输入区：为了生成区域，我们首先要有构成区的曲线(弧段)，这些曲线可以是数字化或矢量采集的线用“线转弧”或“线工作区提取弧段”得来，也可以是屏幕上由编辑器生成的(即由“输入弧段”功能生成)。在输入区之前，这些弧段应经过“剪断”、“拓扑查错”、“节点平差”等前期闭合处理，否则造区失败。该操作与“自动拓扑处理”原理差不多，具体操作如下：移动光标到欲生成的面元内，按下鼠标左键，此时如果弧段拓扑关系正确，则立即生成区；若造区失败，则说明弧段拓扑关系不正确，可用“剪断”、“拓扑查错”、“节点平差”等功能将错误纠正。

查组成区的弧段：选取此功能菜单后，选定一区域，则弹出窗口显示所选定区域的弧段编号及相关节点。

挑子区(岛)：挑子区的操作非常简单，选中母区即可，由编辑器自动搜索属于它的所有子区。在区域的多重嵌套中，若把最外层的区域看做第一代，那么次内层的区域作为第二代，第二代区的内层作为第三代，依次类推。

删除区：①删除一个区：从屏幕上将指定的区域删除。移动光标，捕获到将被删除区域，该区域加亮显示一下后马上变成屏幕背景颜色，这样该区就被删除。②删除一组区：在屏幕上开一个窗口，将用窗口捕获到的所有区全部删除，此过程为一个拖动过程。

区镜像：有镜像一个、镜像一组两种选择，分别可对 X 轴、Y 轴、原点进行镜像。选好以上基本要求后，即可选择欲镜像的区，然后确定轴所在的具体位置，系统将在相关位置生成一个新的区。

复制区：①复制一个区：用鼠标左键单击欲复制的区，捕获选择的对象，移动鼠标将该区拖到适当位置，按下左键将其复制。继续按左键，将连续复制，直到按右键为止。②复制一组区：在屏幕上，用窗口(拖动过程)捕获若干区，然后拖动鼠标，将对象拷贝到新的指定的位置。继续按左键，将连续复制，直到按右键为止。

阵列复制区：在屏幕上，用窗口(拖动过程)捕获若干曲线，并将它们作为阵列一个元素进行拷贝，我们把这元素称为基础元素，然后按系统提示输入拷贝阵列的行、列数和元素在 X、Y 方向的距离。

合并区：该功能可将相邻的两个面元合并为一个面元。移动鼠标依次捕获相邻的两个面元，系统即将先捕获的面元合并到后捕获的面元中，合并后的面元的图形参数及属性与后捕获的面元相同。

分割区：该功能可将一个面元分割成相邻的两个面元。执行该操作前，必须在该面元分割处形成一分割弧段(用"输入弧段"或"线工作区提取弧段"均可)，再移动鼠标捕获该弧段，系统即用捕获的弧段将面元分割成相邻的两个面元(其中隐含"自动剪断弧段"及"节点平差"操作)，分割后的面元的图形参数及属性与分割前的面元相同。

自相交检查：检查构成面元的弧段之间或弧段内部有无相交现象。这种错误将影响到区输出、裁剪、空间分析等，故应预先检查出来。本菜单项有两个选项，检查一个区和所有区。①检查一个区：单击鼠标左键捕获一个面元，并对它的弧段进行自相交检查；②检查所有区：需要用户给出检查范围(开始面元号，结束面元号)，系统即对该范围内的面元逐一进行弧段自相交检查。

10.2.6　属性编辑

1. 基本概念

属性指的是实体特性，它由属性结构及属性数据两部分内容构成。在MapGIS中，属性结构为数据结构，它描述实体的特性分类，具有字段名、数据类型、长度等特性。与MapGIS的实体相对应，MapGIS属性结构也可分为点属性结构、线属性结构、区属性结构、弧段属性结构、节点属性结构、表格等。除表格外，都有默认的属性结构。例如点实体，默认字段是ID；线实体，默认字段是ID和长度；面实体，默认字段是ID，面积，周长。这些属性结构是默认的，不能被修改和删除。属性数据指实体特性具体描述，在MapGIS系统中，它支持十多种数据类型，如图10.5所示。

MapGIS系统的属性管理主要实现GIS中属性管理，包括属性结构及属性数据管理等

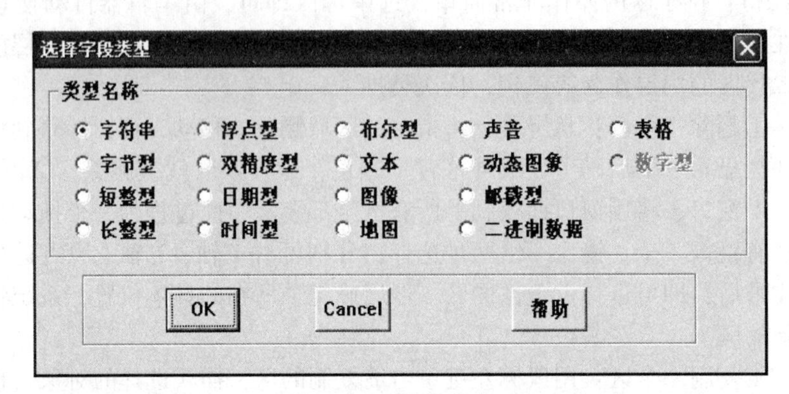

图 10.5 属性数据类型

管理功能。在 MapGIS 主菜单下，在库管理子菜单下启动“属性库管理”模块，便进入属性管理子系统，实现属性的管理。

2. 属性结构编辑

1）编辑属性结构

（1）首先，装入或选定要修改属性结构的文件；

（2）根据文件类型，执行相应编辑功能，编辑属性结构；

（3）输入字段名称，按 ENTER 键，选择字段类型；

（4）选择好字段类型，再输入字段长度；

（5）全部结束后，按 OK 键便完成。

2）浏览属性结构

只能查看文件属性结构，不能修改属性结构，操作和编辑属性结构类似。

3. 属性数据编辑

对属性数据的编辑，主要包括对属性数据的增加、修改、删除等。装入或选定要修改的文件后，在地图窗口即可实现编辑属性数据的操作。

为了提高数据处理能力，MapGIS 系统提供了以下功能：

联动：提供属性与图形实体同步功能。当该单项处于打开状态时，属性窗口中改变记录，图形窗口中对应的图元闪烁，同时在图形窗口中，双击所选图元，则属性窗口随即跳到该图元所对应的属性记录。

转至：提供条件跳动功能。

屏蔽字段：将指定的字段不显示。

可视化图元：将当前属性记录对应的图元显示在图形窗口中间。

外挂数据库：选择正在编辑的当前 MapGIS 文件外挂的数据库文件，并指定各数据库文件链接的关键字段。所有要被外挂链接的数据库都将通过该功能记录在工作区中，形成一个数据库信息表，供“设置外挂数据库”功能选择数据库时使用。能够连接的数据库文件有 DBbase、FoxBase、FoxPro 等数据库软件生成的文件。

浏览属性只能查看实体属性，不能修改属性，操作与编辑属性类似（图 10.6、图 10.7）。

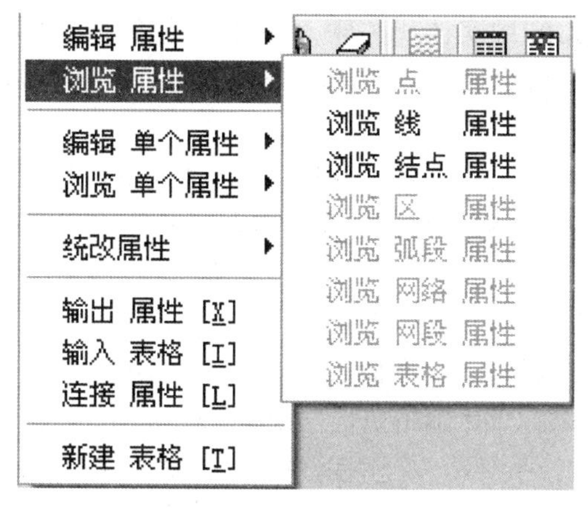

图 10.6　浏览属性

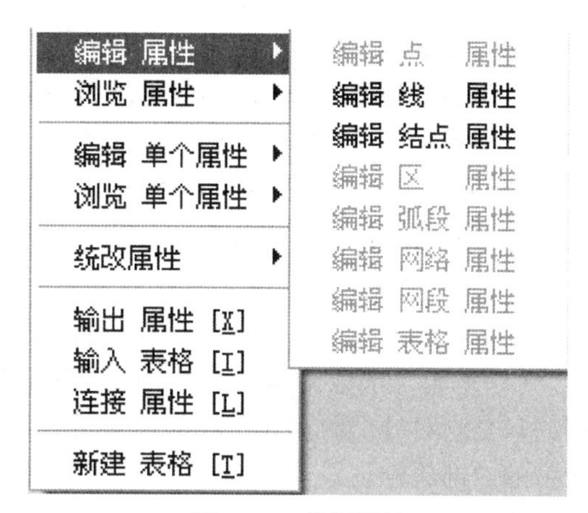

图 10.7　编辑属性

在“属性库管理子系统”的“属性”菜单中，提供了编辑和浏览单个属性、统改属性、输出属性、输入表格、连接属性、新建表格等功能。

(1)编辑和浏览单个属性。先激活编辑单个属性选项，再选定要编辑属性的具体实体，系统弹出对话框，修改具体的值，按“YES”结束。

(2)输出属性。输出属性功能将已装入的 MapGIS 图形文件中的属性写到外部属性数据库表或 MapGIS 表文件中，这里所指的外部数据库是 Dbase、FoxBASE、FoxPro、Access、Excel 等数据库软件的表文件，MapGIS 表文件指 *.WB 文件。用此功能时，系统将弹出对话框，允许用户选择或指定已装入的文件中哪些文件、哪些属性和字段输出到数据库表或 MapGIS 表文件中(图 10.8)。

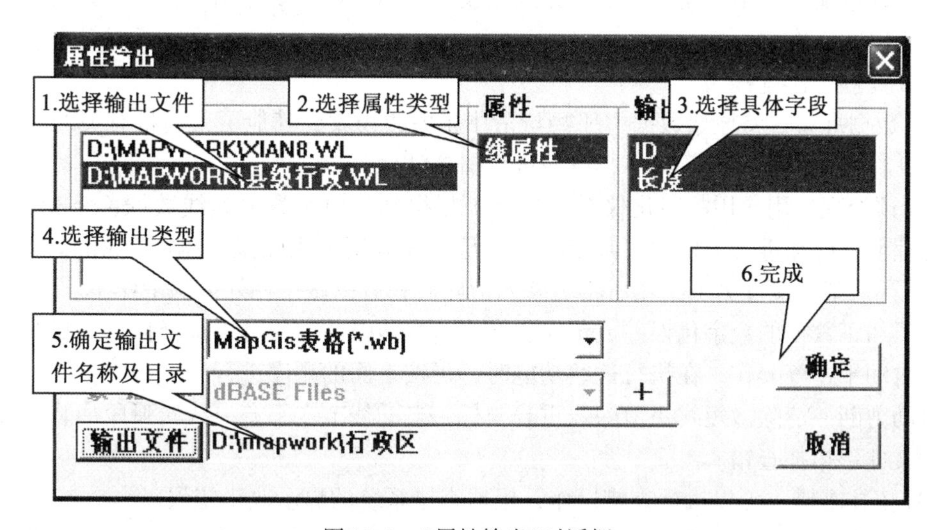

图 10.8　“属性输出”对话框

(3)输入表格。将指定的外部数据库表转换成 MapGIS 表文件。在 MapGIS 中可以通过此功能将数据库表转换成 MapGIS 的表。用此功能时，系统将弹出一个对话框，允许用户选择将哪些字段写到 MapGIS 表文件中。

(4)连接属性。将外部数据库中数据与 MapGIS 中实体相关联，并将满足条件部分数据写进 MapGIS 图形数据属性中。在 MapGIS 中，可以通过此功能将外部数据库的属性数据输入到 MapGIS 图形文件的属性数据中。

(5)新建表格。表格是 MapGIS 的内部一个数据组织形式，用来存储管理属性数据。新建一个表格文件具体过程是先建立一个新的表格结构，然后输入新的表格记录。

4. 外部数据库

外部数据库提供对外部数据库查看、编辑功能。

(1)编辑外部数据库：编辑、修改外部数据库的记录，类似于“编辑属性”功能。所不同的只是它对外部数据库文件的记录进行编辑修改，而“编辑属性”功能是对 MapGIS 文件所带的内部属性记录进行编辑修改。具体操作时，系统首先提醒用户输入外部数据库文件名，输入完毕，系统则自动弹出记录编辑窗口，供用户编辑修改文件中的记录数据。

(2)浏览外部数据库：浏览外部数据库中的记录数据，操作同“编辑外部数据库”功能相似，只是该功能只能浏览数据记录，而不能编辑修改数据。

(3)浏览外部数据库结构：浏览外部数据库中的数据库结构，即浏览该数据库中哪些字段以及字段的名称、类型、长度等。

10.3 数据处理与转换

10.3.1 拓扑处理

MapGIS 拓扑处理子系统作为图形编辑系统的一部分，改变了人工建立拓扑关系的方法，使得区域输入、子区输入等这些原来比较繁琐的工作，变得相当容易，大大提高了地图录入编辑的工作效率。

拓扑处理工作流程如下：

(1)数据准备。将原始数据中那些与拓扑无关的线放到其他层，而将有关的线放到一层中，并将该层保存为一新文件，以便进行拓扑处理。

(2)预处理。用户用数字化仪或矢量化工具得到的原始数据是线数据(*.wl)，进行拓扑处理前，必须进行预处理，其核心工作是将线数据转为弧段数据(*.wp)(这时还没有区)，存入某一文件名下，然后将之装入，此后就可以做拓扑处理的工作了。

为了纠正数据的数字化误差或错误，在执行线转弧的前后可以选择执行编辑线、自动剪断、自动平差等操作。在执行这些功能时，可按下面的顺序进行：

自动剪断→清除微短线→清除线重叠坐标→自动线节点平差→线转弧段→装入转换后的弧段文件→拓扑查错。

(3)拓扑查错。可以执行查错操作，根据查错系统的提示改正错误。

(4)重建拓扑。做好了所有的预处理工作后，执行“重建拓扑”这个功能项，系统随即自动构造生成区，并建立拓扑关系。拓扑处理时，没有必要注意那些母子关系，当所有的区检索完后，执行子区检索，系统自动建立母子关系，不需人工干预。当拓扑建立后，人工手动建立的区，且有区域套合关系，就得执行“子区检索”功能。

10.3.2 误差校正

1. 误差校正系统概述

图形数据误差可分为源误差、处理误差和应用误差三种类型。图件数字化输入的过程中，通常由于操作误差、数字化设备精度、图纸变形等因素，输入后的图形与实际图形所在的位置往往有偏差，即存在误差。个别图元经编辑、修改后，虽可满足精度，但有些图元由于位置发生偏移，虽经编辑，也很难达到实际要求的精度，即图形存在着变形或畸变。出现变形的图形，必须经过误差校正，清除输入图形的变形，才能使之满足实际要求。

2. 误差校正的使用步骤

(1)为了对输入的图元文件进行校正，首先得确定图形的控制点。所谓图形控制点，是指能代表图形某块位置坐标的变形情况，其实际值和理论值都已知或可求得的点，如图形中经纬网交点，从位置上，它可指示一幅图的位置情况，其周围点的位置坐标往往是以其为依据。在一幅图中，具体经纬网点的理论坐标可以经计算或根据标准经纬网求得。为此，经纬网点往往作为校正用的控制点。控制点的选取应尽量能覆盖全图，且应均匀。控制点的多少应根据实际情况：若图件较大，要求的精度较高，要求的控制点越多。控制点越多，控制越精确。

(2)在文件菜单下，选择“打开控制点”，打开或新建控制点文件。

(3)装入并显示图形文件，通过“设置控制点参数”功能设置控制点的数据值类型为实际值，通过“选择采集文件”功能选择控制点所在的文件，然后通过“添加控制点”功能直接在图上采集图形中控制点的实际值。

(4)直接从键盘输入控制点的理论值或从标准数据文件中采集理论值。

(5)显示或编辑校正控制点，检查是否正确，输入完毕后进行保存。

(6)设置校正参数，进行相应文件校正。

(7)显示校正后的图元文件，检查校正效果，若未能达到要求的精度，应检查控制点的质量和精度。

10.3.3 投影转换

投影变换是指将当前地图投影坐标转换为另一种投影坐标，它包括坐标系的转换、不同投影系之间的变换以及同一投影系下不同坐标的变换等多种变换。

1. 投影转换

投影转换功能提供了构造经纬网、提取经纬网明码数据、各种投影之间相互转换的功能。在“MapGIS投影变换系统”中选择“投影转换”菜单后，屏幕上即下拉出相应的功能菜单。下面介绍各个功能的使用过程。

1)线、点、区文件投影转换

在进行投影转换或不同椭球参数数据转换时，都需先将原MapGIS图元文件装入工作区内，当文件装入后，相应的转换功能才能用。文件投影变换的功能有如下几个方面，在进行文件投影转换时，也是按如下步骤进行的：

(1)选择转换文件。在投影变换模块中打开要进行投影变换的点、线、面文件，在投影转换之前需要对投影参数进行必要编辑。

(2)输入文件的TIC点。该功能可以实现用户当前文件的投影坐标系与目标投影坐标系之间的转换关系，即将用户坐标系中的值转换为投影坐标系中的值。为了实现这个功能，MapGIS中提供了TIC点操作功能，通过TIC点来确定用户坐标系和投影坐标系的转换关系。TIC点实际上是一些控制点。理论值既可以是大地直角坐标，如公里网值，也可以是地理经纬度。在进行文件投影变换时，至少得输入四个TIC点。下面具体介绍TIC点操作功能：

①输入TIC点。将文件显示在屏幕上，选中"输入TIC点"功能后，将鼠标指向控制点并按左键，此时系统会自动搜索鼠标附近的点，如图10.9所示。选中相应的点后，系统会弹出"TIC点编辑"对话框。其中，实际值为刚选中的图上的点，缺省单位是毫米，理论值是由用户输入的。一般输入图框的四个角点即可。

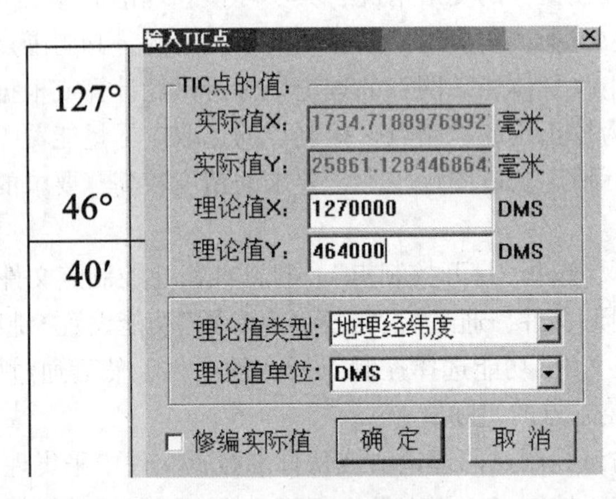

图10.9 输入TIC点

②修改TIC点。将鼠标移动到已输入的TIC点附近并按左键，即可选中该控制点，此时会弹出对话框，由用户来修改该TIC点的值。

(3)设置转换后的参数。该功能用来设置投影转换后目的文件的投影参数。

(4)进行投影转换。若投影转换的原图投影参数和结果图的投影转换参数设置好后，就可以开始投影转换了。

2)屏幕采点投影

该功能用来查看图上某一点投影转换后的值，该点并不写入工作区。若投影转换前后的投影坐标系及参数都设置好后，并将当前文件显示在屏幕上。将鼠标指向需投影的点处按鼠标左键，则系统首先搜索该点，确认后即将该点当前值及转换后的值显示出来。

3)文件间拷贝投影参数/TIC点

为了避免重复步骤，系统提供了文件间拷贝投影参数/TIC点功能。选中该功能后，系统弹出对话框(图10.10)，并列出当前工作区中的文件。其中，左边用来选择已经设置投影参数及TIC点的工作区文件，右边用来选择要拷贝这些参数的工作区文件。选择好后，按"拷贝"按钮，即可实现一次拷贝。重复该过程，可以将一个工作区的投影参数及TIC点拷贝到多个文件中。注意：拷贝完毕，要保存文件。

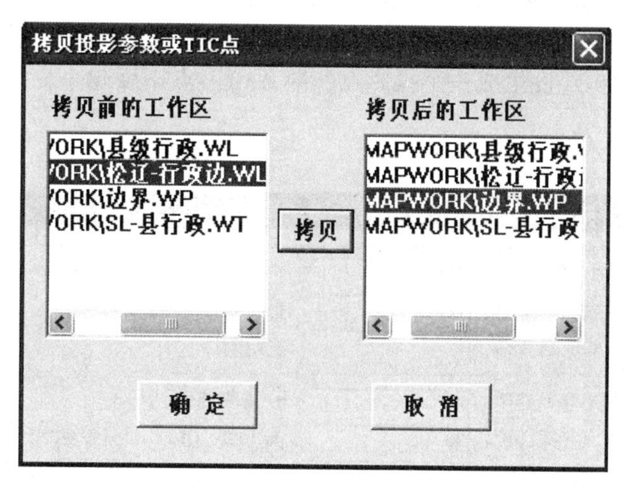

图 10.10　文件间拷贝投影参数/TIC 点

4)输入单点投影转换

输入单点投影转换是在对话框中逐点进行投影转换，这种方式不适宜于批量数据转换。选中输入单点投影转换功能，系统即弹出逐点投影转换窗。屏幕输入单点投影转换功能的使用步骤如下：

(1)编辑转换前的参数。输入转换前相应的投影类型及参数。

(2)设置转换后的参数。输入转换后目的投影相应的投影类型及参数。

(3)设置生成图元类型。投影转换后的点既可以生成点图元，放在点工作区中，也可以将点连成线图元，放在线工作区中；也可以只是看看转换的结果，转换结果并不放到任何工作区中。若生成图元类型设置为子图点图元，则用户每投影一个点，都生成一个子图。子图的缺省参数通过"缺省图元参数"功能来设置。此时"下条线"按钮变为灰色，不能使用。若生成图元类型设置为线图元，则用户输入的点将被连接成线，每按一次"下条线"按钮，则结束一条线，开始下一条线。线图元的参数也是通过"缺省图元参数"功能来设置。若不生成图元，则"缺省图元参数"和"下条线"按钮将变为灰色，不起作用。

(4)输入单点转换。源投影和目的投影的投影参数、生成图元类型及图元参数设置好后，即可开始进行单点转换。

2. 绘制投影经纬网

该功能绘制用户指定投影坐标系的经纬网，经纬度的间隔和范围由用户输入。在"投影变换"菜单下选择"绘制投影经纬网"功能菜单，系统随即弹出绘制投影经纬网窗口，在图 10.11 所示的对话框中设置参数。

绘制经纬网的步骤如下：

(1)首先选择"角度单位"功能，选择经纬度单位。

(2)接着选择"投影参数"功能，设置要绘制经纬网的投影参数。

(3)通过"线参数"功能和"点参数"功能，设置生成经纬网线的参数及网线注记的参数。

(4)输入起止经纬度值及经纬度间隔值。其中，所输经纬度值的单位是前面设置的角度单位，经纬度参数输入窗要求用户输入要生成的经纬网的经纬度范围、经纬线间隔(即每隔多少画一条经线或纬线)、经线点密度(每隔多少纬度生成一个投影点，也即 $\Delta\phi$)、纬线点密度(每隔多少经度生成一个投影点，即 $\Delta\lambda$)。点密度越小，绘出的点越密，绘出的经纬网线越光滑。

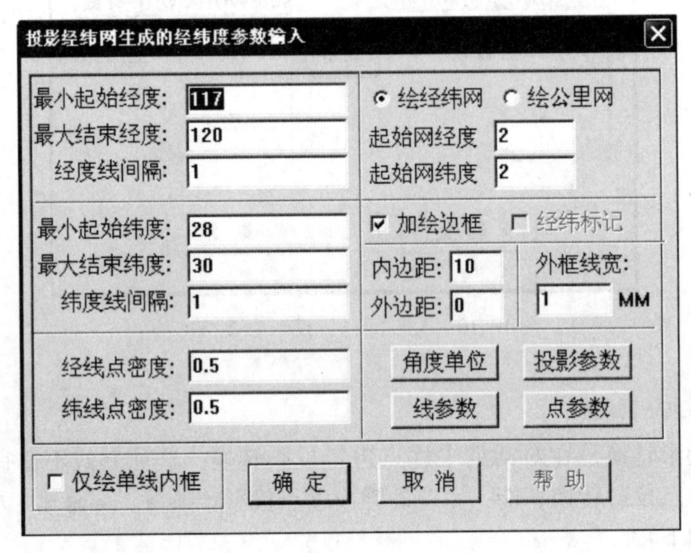

图 10.11

(5)若在所给经纬度范围框内绘制公里网，则选择“绘公里网”选项，并输入经向和纬向的公里网间距，单位是公里，缺省情况是1公里。此时，系统将不绘制经纬网，以免两种网重叠。若需在所绘经纬范围框外加绘边框，则选择“加绘边框”选项，并输入边框与所绘经纬范围框的距离，单位是毫米。

(6)各项值输入完毕后，选择“确定”，此时系统随即弹出绘制经纬网的参数设置窗口，由用户来设置相应参数。其中：

网格类型：用来设置图框内经纬网线或公里网线是实线还是“十”字线，若绘制成为“十”字线，则还应给定“十”字线的长度。

比例尺：在绘制图形时，一般都要绘制数字比例尺(如1：250000)和直线比例尺。在绘制陆地图时，绘制的直线比例尺一般是公制的，即图上1厘米代表实地多少公里/米。而在绘制海图时，由于常用海里表示，所以要在比例尺上标明图上1厘米代表实地多少海里，所以系统提供了绘制这两种比例尺的方式。而不同比例的图，其对应的直线比例尺是不一样的，所以用户应指定比例尺的样式，其中所选比例是专门参考国家基本比例尺地形图的比例尺样式，若不能满足用户需求，也可以到编辑系统中直接绘制。

图框参数：绘制出的图框是按照用户设置的投影大地坐标系而绘制的，因此不同地理位置绘制出的图框看上去位置坐标有时差异很大，而且还是左倾或右倾的，此时，用户可以平移左下角为原点或旋转图框的底边为水平，这样看上去会舒服。

(7)设置好各项参数后，按“确定”按钮，系统即开始构造网线。保存生成的图框，点击“文件”菜单下的“另存文件”，选中要存的文件，起名即可。

10.3.4　图形裁剪

图形裁剪实用程序提供对图形(点、线、区)文件进行任意裁剪的手段。裁剪方式有内裁剪和外裁剪，内裁剪即裁剪后保留裁剪框里面的部分，外裁剪则是裁剪后保留裁剪框外面的部分。

(1)构建裁剪框。启动“MapGIS 输入编辑子系统”，创建空工程文件，将需进行裁剪的点、线、区文件加载进此工程文件。

新建一个线文件作为裁剪框，可命名为“裁剪框”，并保存在一个新建文件夹中，如“mapwork”文件夹。

裁剪框必须是一条封闭的线，若不是，则可选择“线编辑”下拉菜单中的“连接线”选项，将此文件中的各线段连接成一条线。

(2)装入裁剪文件。启动“图形裁剪”子系统，将需要裁剪的点、线、面文件全部加载进系统。加载过程中只能一个文件一个文件地加载。

(3)装入裁剪框。打开“编辑裁剪框”下拉菜单，选择“装入裁剪框”选项，载入“裁剪框.WL”文件。

(4)在下拉菜单“编辑裁剪框”中选择“新建”，打开“编辑裁剪工程文件”对话框，如图 10.12 所示。在“结果文件名”中输入裁剪后的文件路径及文件名，点击“修改”按钮。

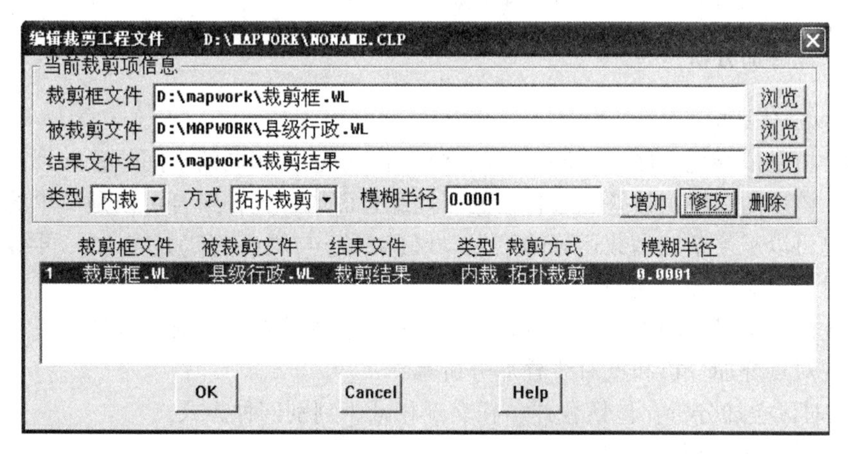

图 10.12　“编辑裁减工程文件”对话框

(5)在“裁剪工程”菜单下点击“裁剪”子菜单，进行裁剪。

10.4　空间分析

空间分析的对象是一系列跟空间位置有关的数据，这些数据包括空间坐标和专业属性两部分。

MapGIS 空间分析子系统提供了一系列数据操作功能，如空间叠加、属性分析、数据检索、三维模型分析等功能，借助这些功能，能够从原始数据中图式检索或条件检索出某些实体数据，还可以进行空间叠加分析，以及对各类实体的属性数据进行统计，并可重复使用各种分析工具，最终得到希望的结果。

10.4.1 缓冲区分析

1. 基本概念

缓冲区分析是根据空间数据库中的点、线、面实体自动地在其周围建立一定宽度的多边形区域。缓冲区是一些新的多边形，不包含原来的点、线、面要素。缓冲区的大小由所指定的缓冲区半径控制。

2. 缓冲区的建立

对点状要素直接以该点为圆心，以要求的缓冲区距离大小为半径绘圆，所包含的区域即为所要求区域；线状要素和面状要素则相对复杂，缓冲区的建立是以线状要素或面状要素的边线为参考线作其平行线，并考虑端点处的建立原则，最终建立缓冲区。

在 MapGIS 中建立缓冲区的步骤为：

(1)输入文件；

(2)输入缓冲区半径；

(3)选择对象；

(4)若在上述步骤中未选择保存，在关闭缓冲区窗口时，系统会再次提示是否需要保存所生成的文件，这时还可再次决定是否需要保存。

10.4.2 叠加分析

1. 叠加分析基础

叠加分析是依靠把分散在不同层上的空间属性信息按相同的空间位置加到一起，合为新的一层。该层的属性由被叠加层各自的属性组合而成，这种组合可以是简单的逻辑合并的结果，也可以是复杂的函数运算的结果。层(对象)与层(对象)的叠加，再结合逻辑运算来获取对象与对象的相互关系。

依据叠加分析对象的不同，又可以分为区对区叠加分析、线对区叠加分析、点对区叠加分析、区对点叠加分析和点对线叠加分析等。

(1)区对区叠加分析：包括合并、相交、相减、判别四种方式。

合并：属于 A 或属于 B 的区域；

相交：属于 A 且属于 B 的区域；

相减：属于 A 不属于 B 的区域；

判别：属于 A 的区域。

(2)线对区叠加分析：包括相交、判别、相减三种方式，叠加结果文件仍然是线文件。

相交：穿过区域的线段部分；

判别：分割所有线图元；

相减：区域以外的线段。

(3)点对区叠加分析：包括相交、判别、相减三种方式，叠加结果文件仍然是点文件。

相交：落在区域内的点；

判别：所有点图元信息；

相减：区域以外的点图元。

(4)区对点叠加分析：分为相交和相减两种方式。叠加结果为区文件，结果文件属性和原区文件相同。

相交：保留那些有点落在上面的区域；

相减：保留那些没有点落在上面的区域。

(5)点对线叠加分析：叠加结果为点文件，该方法保留所有点，找到距离某点最近的线，并计算出点线之间的距离，然后将线号和点线距离记录到属性中。

2. 叠加分析的操作

(1)数据准备；

(2)文件装入；

(3)浏览属性；

(4)分析。

10.4.3　属性分析

属性分析是针对空间数据的属性进行分析的方法，在 MapGIS 中属性分析包括单属性分析和多属性分析两种，这两者的分析对象可以是属性，也可以是表格。但无论是单属性分析还是双属性分析，它们分析的属性字段都是数值型的属性字段。

1. 单属性分析

在 MapGIS 中单属性分析包括单属性统计、单属性累计统计、单属性累计频率统计、单属性分类统计和单属性初等函数变换五个方面的内容(图 10.13)。

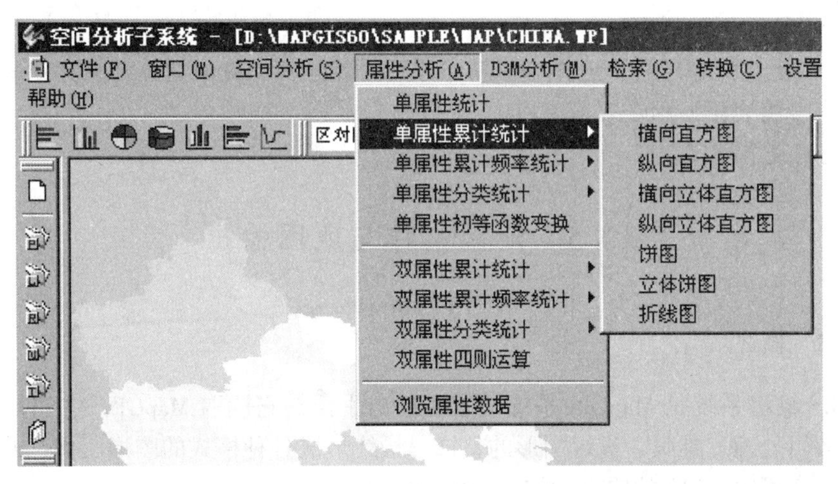

图 10.13　空间分析子系统

(1)单属性统计：统计所选文件属性(或表格)的某个数值型字段，统计图元总数，该字段总和、最大值、最小值、平均值以及所统计图元(或表格行)数，并将统计结果保存在表格数据缓冲区中，然后显示统计结果，用户可将该结果以表格文件(*.WB)的形式存盘。

(2)单属性累计统计：对于所选文件属性(或表格)的某个数值型字段，该功能将该字段最小值和最大值构成的范围等分成13份，然后统计每一等份内的图元累计总数，并可以选择纵向(横向)直方图、立体直方图、饼图、立体饼图、折线图六种图形，显示统计结果。通过该分析功能，可以直观地看出图形元素相对于某字段的大致分布情况。

(3)单属性累计频率统计：该功能和单属性累计统计项功能相同，只是该功能进一步将各等分段的图元累计换算成与总图元累计的百分比，所以其表现的仅仅是统计基准的不同。

(4)单属性分类统计：该功能和单属性累计统计功能相似，区别在于单属性累计统计是在用户选定属性字段后，计算机将该字段范围划分成13等份(即分成13类)进行统计，而单属性分类统计则是由人工来指定统计分类数与各分类段的范围。

(5)单属性初等函数变换：该功能完成对数值型字段的基本初等函数变换，即对选定的初等函数，将属性字段作为函数自变量，将字段值依次带入初等函数，就得到变换结果。

2. 双属性分析

MapGIS中双属性分析主要包括双属性累计统计、双属性累计频率统计、双属性分类统计和双属性四则运算。

双属性分析的操作过程为：

(1)选中该菜单；

(2)选择文件；

(3)选择字段1和字段2；

(4)选择操作符；

(5)若必要，再选择保留字段；

(6)完成上述操作之后，选择“确定”，系统开始运算，并将运算结果存在表格缓冲区中运算完毕，将表格显示在表格窗口中；

(7)关闭表格窗口。

10.5 地图制作与地图输出

10.5.1 概述

MapGIS输出系统是MapGIS系统的主要输出手段，它读取MapGIS的各种输出数据，进行版面编辑处理、排版，进行图形的整饰，最终形成各种格式的图形文件，并驱动各种输出设备，完成MapGIS的输出工作。具体功能如下：

(1)版面编排功能。提供图形坐标原点、角度、比例设置及多幅图形的合并、拼接、叠加等的版式编排。

(2)数据处理功能。根据版式文件及选择设备，系统自动生成用于矢量设备的矢量数据或用于栅格设备的栅格数据。

(3)不同设备的输出功能。输出系统可驱动的输出设备有各种型号的矢量输出设备(如笔式绘图仪)和不同型号的打印机(包括针式打印机、彩色打印机、激光打印机和喷墨打印机等)。

(4)光栅数据生成功能。根据设置好的版面、图形的幅面及选择的绘图设备，系统开始对图形自动进行分色光栅化，最后产生不同分辨率的高质量的 CMYK(青、品红、黄、黑)的光栅数据。

(5)光栅输出驱动功能。可将光栅化处理产生的光栅数据输出到彩色喷墨绘图仪、彩色静电绘图仪等彩色设备上去。

(6)印前出版处理功能。对设置好的版面文件，根据图形幅面及选择参数，自动进行校色、处理、转换，生成 PostScript 或 EPS 输出文件，供激光照排机排版软件输出时使用，也可供其他排版软件或图像处理软件使用。

10.5.2　输出拼版设计

输出拼版设计有两种情况：其一是多幅图在同一版面上输出，其二是单幅图在同一版面上输出，又称为多工程输出和单工程输出。多工程输出拼版设计使用拼版文件(*.MPB),一个拼版文件管理多个工程(幅图)；单工程输出拼版设计使用单个工程文件(*.MPJ)即可。

10.5.3　输出系统的基本操作

MapGIS 输出系统是一个具有 Windows 多文档界面的软件系统，它具有 Windows 多窗口系统操作的基本特征(图 10.14)。

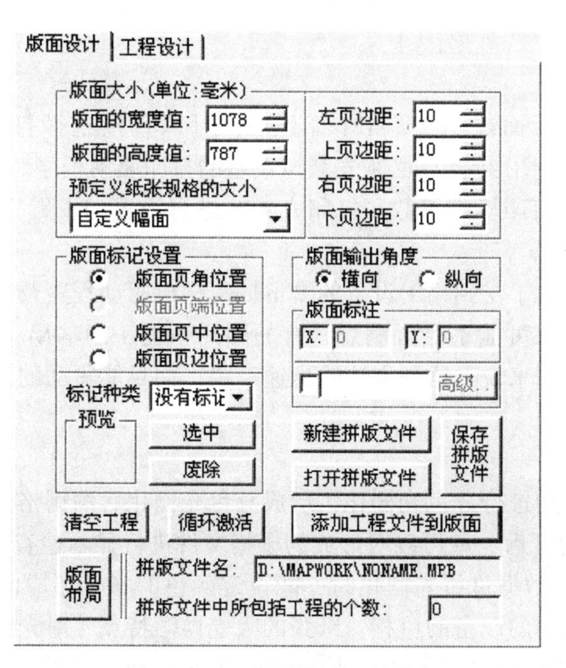

图 10.14　“版面设计”对话框

多工程输出和单工程输出操作界面及功能不一样，在创建或打开的时候，只要指定版面(＊.MPB)或工程(＊.MPJ)即可进入对应的“多工程输出”文档界面或“单工程输出”文档界面状态。

当要用 MapGIS 输出系统输出地图时，首先要创建一个拼版文件(＊.MPB)或工程文件(＊.MPJ)。在拼版设计中，可以设计版面的整体外形，总体控制版面的内容及对显示的当前焦点和版面的设计，显示当前拼版文件的相关信息等操作；在工程设计中，可以设置当前工程文件的参数，修改或删除当前拼版文件中的工程文件，选择当前编辑的工程文件及调整工程之间的显示顺序，显示当前编辑工程的相关信息等操作。

MapGIS 的地图输出流程如图 10.15 所示。下面主要介绍 Windows 输出和光栅输出。

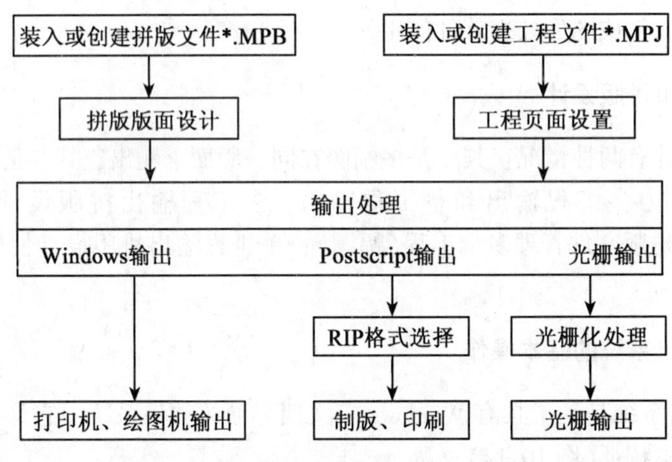

图 10.15 地图输出流程图

1. Windows 输出

打开一个 .MPB 版面或一个 .MPJ 工程后，可以直接选择打印输出，它可以驱动 Windows 打印设备进行图形输出(必须安装该设备的打印驱动程序〕。在打印前，可以使用“打印机设置”功能对打印机的参数、打印方式等进行设置，设置方法参考打印机的使用手册。

“Windows 输出”由于受到输出设备的 Windows 输出驱动程序及输出设备的内部缓存限制，有的图元输出效果可能不令人满意，有的图元不能正确输出，但是对于一些比较简单，而且幅面较小的图来说，这种方法输出速度快，而且能驱动的设备比较多，适应范围也比较广。

2. 光栅输出

栅格输出是将地图进行分色光栅化，形成分色光栅化后的栅格文件。将生成的栅格文件在“文件”菜单下打开后，就可以对形成的栅格文件进行显示检查。

MapGIS 系统在对数据进行光栅化时，能设定颜色的彩色还原曲线参数。在进行分色光栅化前，应根据所用的设备的色相、纸张的吸墨性等特点，对光栅设备进行设置。对不同的设备，精心调整不同曲线，能得到满意的色彩效果。系统提供的缺省参数是针对 HP250C 使用 HP 专用绘图纸的情况调整的，调整的效果与印刷结果比较接近，可能与屏幕显示效果会有所差别。

在设置光栅化参数时，可以调整各种颜色输出的墨量、线性度、色相补偿调整以及设置机器的分辨率等。设置的参数能以文件形式保存。

光栅化参数设置好后，即可进行光栅化处理，生成光栅文件。

3. 生成 GIF 图像

“光栅输出”中的“生成 GIF 图像”功能可以将 MapGIS 图形文件转换成 GIF 格式的图像文件，这个功能很有用，生成的 GIF 图像可供其他软件(如 Word、PowerPoint、Potoshop 等)直接调用。与 PS 格式、EPS 格式、CGM 格式相比，GIF 格式效果更好，而且 GIF 图像的转换、调用都很方便。

4. 图形输出操作

图形输出操作的主要步骤包括：

(1)启动图形输出子系统。启动 MapGIS，点击“图形处理”菜单下的“输出”，进入“MapGIS 输出子系统”界面(图 10.16)。

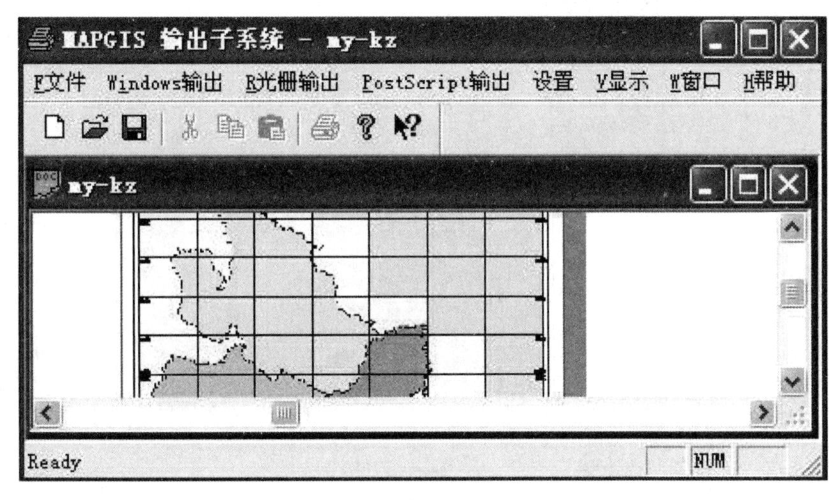

图 10.16　“MapGIS 输出子系统”界面

(2)装入指定的工程文件。点击文件打开指定的工程文件或拼版工程文件。

(3)工程页面设置。点击“文件”菜单选择“工程编辑”命令，启动工程文件编辑器窗口，进行页面设置。

(4)Windows 输出。

①打印机设置：鼠标点击“Windows 输出”菜单下的“打印机设置”命令，进行打印机属性、纸张、输出方向等进行设置。

②打印：鼠标点击“Windows 输出”菜单下的“打印”命令，进行工程文件打印输出。

(5)光栅输出。鼠标点击“光栅输出”菜单，按“光栅化处理→光栅化文件生成→光栅打印输出”流程输出。

习题和思考题

1. MapGIS 系统参数设置的作用是什么？各个参数的具体作用是什么？
2. 输入线过程中，参数设置中的 X、Y 系数起什么作用？
3. 透明输出的作用是什么？
4. MapGIS 中 F4、F5、F6、F7、F8、F9、F11、F12 各起什么作用？
5. 工程文件和项目文件的关系是什么？
6. 项目文件的工作状态有几种？每种各代表什么？
7. 什么是图层？起什么作用？
8. 如何使输入的点图元与所依附的对象成相同倾斜角度？
9. 什么是拓扑处理？其主要作用是什么？一般操作步骤是什么？
10. 若要改变点、线、区的颜色等，应该如何处理？
11. MapGIS 中误差校正的基本原理是什么？其对控制点的基本要求是什么？
12. 如何将点、线、区文件属性导入表格中？
13. MapGIS 中如何进行属性分析？如要改变系统缺省分级方式，应该如何处理？

第 11 章　ArcMap 应用基础

☞ 学习目标

本章从数据的输入、处理、查询与分析、图形的输出等方面介绍了 ArcMap 软件基本操作。通过对本章的学习，需要了解 ArcMap 软件的基本概念和功能特点，掌握 MapGIS 软件的基本操作和应用方法。

11.1　ArcGIS 概述

随着计算机技术的出现及其快速发展，对空间位置信息和其他属性类信息进行统一管理的地理信息系统也快速发展起来，地理信息系统的空间分析作用也因此越来越凸显其重要性。ESRI 的 ArcGIS 以其强大的分析能力占据了大量市场，成为主流的 GIS 系统。随着 ArcGIS 9 的推出，运用 ArcGIS 9 进行地理信息系统空间分析将成为一种主导趋势。本章在讲解 ArcMap 应用基础上，阐述了如何利用 ArcGIS 9 进行 GIS 空间分析。

从 1978 年以来，ESRI 相继推出了多个版本系列的 GIS 软件，其产品不断更新扩展，构成适用各种用户和机型的系列产品。ArcGIS 是 ESRI 在全面整合了 GIS 与数据库、软件工程、人工智能、网络技术及其他多方面的计算机主流技术之后，成功地推出了代表 GIS 最高技术水平的全系列 GIS 产品。ArcGIS 是一个全面的、可伸缩的 GIS 平台，为用户构建一个完善的 GIS 系统提供完整的解决方案。

11.1.1　ArcGIS 9 体系结构

ArcGIS 是美国环境系统研究所(Environment System Research Institute，ESRI)开发的新一代 GIS 软件，是世界上应用广泛的 GIS 软件之一。ArcGIS 9 由 ESRI 在 2004 年推出，是一个统一的地理信息系统平台，由数据服务器 ArcSDE 及 4 个基础框架组成，即桌面软件 GIS(Desktop GIS)、服务器 GIS(Server GIS)、嵌入式 GIS(Embedded GIS)和移动 GIS(Mobile GIS)。

1. Desktop GIS

Desktop GIS 包含诸如 ArcMap、ArcCatalog、ArcToobox 以及 ArcGlobe 等在内的用户界面组件，其功能可分为三个级别：ArcView、ArcEditor 和 ArcInfo，而 ArcReader 则是一个免费地图浏览器组件。其中，ArcView、ArcEdior、ArcInfo 是三级不同的桌面软件系统，通用的结构、通用的编码基数、通用的扩展模块和统一的开发环境，功能由简单到复杂。

2. Server GIS

ArcGIS 9 包含三种服务端产品：ArcSDE、ArcIMS 和 ArcGIS Server。ArcSDE 是管理地

理信息的高级空间数据服务器。ArcIMS 则是一个可伸缩的、通过开放的 Internet 协议进行 GIS 地图、数据和元数据发布的地图服务器。ArcGIS Server 是应用服务器，用于构建集中式的企业 GIS 应用，基于 SOAP 的 Web services 和 Web 应用，包含在企业和 Web 框架上建设服务端 GIS 应用的共享 GIS 软件对象库。

3. Embedded GIS

在嵌入式 GIS 支持方面，ArcGIS 9 提供了 ArcGIS Engine，是应用于 ArcGIS Desktop 应用框架之外的嵌入式 ArcGIS 组件。使用 ArcGIS Engine，开发者在 C++、COM、. NET 和 Java 环境中使用简单的接口获取任意 GIS 功能的组合来构建专门的 GIS 应用解决方案。

4. Mobile GIS

在移动 GIS 方面，ArcGIS 9 提供了实现简单 GIS 操作的 ArcPad 和实现高级 GIS 复杂操作的 Mobile ArcGIS Desktop System。ArcPad 是 ArcGIS 实现简单的移动 GIS 和野外计算的解决方案；ArcGIS Desktop 和 ArcGIS Engine 集中组建的 Mobile ArcGIS Desktop Systems 一般在高端平板电脑上执行，以执行 GIS 分析和决策分析的野外工作任务。

5. Geodatabase

Geodatabase 是 Geographic Database 的简写，是一种在专题图层和空间表达中组织 GIS 数据的核心地理信息模型，是一套获取和管理 GIS 数据的全面的应用逻辑和工具。不管是客户端的应用(如 ArcGIS Desktop)、服务器配置(如 ArcGIS Server)还是嵌入式的定制开发(ArcGIS Engine)，都可以运用 Geodatabase 的应用逻辑。

11.1.2 ArcGIS 9 软件特色

ArcGIS 9 是 ESRI 发布的功能比较强大而又完善的版本。ArcGIS 9 的一个主要目标是与现有的 ArcGIS 8.3 平台的功能和数据模型完全兼容，使得最终用户和开发商可以很方便地对系统进行升级。同时，在软件稳定性、测试、空间数据库伸缩性和栅格处理的性能方面做了改进，并提供强大的跨平台支持能力，包括 Windows、UNIX 和 Linux 平台，这为用户提供了更加灵活的配置选择。

1. 制图编辑的高度一体化

在 ArcGIS 中，ArcMap 提供了一体化的完整地图绘制、显示、编辑和输出的集成环境。相对于以往所有的 GIS 软件，ArcMap 不仅可以按照要素属性编辑和表现图形，也可以直接绘制和生成要素数据；可以在数据视图按照特定的符号浏览地理要素，也可以同时在版面视图生成打印输出地图；有全面的地图符号、线形、填充和字体库，支持多种输出格式；可以自动生成坐标格网或经纬网，能够进行多种方式的地图标注，具有强大的制图编辑功能。

2. 便捷的元数据管理

ArcGIS 可以管理其支持的所有数据类型的元数据，可以建立自身支持的数据类型和元数据，也可以建立用户定义数据的元数据(如文本、CAD、脚本)，并可以对元数据进行编辑和浏览。ArcGIS 可以建立元数据的数据类型很多，包括 ArcInfo Coverage、ESRI Shapefile、CAD 图、影像、GRID、TIN、PC ArcInfo Coverage、ArcSDE、Personal ArcSDE、工作空间、文件夹、Maps、Layers、INFO 表、DBASE 表、工程和文本等。

3. 灵活的定制与开发

ArcGIS 9 的 Desktop 部分通过一系列可视的 GIS 应用操作界面，满足了大多数终端用户的需求。同时，也为更高级的用户和开发人员提供了全面的客户化定制功能。

ArcMap 提供了多个被添加到界面上的不同工具条来对数据进行编辑和操作，用户也可以创建添加自定义的工具。ArcCatalog 和 ArcMap 的基础是 Microsoft 公司的组件对象模块。

4. ArcGIS 9 空间分析能力

强大的空间分析能力是 ArcGIS 系列产品一大特征，ArcGIS 9 推出了一种全新的空间分析方式，能帮助用户完成高级的空间分析，如选址、适宜性分析和合并数据集等。在 ArcGIS 9 中，全部主要的 Workstation 空间处理功能都将在 ArcGIS 桌面端提供，并将进一步提供更多的处理工具，进行对包括空间数据库要素类在内的数据格式处理。

5. ArcGIS 9 的新功能

与 ArcGIS 8 相比，ArcGIS 9 最大的变化是增加了两个基于 ArcObject 的产品：面向开发的嵌入式 ArcGIS Engine 和面向企业用户基于服务器的 ArcGIS Server。这两个产品都支持包括 Windows、UNIX 和 Linux 在内的跨平台技术。3D Analyst 是 ArcGIS 8 的扩展模块，主要提供空间数据的三维显示功能，在 ArcGIS 9 中，该模块在 3D Analyst 的基础上第一次推出全球 3D 可视化功能。该模块具有与 ArcScene 相似的地图交互工具，可以与任何在三维地球表面有地理坐标的空间数据进行叠加显示。

ArcGIS 9 特别增强了栅格数据的存储、管理、查询和可视化能力，可以管理上百个 GB 到 TB 数量级的栅格数据，允许其有属性，并可与矢量数据一起存储，并成为空间数据库的一个重要组成部分。ArcGIS 9 还推出了一种标准、开放的空间数据库格式，它直接利用 XML schema 形式，提供了对包括矢量、栅格、测量度量值和拓扑在内的所有空间数据类型的访问。在以前版本中，如数据集合并等高级空间处理功能一般由 ArcInfo Workstation 或 XML 完成，而这些功能都可在 ArcGIS 9 桌面端实现。

11.2 ArcMap 基础功能操作

ArcMap 是 ArcGIS Desktop 中一个主要的应用程序，它具有基于地图的所有功能，让用户能按照需要创建地图，在地图上加载数据，并用合适的方式来表达；它可以实现可视化，通过处理地理数据，揭示地理信息中隐藏的趋势和分布特点；它可以很方便地实现制图成图。最重要的是，ArcMap 的定制环境可以为用户量体裁衣，让用户定制自己需要的界面，建立新的工具来自动化操作他们的工作，并且可以发展出基于 ArcMap 地图组件的独立应用程序。总之，ArcMap 能帮助用户解决一系列的空间问题，并且起到了很好的辅助决策的作用。

11.2.1 ArcMap 基础

ArcMap 的数据层基本操作分为四大部分，分别是数据层基本操作、数据的符号化、注记标注和专题地图的编制。

ArcMap 窗口主要由主菜单栏、标准工具栏、内容表、地图窗口、状态栏以及数据显示工具、绘图工具、滑动条、标题栏等部分组成，如图 11.1 所示。

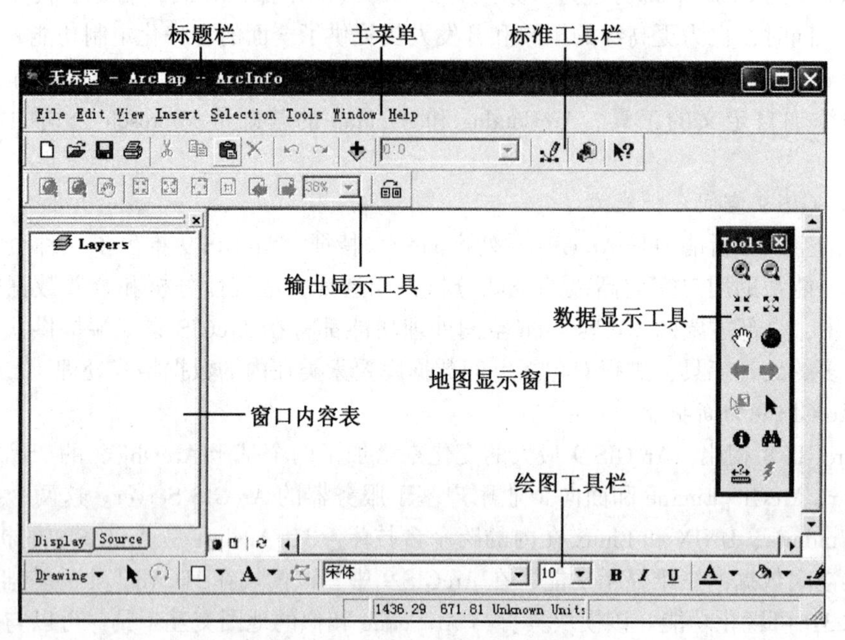

图 11.1 ArcMap 9.0 的工作界面

1. 主菜单栏

要操作 ArcMap，首先应会使用 ArcMap 提供的各种菜单及菜单命令。ArcMap 的主菜单栏提供了 ArcMap 所有的菜单。点击某一个菜单，就会打开其下拉菜单。ArcMap 的主菜单栏包括 File、Edit、View、Insert、Selection、Tools、Windows、Help 等。

2. 标准工具栏

标准工具栏中提供了利用 ArcMap 进行地图数据操作时常用的 15 个命令按钮，利用这些命令按钮，可以方便地打开、关闭地图，复制、粘贴、删除地图要素，加载地图数据，调用编辑工具，设置地图比例，启动 ArcCatalog，调用联机帮助等操作。

3. 窗口内容表

窗口内容表用来显示地图文档所包含的数据组、数据层和地理要素。每个地图文档至少要包含一个数据组，每个数据组中又包含若干个数据层。通过点击数据层左边的“+/-”，来显示或关闭层中的内容。

4. 地图显示窗口

ArcMap 提供了两种地图显示状态：数据视图和布局视图。两种显示状态可以通过 View 菜单的 Data view(数据视图)和 Layout view(布局视图)进行切换。在数据视图状态下，可以实现对地图数据的编辑、查询、检索等操作；而布局视图状态下，不但可以完成对地图数据的操作功能，而且还可以完成对地图辅助要素的加载，例如在地图中加入图名、图例、比例尺等。

5. 输出显示工具栏

当地图窗口处于布局视图状态时，输出显示工具处于被激活状态。利用输出显示工具栏中的按钮可以实现窗口缩放、地图漫游等操作。在输出显示工具的帮助下，不但可以完成对地图数据的操作，而且可以将图名、图例、比例尺、指北针等地图辅助要素添加到地图中。

6. 数据显示工具栏

数据显示工具可以实现对地图数据的编辑、查询、检索、分析等各种操作，工具栏中各个按钮的功能如图 11.2 所示。

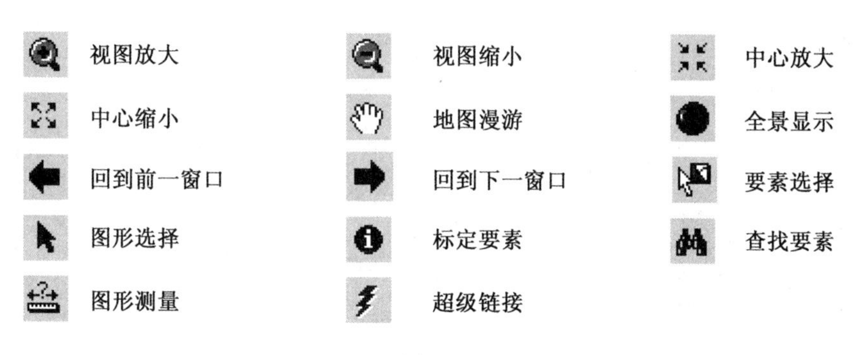

图 11.2

7. 绘图工具栏

在 ArcMap 地图窗口下面是绘图工具栏，提供了 ArcMap 的主要图形绘制、注记设置等工具。绘图工具栏中的按钮及其功能如图 11.3 所示。

图 11.3

8. 快捷菜单

在 ArcMap 窗口的不同部位单击右键，会弹出不同的快捷菜单，经常调用的快捷菜单主要有以下四种：

(1)数据组操作快捷菜单。在内容表的当前数据组上单击右键，或将鼠标放在数据视图中单击右键，可打开数据组操作快捷键菜单(图 11.4)，用于对数据组及其包含的数据层进行操作。

(2)数据层操作快捷菜单。在内容表中的任意数据层上单击右键，可打开数据层操作快捷菜单(图 11.5)，用于对数据层及要素属性进行各种操作。

(3)地图输出操作快捷菜单。在版面视图中单击右键，可打开地图输出操作快捷菜单(图 11.6)，用于设置输出地图的图面内容、图面尺寸和图面整饰等。

(4)窗口工具设置快捷菜单。将鼠标放在 ArcMap 窗口中的主菜单、工具栏等空白处单击右键，可以打开窗口工具设置快捷菜单(图 11.7)，用于设置主菜单、标准工具、数据显示工具、绘图工具、标注工具以及空间分析工具等在 ArcMap 窗口中的显示与否。

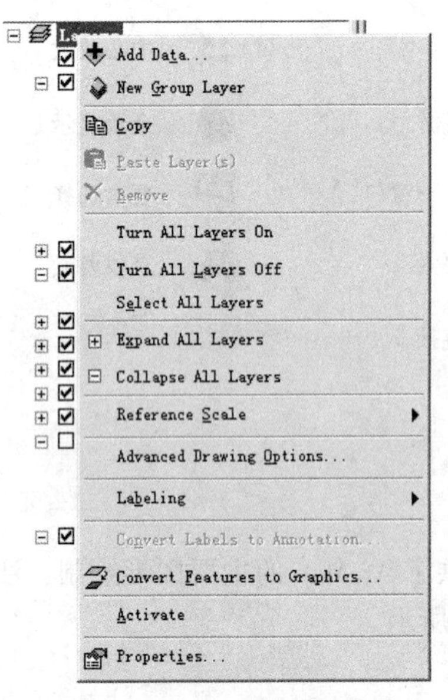

图 11.4　数据组操作快捷菜单

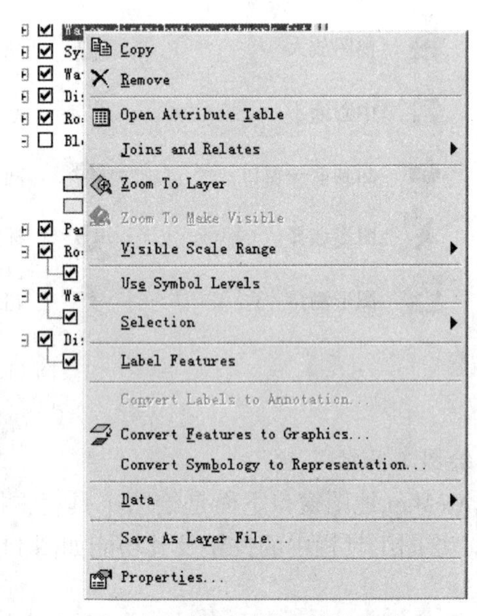

图 11.5　数据层操作快捷菜单

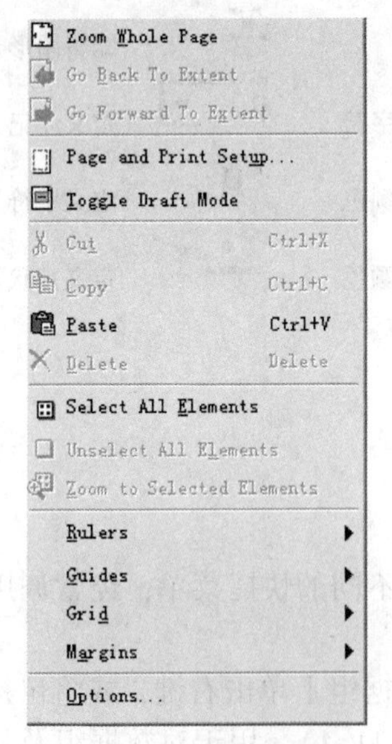

图 11.6　地图输出快捷菜单

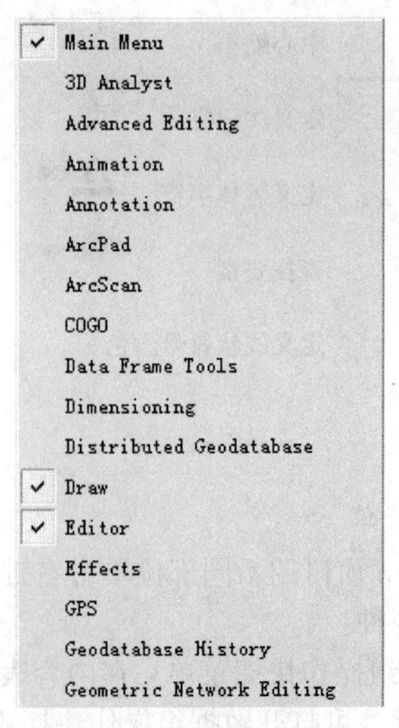

图 11.7　工具设置快捷菜单

11.2.2　新地图文档创建

在 ArcMap 中，新地图文档的创建有以下两种方法：

(1)启动 ArcMap，在“ArcMap”对话框中选择“A new empty map”并点击 OK 按钮，则创建一个空白新地图文档。如果不想创建一个空白地图文档，可以应用已有的地图模板创建新地图：选择“A template”并点击 OK 按钮，在“New”对话框中选择“General”标签中的“LandscapeClassic. mxt”，即古典景观地图版式，单击 OK 按钮，便出现了预先选择好的地图模板，进入了地图编辑环境(图 11.8)。

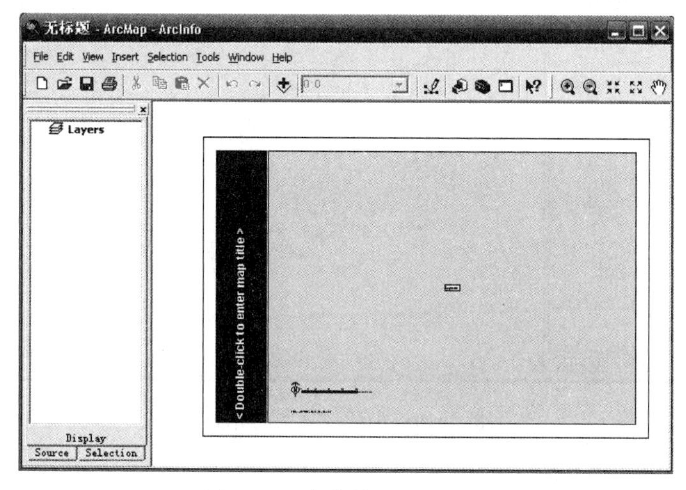

图 11.8　古典景观地图版式

(2)直接创建。若已经进入了 ArcMap 工作环境，单击“New Map File”按钮直接创建一个空白新地图。若希望应用已有地图模板创建新地图，单击主菜单中的“File”选项，打开“File”菜单。单击“New”选项，在“New”对话框里确定当前创建的文件类型为 Document。进入“General”选项卡，选择“古典景观地图版式 LandscapeClassic. mxt”，单击 OK 按钮，进入地图编辑环境。

11.2.3　数据层的加载

通过上述步骤，我们创建好了新地图文档。然而，没有各种数据层的加载，只是一张空白的地图，不能传递任何信息。在 ArcMap 中，用户可以根据需要来加载不同的数据层。数据层的类型主要有 ArcGIS 的矢量数据 Coverage、TIN、栅格数据 Grid、Arcview 3. x 的 Shapefile、AutoCAD 的矢量数据 DWG、ERDAS 的栅格数据 Image File、USDS 的栅格数据 DEM 等。

加载数据层主要有两种方法，一种是直接在新地图文档上加载数据层，另一种是用 ArcCatalog 加载数据层。

1. *直接在新地图中加载数据层*

这是最直接的加载方法，使用 ArcMap 窗口主命令或者标准工具按钮向新地图加载数据层的作用是一样的，具体操作如下：

(1)单击 File 下“Add Data→Add Data”对话框。

(2)在 Look 列表框中确定加载数据的位置，在此加载 2 个 Shapefile 文件，表示的是一个地区的区域面和主要城市。

(3)单击“Add”按钮，两个图层被加载到新地图中(图 11.9)。

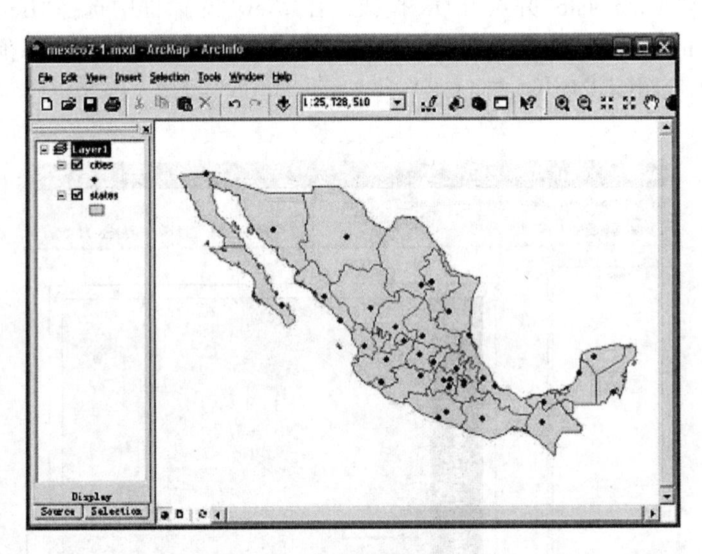

图 11.9 加载数据层的界面

2. *用 ArcCatalog 加载数据层*

ArcCatalog 主要用来浏览和管理数据文件，相当于一个资源管理器。借助 ArcCatalog 来加载数据层更方便、直观，只需将需要加载的数据层直接拖放到 ArcMap 的图形显示器中即可，具体操作如下：

(1)启动 ArcCatalog;

(2)在 ArcCatalog 中浏览，找到要加载的数据层;

(3)将鼠标移至 ArcCatalog 窗口中需加载的数据层，拖曳到 ArcMap 窗口中，完成数据层的加载。

11.2.4 数据层的基本操作

前面内容主要是关于 ArcMap 地图的创建和加载的介绍，下面说明 ArcMap 数据层的一些基本操作。

1. *数据层更名*

在 ArcMap 内容表中，数据组所包含的每个图层以及图层所包含的一系列地理要素都有相应的描述字符与之对应。在默认情况下，添加进地图的图层是以其数据源的名字命名的，而地理要素的描述就是要素类型字段取值。由于这些命名影响到用户对数据的理解和地图输出时的图例，用户可以根据自己的需要赋予图层和地理要素更易读懂的名字。

改变数据层名称的方法很简单，直接在需要更名的数据层上单击左键，选定数据层，再次单击左键，该数据层名称进入了可编辑状态，用户此时可以输入数据层的新名称。同理，对地理要素的更名方法也一样。

2. 改变数据层顺序

内容表中如果有很多图层，为了便于表达，图层的排列顺序就该有一定的讲究。总结出来有四条准则：

(1)按照点、线、面要素类型依次由上至下排列；

(2)按照要素重要程度的高低依次由上至下排列；

(3)按照要素线划的粗细依次由下至上排列；

(4)按照要素色彩的浓淡程度依次由下至上排列。

调整数据层顺序，只需将鼠标指针放在需要调整的数据层上，按住左键拖动到新位置，释放左键即可完成顺序调整。

3. 数据层的复制与删除

在一幅 ArcMap 地图中，同一个数据文件可以被一个数据组的多个数据层引用，也可以被多个数据组引用，通过数据层的复制就可以方便地实现。打开一个包含点、面要素的地图文件，如图 11.10 所示。图中有两个数据层，一个名为 Layer1，另一个名为 Layer2，现将 Layer2 中的 Roads 数据层拷贝到 Layer1 数据组中并显示。在内容表中单击左键，选定 Roads 数据层，再单击右键打开快捷菜单，点击“Copy”命令。鼠标点中 Layer1，单击右键打开快捷菜单，点击“Paste Layers”命令，完成粘贴。可以看到，Roads 数据层被粘贴到了 Layer1 数据组中并显示了出来(图 11.11)。

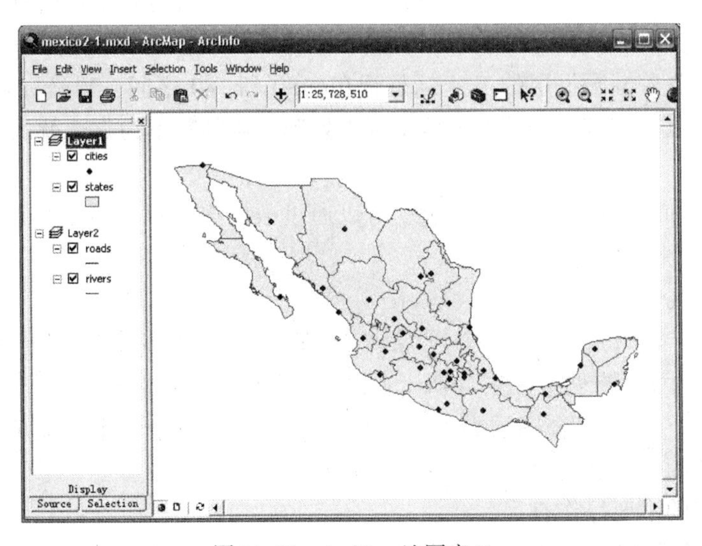

图 11.10　ArcMap 地图窗口

同样的，在不同的地图中也可完成粘贴。同理，删除一个图层只需在该图层上单击右键，点击“Remove”命令即可删除该图层。按住 Shift 键或者 ctrl 键可以选择多个图层进行操作。

图 11.11 完成粘贴后的 ArcMap 地图窗口

4. 数据层的坐标定义

ArcMap 中，数据层大多是具有地理坐标系统的空间数据，创建新地图并加载数据层时，第一个被加载的数据层的坐标系统被作为该数据组的默认坐标系统，随后被加载的数据层，无论其原有的坐标系如何，只要满足坐标转换的要求，都将被自动转换为该数据组的坐标系统，而不影响数据层所对应的数据本身。对于没有足够坐标信息的数据层，一般情况下，由操作人员来提供坐标信息，若没有操作人员提供坐标信息，则 ArcMap 有一种默认处理办法：先判断数据层的 X 坐标是否在-180 到 180 之间，Y 坐标是否在-90 到 90 之间，若判断为真，则按照经纬度大地坐标来处理；若判断不为真，就认为是简单的平面坐标系统。

若不知道所加载数据层的坐标系统，可以通过数据组属性或者数据层属性进行查阅，并进一步根据需要来修改。

5. 数据层的分组

当需要把多个图层作为一个图层来处理时，可将多个图层形成一个组图层(GroupLayer)。例如，有两个图层分别代表铁路和公路，可以将两个图层合并为一个新的“交通网络”图层。一个组合图层在地图文档中的性质类似于一个独立的数据层，这样，就使得它所包含的图层之间没有相互冲突的属性。

对于组图层的主要操作有：

(1)建立组合图层。在内容表中右键点击要创建的组图层数据框，点击“New Group Layer”就完成了创建。

(2)添加图层到组合图层。双击内容表中的组图层，打开“Group Layer Properties”对话框，在“Group”选项卡中点击“Add”按钮添加图层即可。

(3)调整组图层顺序。双击内容表中的组图层，打开“Group Layer Properties”对话框，在“Group”选项卡中选中要调整顺序的图层，用向上、向下按钮调整即可。

(4)在组图层中显示某一图层属性。打开“Group Layer Properties”对话框，在“Group”选项卡中选择某一图层，点击 Properties 查看其属性。

(5)在组图层中删除某一图层。打开“Group Layer Properties”对话框，在“Group”选项卡中选择某一图层，点击“Remove”删除该图层。

6. 数据层比例尺设置

通常情况下，不论显示地图的比例尺多大，只要 ArcMap 内容表中数据层前面的方框内打勾，数据层就始终处于显示的状态。如果地图比例尺非常小，就会因为地图内容过多而无法清楚表达，如果照顾小比例尺的地图，当放大比例尺的时候可能出现图画内容太少或者要素线划不够精细的缺点。为了解决这个问题，ArcMap 提供了设置地图显示比例尺范围功能，任何一个数据层都能根据其本身内容特点来设置它的最小显示比例尺和最大比例尺。若地图比例尺小于数据层的最小显示比例尺或者大于数据层的最大显示比例尺，数据层就不显示在地图窗口。

1)设置绝对显示比例尺

(1)窗口内容表中，在一个城市数据层上点右键，打开数据层快捷菜单中的“Properties”命令。

(2)在“General”选项卡中选择“Don't show layer when zoomed”选项，然后在“Out beyond”文本框中输入最小显示比例尺，在“In beyond”文本框中输入最大显示比例尺，点击“确定”按钮。

2)设置相对显示比例尺

(1)在窗口内容表中，在城市数据层上点右键，打开“Visible Scale Range”命令。

(2)使用“Set Maximum Scale”或者“Set Minimum Scale”来设置显示比例尺的最大最小值。

3)删除比例尺设置

当数据层的显示比例尺范围不再需要时，可以通过“Visible Scale Range”中的“Clear ScaleRange”命令来删除显示比例尺范围。

7. 数据层的保存

由于 ArcMap 地图文档记录和保存的并不是数据层所对应的原数据，而是各数据层对应的原数据路径信息，如果磁盘中地图所对应的数据文件路径被改变，系统会提示用户来指定数据文件的新路径，或者忽略读取该数据层，地图中将不再显示该数据层的信息。为了解决数据层的路径信息问题，ArcMap 系统提供了两种数据层的保存路径方式，一种是保存完整路径；另一种是保存相对路径，同时还可以编辑地图文档中数据层所对应的原数据。

例如，保存一个数据层，可以先用前面的方法创建一个空白新地图，再单击“Add Data”按钮添加一些点、线、面图层。

(1)在 ArcMap 窗口主菜单栏，单击“File”下“Document Properties”命令；

(2)在 Document Properties 窗口，打开“Data Source Option”对话框；

(3)“Store full path names”选项是保存完整路径，“Store relative path names”选项是保存相对路径，根据需要选择一个，确定后关闭“Map Properties”对话框。

(4)打开 File 下“Save As”命令，将文件保存。

11.3 数据输入

ArcMap 具有功能强大的图形、数据编辑功能，可以实现对图形、数据的各种编辑操作，如对要素的选择，要素的复制、删除，属性信息的修改，要素的分割、合并以及新要素的创建等。

数据的编辑操作需要在编辑工具栏的帮助下实现。然而，在默认状态下，ArcMap 窗口中并不显示数据编辑工具栏，用户可以通过以下三种方法打开编辑工具栏：

在 ArcMap 标准工具栏上点击"Edit ToolBar"按钮；

在 ArcMap 主菜单上，点击"Tools"菜单的"Edit Toolbar"子菜单；

在 ArcMap 主菜单栏上，点击"View"菜单下的"Toolbars"子菜单，在下一级的子菜单中，选择"Editor"命令。

11.3.1 选择地图要素

对图形对象编辑以前，首先需要选择对象。ArcMap 提供了多种选择要素的方法，可以选择单个要素，也可以使用线、多边形等方式选择多个要素。下面介绍地图要素的选择方法。

1. 设置图层的可选择

在对数据或属性表进行编辑以前，需要先设置编辑图层的可选择性，步骤如下：

(1)在 ArcMap 窗口主菜单中，点击"Selection→Set Selectable Layers"命令，打开"Set Selectable Layers"对话框。

(2)选中图层前面对应的方框，表示此图层可选，方框空白表示此图层不可选择，也可以通过点击"Select All"选择所有图层，点击"Clear All"取消所有的选择。

(3)点击"Close"，关闭"Set Selectable Layers"对话框。

2. 选择单个要素

(1)在"Editor"工具栏中，点击"Editor"按钮，打开"Editor"下拉菜单，点击"Start Editing"命令进入编辑状态。

(2)在"Editor"工具栏中，点击"Edit Tool"，光标变成状态。

(3)用鼠标左键点击需要选择的要素，被选择的要素被高亮度显示。

3. 选择多个要素

(1)在"Task"下拉框中选中"Select Features Using a Area"(使用多边形选择要素)选项。

(2)点击"Sketch"按钮。

(3)在地图上画一个多边形，双击鼠标左键结束。

这样，包含在多边形区域中的元素就被选中，并被高亮度显示。

11.3.2 编辑地图要素

1. 创建新要素

1)创建点要素

(1)在“Edit Task”下拉框中，选中“Create New Feature”选项。

(2)在“Target”下拉框中，选择目标层。

(3)点击“Sketch Tool”按钮，光标变成一个小圆点。

(4)在地图窗口点击，点击处生成一个新的点元素。

2)创建线或多边形要素

(1)在“Edit Task”下拉框中，选中“Create New Feature”选项。

(2)在“Target”下拉框中，选择要添加线或多边形要素的图层。

(3)点击“Sketch Tool”按钮，光标变成一个小圆点。

(4)在地图窗口，点击鼠标左键生成一系列节点。

(5)如果想删除某一个节点，点击鼠标右键，在打开的菜单中，点击“Delete Vertex”命令，删除节点。

(6)双击鼠标左键或按 F2 功能键，结束绘制线或多边形操作；也可以通过点击鼠标右键，在打出的菜单中，点击“Finish Sketch”命令，结束绘制过程。

在输入完新要素以后，可以点击“属性表”按钮，在弹出的元素属性表中，为新生成的元素添加属性。

2. 复制要素

借助 ArcMap 的标准工具栏，可以实现要素在同一图层，不同图层之间的复制。当然，在图层之间复制要素时，要求两个图层数据类型应当相同。具体步骤如下：

(1)在“Target Layer”下拉框中，选择需要进行要素复制的图层。

(2)点击“Edit Tool”按钮。

(3)在图形窗口点击需要复制的要素(按 Shift 键可以多选)。

(4)在标准工具栏中点击“Copy”按钮(或 Ctrl+C 键)。

(5)如果要将复制的要素粘贴到同一图层，点击“Paste”按钮(或 Ctrl+V)。

(6)否则，在“Target Layer”下拉框中，选择需要粘贴要素的图层，点击“Pase”按钮(或 Ctrl+V 键)，完成要素的复制操作。

3. 删除要素

(1)点击“Edit Tool”按钮。

(2)选择要删除的要素(按 Shift 键可以选择多个要素)，选中的要素高亮度显示。

(3)点击标准工具栏的“Delete”按钮，或键盘的 Delete 键，删除所选要素。

4. 合并要素

(1)点击“Edit Tool”按钮。

(2)点击要选择的要素，按 Shift 键可以选择多个要素。

(3)在“Target Layer”中选择目标操作图层。

(4)点击“Editor”按钮，在“Editor”下拉菜单中点击“Merge”命令，要素被合并。

5. 分割要素

1)任意点分割线要素

(1)点击“Edit Tool”按钮。
(2)在地图窗口中点击，选择要分割的线要素。
(3)在编辑工具栏中点击“Split Tool”按钮。
(4)在线要素上选择分割点，并点击鼠标左键，线要素在分割点处被分割成两部分。
2)分割多边形要素
(1)点击“Edit Tool”按钮。
(2)在地图窗口中点击，选择要分割的多边形要素。
(3)在“Task”下拉框中选择“Cut Polygon Features”(分割多边形要素)。
(4)点击“Sketch Tool”按钮。
(5)在地图窗口绘制折线或多边形，并与原始多边形相交。
(6)点击鼠标右键，在打开的“Sketch Context Menu”菜单中，点击“Finish Sketch”命令，多边形按照绘制的折线或多边形，被分成两部分。

6. 延长线要素

(1)在“Editor”工具栏中，选择“Task”下拉框中的“Extend/trim Features”菜单。
(2)点击“Edit Tool”按钮。
(3)在地图窗口中，点击需要延长的线要素。
(4)点击“Sketch Tool”按钮。
(5)在地图窗口绘制延长线。
(6)绘制完成后，点击右键，在打开的菜单中，点击“Finish Sketch”命令，完成操作。

7. 裁减线要素

(1)在“Editor”工具栏中，选择“Task”下拉框中的“Extend/trim Features”菜单。
(2)点击“Edit Tool”按钮。
(3)在地图窗口中，点击需要裁减的线要素。
(4)点击“Sketch Tool”按钮。
(5)在地图窗口绘制一条线，作为线要素裁剪的边界。
(6)点击右键，出现“Sketch Context Menu”菜单。
(7)点击“Finish Sketch”命令，完成线要素的裁剪。

8. 要素节点操作

在 ArcMap 中，线要素和多边形要素是由节点组成的。用户可以利用 ArcMap 工具，实现对节点的添加、删除、移动等操作，以完成对线、多边形要素变形的目的。

1)在线或多边形要素中间添加节点
(1)在“Task”下拉框中，选中“Modify Feature”选项。
(2)点击“Edit Tool”按钮。
(3)在地图窗口中点击需要添加节点的线或多边形要素。

(4)将鼠标放在需要添加节点的位置，点击鼠标右键，打开“Sketch Context Menu”菜单。

(5)在菜单中点击“Insert Vertex”命令，在鼠标处添加了一个节点。

添加节点完成后，在“Sketch Context Menu”菜单中，点击“Finish Sketch”命令，完成添加节点的操作。

2)删除一个节点

(1)在“Task”下拉框中，选择“Modify Feature”选项。

(2)点击“Edit Tool”按钮 。

(3)在地图窗口中点击需要删除节点的线或多边形要素。

(4)将鼠标放在需要删除的节点位置。

(5)点击鼠标右键，打开“Sketch Context Menu”菜单。

(6)点击“Delete Vertex”命令，节点被删除，图形的形状也相应地发生变化。

删除节点后，在“Sketch Context Menu”菜单中，点击“Finish Sketch”命令，完成删除节点的操作。

3)多节点的删除

(1)在“Task”下拉框中，选择“Modify Feature”选项。

(2)点击“Edit Tool”按钮 。

(3)在地图窗口中点击需要删除节点的图形要素。

(4)光标移动到要删除节点的图形要素上，点击鼠标右键。

(5)在打开的“Sketch Context Menu”菜单中，点击“Properties”命令。

(6)打开“Edit Sketch Properties”对话框，对话框中显示了被选中图形要素的所有节点，如图 11.12 所示。

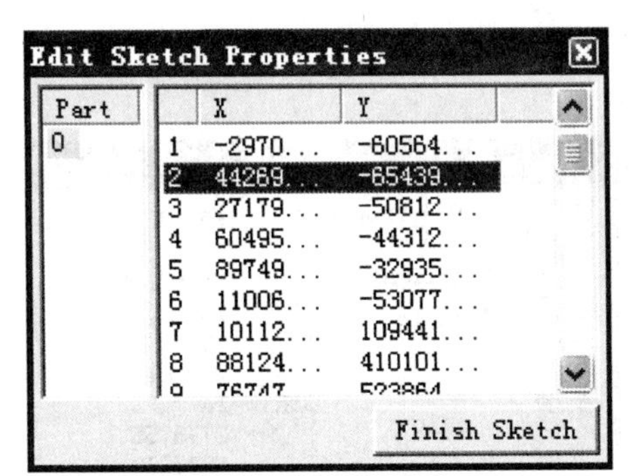

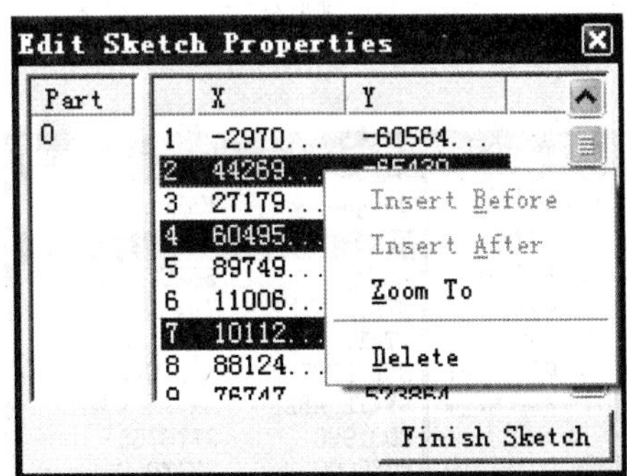

图 11.12　“Edit Sketch Properties”对话框

(7)选择要删除节点，按 Shift 键或 Ctrl 键可以选择多个要素。

(8)在选中节点上点击鼠标右键，在打开的菜单上点击“Delete”命令，删除选中的多个节点。

4)拖放鼠标移动节点

(1)在“Task”下拉框中，选择“Modify Feature”选项。

(2)点击“Edit Tool”按钮 。

(3)在地图窗口中点击需要移动节点的图形要素。

(4)将光标放在需要移动的节点上。

(5)当光标发生变化后，按住鼠标左键，将节点拖到新位置。

11.3.3 编辑要素的属性

利用 ArcMap 编辑工具，不但可以实现对图形要素的编辑操作，而且可以轻松地完成对属性数据的编辑，如对点、线、多边形要素属性的添加、删除、修改等操作。操作步骤为：

(1)点击“Edit Tool”按钮 。

(2)在地图窗口中点击需要查询属性的图形要素。

(3)点击“Attributes”按钮 ，打开“Attributes”对话框，如图 11.13(a)所示。“Attributes”对话框左窗口列出选中的图形要素，选中一个要素，右窗口列出选中要素对应的属性字段及属性值。

(4)在左窗口中选中一个要素，用鼠标右键点击，打开快捷菜单，如图 11.13(b)所示。其中：

点击“Zoom To”命令，选中要素被放大显示；

点击“Copy”命令，复制选中的要素；

点击“Paste”命令，粘贴选中的要素；

点击“Unselect”命令，取消对当前要素的选择操作；

点击“Delete”命令，删除选中的要素。

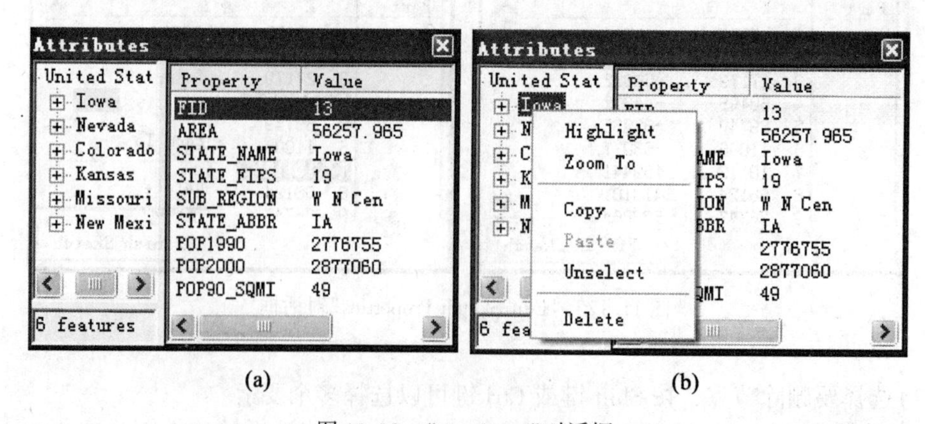

图 11.13 “Attributes”对话框

(5)点击属性值，可以修改字段的属性值。

11.4　数据的处理与转换

空间数据是 GIS 的一个重要组成部分，整个 GIS 都是围绕空间数据的采集、加工、存储、分析和表现展开的。原始数据往往由于在数据结构、数据组织、数据表达等方面与用户自己的信息系统不一致而需要对原始数据进行转换与处理，如投影变换，不同数据格式之间的相互转换以及数据的裁切、拼接等处理。

11.4.1　投影变换

由于数据源的多样性，当数据与我们研究、分析问题的空间参考系统(坐标系统、投影方式)不一致时，就需要对数据进行投影变换。同样，在对本身有投影信息的数据采集完成时，为了保证数据的完整性和易交换性，要对数据定义投影。以下就对地图投影及投影变换的概念做简单介绍，之后分别讲述在 ArcGIS 中如何实现地图投影定义及变换。

当系统使用的数据取自不同地图投影的图幅时，需要将一种投影的数字化数据转换为所需要投影的坐标数据。投影转换的方法可以采用以下几种方法：

1. 正解变换

通过建立一种投影变换为另一种投影的严密或近似的解析关系式，直接由一种投影的数字化坐标 x、y 变换到另一种投影的直角坐标 X、Y。

2. 反解变换

由一种投影的坐标反解出地理坐标(x、$y \to B$、L)，然后再将地理坐标代入另一种投影的坐标公式中(B、$L \to X$、Y)，从而实现由一种投影的坐标到另一种投影坐标的变换(x、$y \to X$、Y)。

3. 数值变换

根据两种投影在变换区内的若干同名数字化点，采用插值法或有限差分法、最小二乘法、有限元法、待定系数法等，实现由一种投影的坐标到另一种投影坐标的变换。目前，大多数 GIS 软件是采用正解变换法来完成不同投影之间的转换，并直接在 GIS 软件中提供常见投影之间的转换。

借助 ArcToolbox 中“Projections and Transformations”工具集中的工具(图 11.14)，可以实现对数据定义空间参照系统、投影变换，以及对栅格数据进行多种转换，如翻转(Flip)、旋转(Rotate)和移动(Shift)等操作。

11.4.2　数据变换

数据变换是指对数据进行诸如放大、缩小、翻转、移动、扭曲等几何位置、形状和方位的改变等操作。矢量数据的相应操作在 ArcMap 中，而栅格数据的相应操作则集中于“ArcToolbox Projections and Transformations”工具集中，以下分别就栅格数据的翻转(Flip)、镜像(Mirror)、重设比例尺(Rescale)、旋转(Rotate)、移动(Shift)和扭曲(Warp)等分别介绍。

1. 翻转(Flip)

翻转是指将栅格数据沿着通过数据中心点的水平轴线，将数据进行上下翻转。

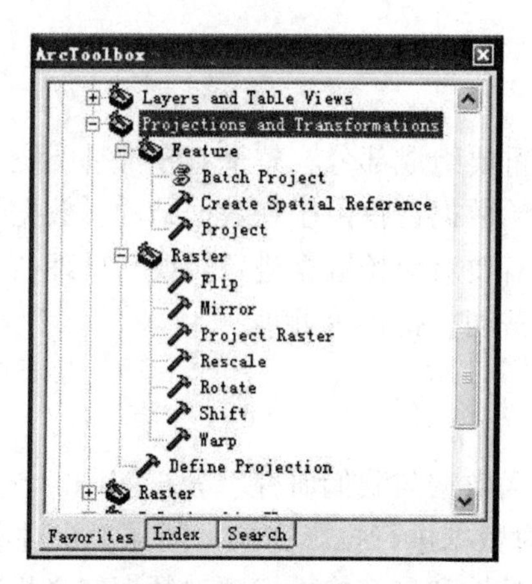

图 11.14 投影变换工具

(1)展开"Data Management Tools"工具箱，打开"Projections and Transformations"中的"Raster"展开工具集，双击"Flip"，打开"Flip"对话框。

(2)在"Input raster"文本框中选择输入需要进行翻转的数据。

(3)在"Output raster"文本框中键入输出文件的路径和名称。

(4)单击"OK"按钮，执行数据翻转操作。

2. 镜像(Mirror)

镜像是指将栅格数据沿着通过数据中心点的垂直轴线，将数据进行左右翻转。

(1)展开"Data Management Tools"工具箱，打开"Projections and Transformations"中的"Raster"工具集，双击"Mirror"，打开"Mirror"对话框。

(2)在"Input raster"文本框中选择输入需要进行 Mirror 的数据。

(3)在"Output raster"文本框中键入输出文件的路径和名称。

(4)单击"OK"按钮，执行数据镜像操作。

3. 重设比例尺(Rescale)

重设比例尺是指将栅格数据按照指定比例分别沿 X 轴和 Y 轴放大或缩小。

(1)展开"Data Management Tools"工具箱，打开"Projections and Transformations"中的"Raster"工具集，双击"Rescale"，打开"Rescale"对话框。

(2)在"Input raster"文本框中选择输入需要进行 Rescale 的数据。

(3)在"Output raster"文本框中键入输出文件的路径和名称。

(4)在"X scale factor"文本框设置数据在 X 方向上的比例系数，值必须大于 0。

(5)在"Y scale factor"文本框设置数据在 Y 方向上的比例系数，值也必须大于 0。

(6)单击"OK"按钮，执行数据重设比例尺操作。

4. 旋转(Rotate)

旋转是指将栅格数据沿着指定的中心点旋转指定的角度。

(1)展开"Data Management Tools"工具箱，打开"Projections and Transformations"中的"Raster"工具集，双击"Rotate"，打开"Rotate"对话框。

(2)在"Input raster"文本框中选择输入需要进行 Rotate 的数据。

(3)在“Output raster”文本框中键入输出文件的路径和名称。

(4)在“Angle”文本框中设置旋转的角度。

(5)“Pivot point”为可选项，设置旋转中心点的 X、Y 坐标，默认状态的旋转中心点是所输入栅格数据的左下角点。

(6)旋转栅格数据，就要对数据进行重采样。“Resampling technique”是可选项，默认状态是“Nearest”，即最近临采样法。

(7)单击“OK”按钮，执行数据 Rotate 操作。

5. 移动(Shift)

移动是指将栅格数据分别沿 X 轴和 Y 轴移动指定的距离。

(1)展开“Data Management Tools”工具箱，打开“Projections and Transformations”中的“Raster”工具集，双击“Shift”，打开“Shift”对话框。

(2)在“Input raster”文本框中选择输入需要进行 Shift 的数据。

(3)在“Output raster”文本框中键入输出文件的路径和名称。

(4)在“Shift x coordinates by”文本框设置在 X 方向上移动的距离。

(5)在“Shift y coordinates by”文本框设置在 Y 方向上移动的距离。

(6)Input snap raster 为可选项，可以浏览确定某一栅格数据，与结果数据合并。

(7)单击“OK”按钮，执行数据 Shift 操作。

6. 扭曲(Warp)

扭曲是指将栅格数据通过输入的控制点进行多项式变换。

(1)展开“Data Management Tools”工具箱，打开“Projections and Transformations”中的“Raster”工具集，双击“Warp”，打开“Warp”对话框。

(2)在“Input raster”文本框中选择输入需要进行 Warp 的数据。

(3)在“Source control points”的“X Coordinate”和“Y Coordinate”文本框中分别输入数据集控制点的 X、Y 坐标。单击加号按钮，可将输入的值添加到下面的窗口列表中，以便进行多次输入；单击叉号按钮，删除在选择状态下的那组 X、Y 坐标；单击上下箭头按钮，对在选择状态下的那组 X、Y 坐标进行上下调整。

(4)同样，在“Input target control points”的“X Coordinate”和“Y Coordinate”文本框中分别键入输出数据集控制点的 X、Y 坐标，操作同上一步。

(5)在“Output raster”文本框中键入输出文件的路径和名称。

(6)在“Transformation type”可选窗口中选择数据转换的类型，即拟合多项式的次数(默认状态是 1 次多项式)。

(7)对栅格数据进行扭曲处理，必然会引起数据的重采样。“Resampling technique”是可选项，默认状态是“Nearest”，即最近临采样法。

(8)单击“OK”按钮，执行数据 Warp 操作。

11.4.3 数据格式转换

基于文件的空间数据类型包括对多种 GIS 数据格式的支持，如 Coverage、Shapefile、Grid、Image 及 TIN 等。Geodatabase 数据模型也可以在数据库中管理同样的空间数据类型。

空间数据的来源有很多，如地图、工程图、规划图、照片、航空与遥感影像等，因此空间数据也有多种格式。根据应用需要，对数据的格式要进行转换。转换是数据结构之间的转换，而数据结构之间的转换又包括同一数据结构不同组织形式间的转换和不同数据结构间的转换，其中，不同数据结构间的转换主要包括矢量到栅格数据的转换和栅格到矢量数据的转换。利用数据格式转换工具，可以转换 Raster、CAD、Coverage、Shapefile 和 GeoDatabase 等多种 GIS 数据格式。下面以 CAD 数据格式为例，介绍数据格式的转换过程。

CAD 数据是一种常用的数据类型，如大多数的工程图、规划图都是 CAD 格式。ArcGIS 中的要素类，Shapefile 数据可以转换成 CAD 数据，CAD 数据也可以转换成要素类和地理数据库。

1. 数据输出 CAD 格式

将要素类或者要素层转换成 CAD 数据。

(1)展开“Conversion Tools”工具箱，打开“To CAD”工具集，双击“Export to CAD”，打开“Export to CAD”对话框。

(2)在“Input Features”文本框中选择输入需要转换的要素，可以选择多个数据层，在“Input Features”文本框下面的窗口中罗列出所选择的要素，通过窗口旁边的上下箭头，可以对选择的多个要素的顺序进行排列。

(3)在“Output Type”窗口中选择输出 CAD 文件的版本，如 DWG_R2004。

(4)在“Output file”文本框键入输出的 CAD 图形的路径与名称。

(5)“Ignore Paths in Tables”为可选按钮(默认状态是不选择)，在选择状态下，将输出单一格式的 CAD 文件。

(6)“Append to Existing Files”为可选按钮(默认状态是不选择)，在选择状态下，可将输出的数据添加到已有的 CAD 文件中。

(7)如果上一步为选择状态，则在“Seed File”对话框中浏览确定所需的已有 CAD 文件。

(8)单击“OK”按钮，执行转换操作。

2. CAD 数据的输入转换

将 CAD 换成要素类和数据表。

(1)展开“Conversion Tools”工具箱，打开“To Geodatabase”工具集，双击“Import from CAD”，打开“Import from CAD”对话框。

(2)选择多个数据层，在下面的窗口中罗列出所选择在“Input Files”文本框中选择输入需要转换的 CAD 文件。可以选的数据，通过窗口旁边的上下箭头，可以对选择的多个矢量数据的顺序进行排列。

(3)在“Output Staging Geodatabase”文本框键入输出的地理数据库的路径与名称。

(4)“Spatial Reference”是可选项，用于设置输出地理数据库的空间属性。

(5)单击“OK”按钮，执行转换操作。

11.4.4 数据结构的转换

地理信息系统的空间数据结构主要有栅格结构和矢量结构，它们是表示地理信息的两种不同方式。在地理信息系统中，栅格数据与矢量数据各具特点与适用性，为了在一个系统中可以兼容这两种数据，以便有利于进一步的分析处理，常常需要实现两种结构的转换。

1. 栅格数据向矢量数据的转换

栅格向矢量转换处理的目的，是为了将栅格数据分析的结果，通过矢量绘图装置输出，或者为了数据压缩的需要，将大量的面状栅格数据转换为由少量数据表示的多边形边界，但是主要目的是为了能将自动扫描仪获取的栅格数据加入矢量形式的数据库。

由栅格数据可以转换为三种不同的矢量数据，即点状、线状和面状的矢量数据。下面以栅格数据转换为面状矢量数据为例进行说明，其他两种转换操作大同小异，这里不再具体说明。

(1)展开“Conversion Tools”工具箱，打开“From Raster”工具集，双击“Raster to Polygon”，打开“Raster to Polygon”对话框。

(2)在“Input raster”文本框中选择输入需要转换的栅格数据。

(3)在“Output Polygon Features”文本框键入输出的面状矢量数据的路径与名称。

(4)选择“Simplify Polygons”按钮(默认状态是选择)，可以简化面状矢量数据的边界形状。

(5)单击“OK”按钮，执行转换操作。

2. 矢量数据向栅格数据的转换

许多数据，如行政边界、交通干线、土地利用类型、土壤类型等，都是用矢量数字化的方法输入计算机或以矢量的方式存在计算机中。然而，矢量数据直接用于多种数据的复合分析等处理将比较复杂，相比之下，利用栅格数据模式进行处理则容易得多，土地覆盖和土地利用等数据常常从遥感图像中获得，这些数据都是栅格数据，因此矢量数据与它们的叠置复合分析更需要把其从矢量数据的形式转变为栅格数据的形式。在 ArcGIS 中的步骤如下：

(1)展开“Conversion Tools”工具箱，打开“To Raster”工具集，双击“Feature to Raster”打开“Feature to Raster”对话框。

(2)在“Input features”文本框中选择输入需要转换的矢量数据。

(3)在“Field”窗口选择数据转换时所依据的属性值。

(4)在“Output raster”文本框键入输出的栅格数据的路径与名称。

(5)在“Output raster”文本框键入输出栅格的大小，或者浏览选择某一栅格数据，输出的栅格大小将与之相同。

(6)单击“OK”按钮，执行转换操作。

11.5 空间查询与分析

空间查询与分析功能，是 GIS 区别于其他信息系统的关键。ArcMap 具有良好的空间查询、空间分析功能。利用 ArcMap 查询工具，可以实现图形和属性的相互查询功能；利用 ArcToolbox 中的命令可以实现空间数据的缓冲、融合、合并、裁减、叠加等分析功能。本节主要介绍 ArcGIS 中对矢量数据的分析操作方法。

11.5.1 ArcMap 空间查询

ArcMap 实现了丰富的查询功能，借助于 ArcMap 的查询工具，用户既可以实现简单的查询，如查询图形要素的信息；也可以实现复杂的查询，如查询每平方公里人口密度大于200人的城市。

1. 查询地图要素的属性

(1)在 ArcMap 地图窗口中，点击数据显示工具栏上“Identify Features”按钮，弹出“Identify Results”窗口。

(2)在地图窗口中点击所要查询的地图元素，“Identify Results”窗口中立即显示出选中地图元素的属性信息，如图11.15所示。

2. 借助属性表查找地图要素

(1)将鼠标放在要选择要素的数据层上，点击鼠标右键打开快捷菜单。

(2)点击“Open Attribute Table”命令，打开属性表。

(3)点击表格记录最左边的灰色按钮，图形要素被选中，并高亮度显示。

(4)按 Shift 键，点击多个记录可以选择多个地图要素。

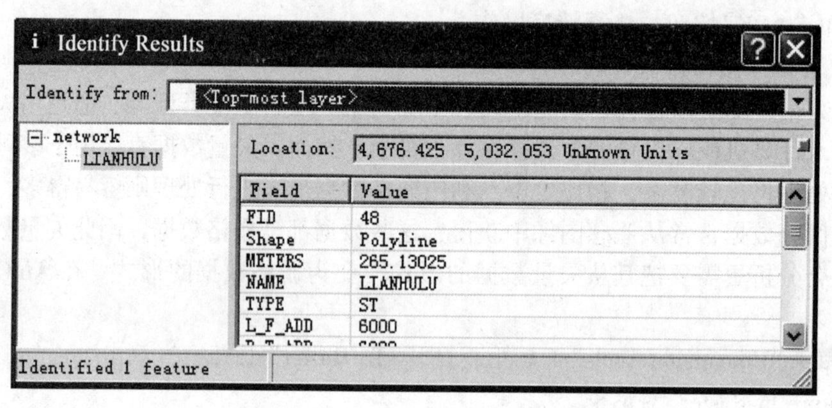

图 11.15 “Identify Results”对话框

3. 利用工具查找地图要素

(1)在“Tools”工具栏中点击“Find”按钮，打开“Find”对话框，如图11.16所示。

(2)点击“Features”选项卡，打开“Features”选项界面。

(3)在“Find”下拉框中，输入需要查找的属性值。

(4)在“In”下拉框中，确定查找范围。

(5)确定被查找的字段范围：All field 所有字段，In field 指定字段，Each layer's primary displ 每个数据层的默认字段。

(6)点击“Find”按钮，满足查询条件的记录列于查询结果的对话框中。

(7)在列表框中选择一个或多个记录，双击鼠标左键或点击鼠标右键，在打开的菜单中点击“Flash feature”命令，满足选择条件的要素在窗口中闪烁显示。

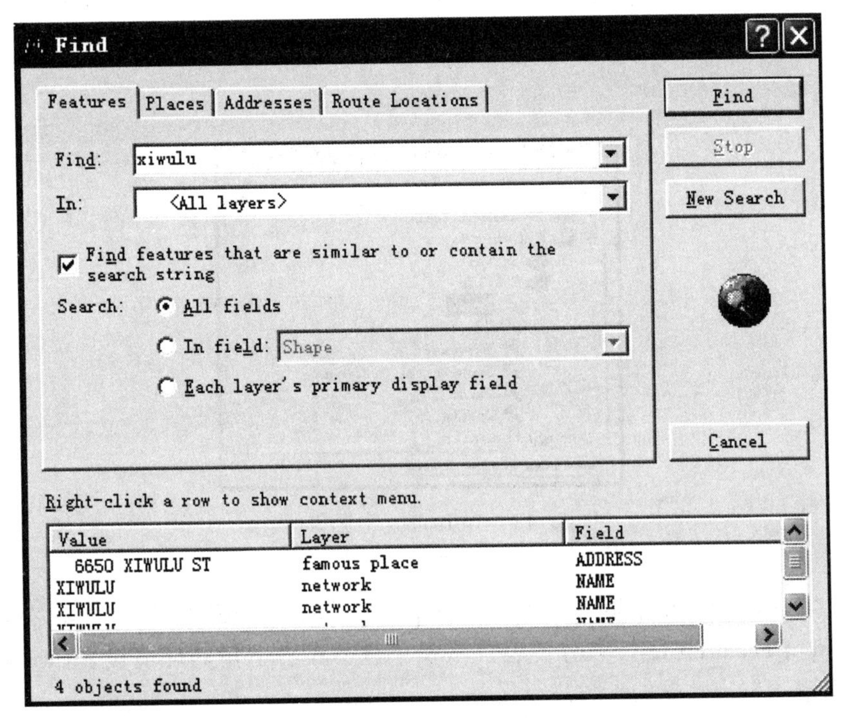

图 11.16　"Find"对话框

11.5.2　ArcMap 空间分析

空间分析是从空间物体的空间位置、联系来研究空间事物，并对空间事物做出定量的描述。空间分析是地理信息系统的主要特征，是评价一个地理信息系统功能的主要标志，是利用 ArcMap 进行地学分析的基础。ArcMap 提供了功能强大的空间分析的功能。

1. 图层擦除(Erase)

输入图层根据擦除图层的范围大小，将擦除参照图层所覆盖的输入图层内的要素去除，最后得到剩余的输入图层的结果(图 11.17)。具体操作步骤如下：

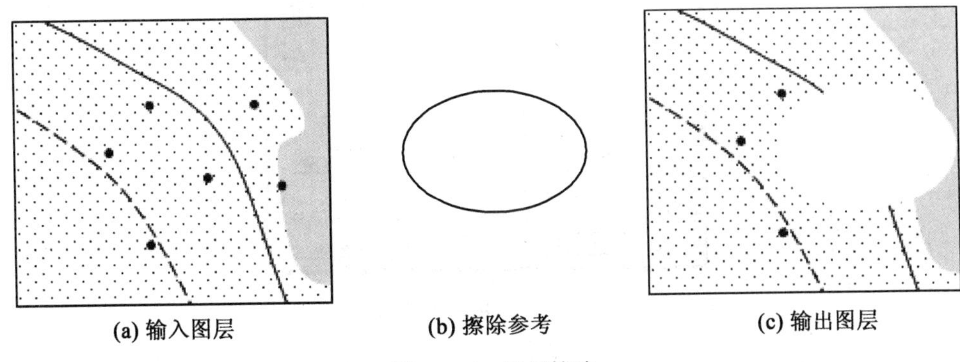

图 11.17　图层擦除

(1)首先打开 ArcMap 主界面，点击“ArcToolbox”按钮，打开“ArcToolbox”工具箱。在“Analysis Tools”中，选择“Overlay”中的“Erase”选项(如图 11.18)，双击打开“Erase”对话框。

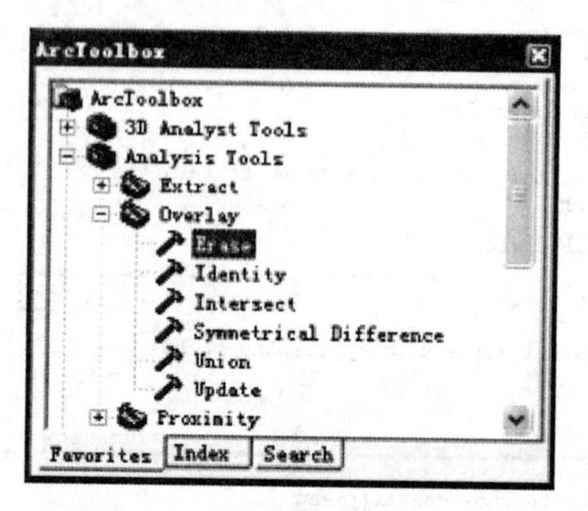

图 11.18 ArcToolbox 中 Erase 操作

(2)在“Erase”对话框中填入输入图层(Input Features)，擦除参照(Erase Feature)，输出图层(Output Feature Class)和分类容许量及单位，在右下角的环境设置(Environments)中，可以对输入输出数据的参数进行设置。

(3)单击“OK”按钮，进行操作，得到结果。

2. 交集操作(Intersect)

交集操作是得到两个图层的交集部分，并且原图层的所有属性将同时在得到的新的图层上显示出来。具体步骤如下：

(1)在“ArcToolbox”中选择“Analysis Tools”，打开后选择“Overlay”中的“Intersect”选项，打开其对话框(图 11.19)。

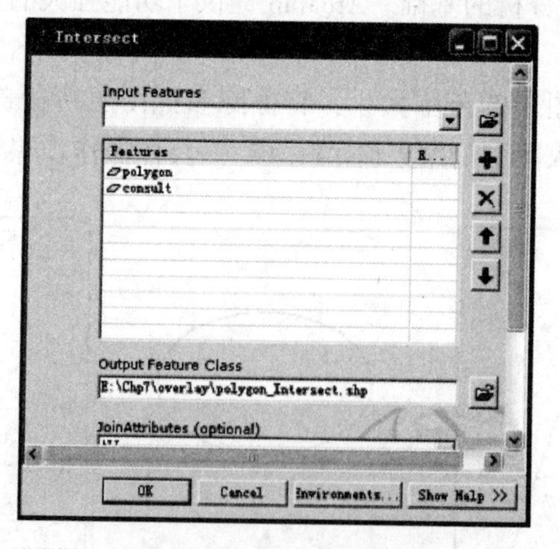

图 11.19 “Intersect”对话框

(2)逐个输入要进行相交的图层(Input features)，按右边的加号来将图层添加进来，在中间“Features”组合框内的要进行相交操作的图层列表，输入要输出的文件的路径和名称(Output Feature Class)，同时在下方的属性字段中选择要进行连接的属性字段(Join Attributes)或全部，输出文件的类型，也可以对环境参数进行相关的设置。

(3)单击“OK”按钮，进行交集操作。

3. 图层合并(Union)

图层合并是通过把两个图层的区域范围联合起来而保持来自输入地图和叠加地图的所有地图要素。

实现图层合并的操作步骤如下：

(1)在“ArcToolbox”中选择“Analysis Tools”，打开后选择“Overlay”中的“Union”选项，打开其对话框。

(2)逐个输入要进行合并的图层(Input Features)，按右边的加号来将图层添加进来，在中间“Features”组合框内的就是要进行合并操作的图层列表。输入要输出的文件的路径和名称(Output Features)，同时在下方的属性字段中选择要进行连接的属性字段(Join Attributes)或全部，输出文件的类型，也可以对环境参数进行相关的设置。

(3)单击“OK”按钮，进行合并操作。

4. 数据裁减

数据裁减是数据合并的逆过程。在研究、分析空间数据时，用户可能只用到数据的一部分。如果能够将需要的那部分数据从整个空间数据中裁减出来，就可以节省数据的运算量，减少数据处理时间，提高效率。步骤如下：

(1)在“ArcToolbox”中选择“Analysis Tools”，打开后选择“Extract”中的“Clip”选项，打开其对话框。

(2)逐个输入被裁剪的图层(Input features)、裁剪图层(Clip features)、输出图层(Output Feature Class)和分类容许量及单位，或进行环境设置(Environments)，对输入输出数据的参数进行设置。

(3)单击“OK”按钮，进行裁剪操作。

11.5.3　缓冲区分析

缓冲区分析是根据作为分析对象的点、线、面实体，自动建立它们周围一定距离的带状、面状区，用以识别这些实体对临近对象的辐射范围或影响程度，以便为某项分析或决策提供依据，如调查一所医院服务的范围。

(1)首先打开菜单“Tools”下的“Customize”选择“Command”标签。

(2)在弹出的“Command”对话框中，在左边的“Categorie”框中选择“Tools”，在出现右边的“Command”框中选择“Buffer Wizard”，拖动其放置到工具栏上的空处，出现图标 。

(3)利用选择工具，选择要进行分析的要素，然后点击 ，出现“Buffer Wizard”对话框(图 11.20)。选择要进行缓冲区分析的文件，其中，有选择要素和未选择要素时在“Use only the selected feature”复选框前打勾(仅对已选择主题中的元素进行分析)，单击“下一步”。

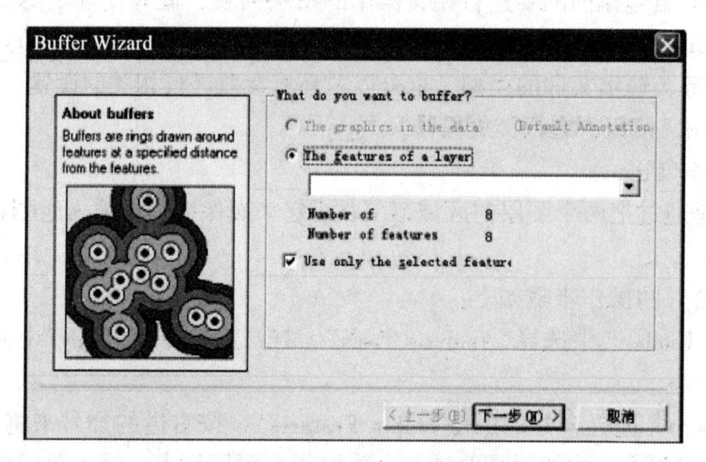

图 11.20 “Buffer Wizard”对话框

(4)而后打开的是缓冲区分析形式对话框，其中有三种方式选择来建立不同种类的缓冲区：

①At a specified distance：是以一个给定的距离建立缓冲区(普通缓冲区)；

②Based on a distance from an attribute：是以分析对象的属性值作为权值建立缓冲区(属性权值缓冲区)；

③An multiple buffer rings：是建立一个给定环个数和间距的分级缓冲区(分级缓冲区)。

(5)选择普通缓冲区，设定一个数值作为缓冲半径，在“Distance units”中选择合适的单位。

(6)单击“下一步”，完成分析。

11.6 地图制图与地图输出

地图制图是一个非常复杂的过程。为了将数据在一幅完整的地图中表现出来，用以满足人们的生产、生活需要，除了要在地图上绘制图形元素、为图形元素添加属性信息等操作外，还包括其他的很多内容，如对地图要进行版面设置，在地图中添加图名、比例尺、指北针等辅助要素等。

11.6.1 地图模板操作

ArcMap 不但具有强大的地图编辑功能，而且也包括丰富的地图制图功能。ArcMap 允许用户将常用的地图输出模式制作成地图模板，在以后制图过程中，可以直接调用模板，减少制图工作量，用户也可以根据自己的需要定义模板。

1. 打开一个地图模板

(1)点击主菜单中“File→New”命令。

(2)打开“New”对话框。

(3)在对话框中选择一个模板，点击“确定”按钮。

2. 新建一个地图模板

(1)点击主菜单中“File→New”命令。

(2)打开“New”对话框。

(3)在对话框中选择“Template”单选按钮。

(4)根据需要，设置地图模板。

(5)点击主菜单中“File→Save As”命令，打开“另存为”对话框。

(6)确定保存模板的文件名、保存路径、文件类型。

(7)点击“保存”按钮，完成新建模板的操作。

3. 保存地图模板

如果用户想将已经修改好的地图模板存储起来，以备以后使用，可以执行下面的操作：

(1)点击主菜单中“File→Save As”命令。

(2)打开“另存为”对话框。

(3)保存的文件类型为“ *. mxt”。

(4)在“文件名”中输入文件名。

(5)点击“保存”按钮。

11.6.2　地图版面的设置

借助于 ArcMap 制版工具，用户可以调整地图的尺寸，设置地图图框，使用地图标尺与格网设置地图版面，使地图更美观，满足用户的要求。

1. 数据视图与布局视图的切换

(1)点击“View→Data View”命令，切换至数据视图窗口。

(2)点击“View→Layout View”命令，切换至布局视图窗口。

2. 图面尺寸设置

(1)在数据框外，点击鼠标右键。

(2)在出现的菜单中点击“Page and Print Setup”命令，设置打印机状态。

(3)在“Name”下拉框中选择打印机或绘图机。

(4)在“Map Page Size”选项组中选择纸张的大小。

(5)在“Orientation”选项组中选择纸张方向：横向或纵向。

(6)选中“Scale Map … in Page Size”(按照纸张尺寸自动调整地图比例尺)。

(7)选中“Show Printer Margins on Layout”(在地图输出窗口显示地图打印边界)。

(8)点击“OK”按钮，完成地图图面尺寸的设置过程。

3. 设置地图图框

(1)在需要设置图框的数据组上点击右键，打开快捷菜单。

(2)点击“Properties”命令，打开“Data Frame Properties”对话框。

(3)点击“Frame”选项，进入“Frame”选项卡界面。

(4)在“Border”下拉框中选择图框形式。

(5)在“Background”下拉框中选择图框的底色。

(6)在“Drop Shadow”下拉框中选择阴影颜色。

(7)点击“确定”按钮，退出地图图框的设置操作。

4. 设置标尺

(1)在数据框外，点击鼠标右键。

(2)在打开的菜单中点击“Rulers”命令，制图窗口中显示标尺。

(3)在标尺上点击鼠标右键，点击“Option”命令。

(4)打开“Option”对话框，选择“Layout View”选项卡。

(5)在“Unites”下拉框中选择标尺单位。

(6)在“Smallest”下拉框中设置标尺分化。

(7)点击“确定”按钮，完成标尺的设置。

5. 应用标尺辅助线

(1)在数据框外，点击鼠标右键。

(2)在出现的菜单中点击“Guides”命令。

(3)在标尺上点击鼠标左键，增加一条辅助线。

(4)将鼠标放在辅助线上点击拖动，可以移动辅助线。

(5)将鼠标放在辅助线上，点击右键，在打开的菜单上点击“Clear Guide”或“Clear All Guides”，清除一条或所有辅助线。

6. 格网点操作

(1)在数据框外，点击鼠标右键。

(2)在出现的菜单中点击“Grid”命令，打开格网点，再次点击，则关闭格网点。

(3)点击“Tools”主菜单的“Options”命令。

(4)在出现的“Options”对话框中选择“Layout View”选项卡。

(5)选择“Grid”选项组，设置格网；在“Horizontal”下拉框中设置水平格网尺寸；在“Vertical”下拉框中设置垂直格网尺寸。

(6)点击“确定”按钮，完成格网设置。

11.6.3 地图的整饰

一幅完整的地图不但要包含反映地理数据的图形、色彩等要素，还包括一些辅助要素，如地图图例、图名、指北针、地图比例尺等。有了这些辅助要素，读取地图和使用地图时就变得更加方便。

1. 在地图窗口中添加一个新的数据框

在 ArcMap 中，一个数据框显示统一地理区域的多层信息。一个地图中可以包含多个数据框，同时一个数据框中可以包含多个图层。例如，一个数据框包含中国的行政区域等信息，另一个数据框显示中国在世界的位置。建立数据框的操作为：

(1)点击主菜单中的“Insert→Data Frame”命令。

(2)在制图窗口中添加了一个新的数据框。

2. 在窗口中添加图名

(1)点击主菜单中的“Insert→Title”命令。

(2)在制图版面中出现“Enter Map Title”文本框。

(3)在“Enter Map Title”文本框中输入图名。

(4)点击文本框并按住左键，将其拖动到一个合适的位置。

(5)双击文本框，在出现“Properties”对话框中，点击“Change Symboe”按钮。

(6)打开“Symboe Selector”对话框，改变图名的字体、大小、颜色、黑体、斜体、下画线等参数。

3. 在地图中添加指北针

(1)点击主菜单中的“Insert→North Arrow”命令。

(2)打开“North Arrow Selector”对话框。

(3)在对话框中选择一个指北针。

(4)点击“OK”按钮，关闭“North Arrow Selector”对话框。

(5)点击并按住左键，拖动指北针到一个合适的位置。

4. 插入一个地图比例尺

(1)点击主菜单“Insert→Scale Bar”命令，打开“Scale Bar Selector”对话框。

(2)在对话框中选择一个比例尺符号。

(3)点击“Properties”按钮，在“Scale Bar”对话框中改变它的属性。

(4)点击并按住左键，拖动比例尺到一个合适的位置。

(5)点击主菜单“Insert→Scale Text”命令，打开“Scale Text Selector”对话框。

(6)在对话框中选择比例尺文本样式。

(7)点击“Properties”按钮，在“Scale Text”对话框中设置文本属性。

(8)点击比例尺文本并按住左键，将其拖动到一个合适的位置。

5. 添加地图图例

(1)点击主菜单“Insert→Legend”命令。

(2)打开“Legend Wizard”对话框，设置对话框选项：

选择“Map Layers”列表框中数据层，单击右箭头，将它加载到“Legend Items”列表框中；

选择“Map Layers”列表框中数据层，点击向上或向下箭头调整顺序。

(3)单击“下一步”按钮，打开并设置“Legend Wizard”对话框：

在“Legend Title”文本框中输入图例标题；

在“Legend Title font properties”选项组中，设置标题字体的颜色、大小、字型。

(4)单击“下一步”按钮，在“Legend Wizard”对话框中继续设置以下选项：

点击“Border”的下拉框，选择图例背景的线型；

点击“Background”的下拉框，选择图例背景颜色；

点击“Drop Shadow”的下拉框，选择图例阴影颜色。

(5)点击“下一步”按钮，出现“Legend Wizard 第 3 步”，设置属性：

在“Legend Items”列表框中，选择一个数据层；

在“Patch”选项组中设置方框的属性，Width 为图例方框宽度，Height 为图例方框高度，Line 为图例方框轮廓线，Area 为图例方框色彩属性。

(6)点击“下一步”按钮，在对话框中设置：

Height Title and Legend Items：图例标题与图例符号之间的距离；

Legend Items：分组图例符号之间的距离；
Columns：两列图例符号之间的距离；
Heading and Classes：分组图例标题与分级符号之间的距离；
Labels and Descriptions：图例标注与说明之间的距离；
Patches Vertically：图例符号之间的垂直距离；
Patches and Labels：图例符号与标注之间的距离。
(7)点击“完成”按钮，关闭“Legend Wizard”对话框。

11.6.4 地图打印输出

地图绘制并设置好以后，就可以打印输出了。打印输出的操作步骤如下：
(1)点击主菜单中“File→Print Preview”命令，打开打印预览窗口。
(2)点击“Print”按钮，打开“Print”对话框。
(3)在对话框中选择打印机类型，并设置分幅打印页码、打印份数等信息。
(4)点击“OK”按钮，打印地图。

习题和思考题

1. ArcGIS 有哪几个功能模块？它们各自的主要功能是什么？
2. 在 ArcMap 中，如何进行点、线、面的编辑操作？
3. 要查找选择一个图斑有哪几种方法？
4. 在 ArcMap 视图窗口怎样绘制一个多边形区域，并为它创建一个缓冲区？
5. 将一幅 CAD 图转成 Shp 格式，要求点线面类型都有，并赋予相关属性信息。对完成的 Shp 图进行必要的编辑，将编辑后的图输出成 jpg 格式，要求包含标题、图例、比例尺、指北针等。

参考文献

[1]邬伦，刘瑜，等．地理信息系统原理、方法和应用[M]．北京：科学出版社，2004.
[2]陈述彭，鲁学军，周成虎．地理信息系统导论[M]．北京：科学出版社，1999.
[3]张超，陈丙咸，邬伦．地理信息系统[M]．北京：高等教育出版社，1995.
[4]黄杏元，马劲松，汤勤．地理信息系统概论[M]．北京：高等教育出版社，2001.
[5]党安荣，贾海峰，等．ArcGIS8 Desktop 地理信息系统应用指南[M]．北京：清华大学出版社，2005.
[6]边馥苓．地理信息系统原理和方法[M]．北京：测绘出版社，1996.
[7]李德仁，龚健雅，边馥苓．地理信息系统导论[M]．北京：测绘出版社，1993.
[8]龚健雅．地理信息系统基础[M]．北京：科学出版社，2001.
[9]汤国安，等．地理信息系统[M]．北京：科学出版社，2000.
[10]张东明，等．地理信息系统原理[M]．郑州：黄河水利出版社，2007.
[11]吴信才，郭际元，郑贵州．地理信息系统原理与方法[M]．北京：电子工业出版社，2002.
[12]张成才．GIS 空间分析理论与方法[M]．武汉：武汉大学出版社，2004.
[13]陆守一，唐小明，王国胜．地理信息系统实用教程[M]．北京：中国林业出版社，2003.
[14]李满春，等．GIS 设计与实现[M]．北京：科学出版社，2003.
[15]江斌，黄波，陆锋．GIS 环境下的空间分析和地学视觉化[M]．北京：高等教育出版社，2002.
[16]王建华．空间信息可视化[M]．北京：测绘出版社，2002.
[17]邬伦．地理信息系统[M]．北京：电子工业出版社，2002.